中国工程院咨询研究报告

中国不同发电能源的温室气体排放

不同发电能源温室气体排放关键问题研究项目组　编著

中国原子能出版社

图书在版编目(CIP)数据

中国不同发电能源的温室气体排放/不同发电能源温室气体排放关键问题研究项目组编著 . —北京:中国原子能出版社,2015.4

ISBN 978-7-5022-6593-9

Ⅰ.①中… Ⅱ.①不… Ⅲ.①发电-能源-有害气体-大气扩散-污染防治-中国 Ⅳ.①X511

中国版本图书馆 CIP 数据核字(2015)第 076490 号

内 容 简 介

本书是中国工程院《不同发电能源温室气体排放关键问题研究》成果总结。通过充分调研和论证,获取了我国煤电、水电、核电、风电和太阳能光伏发电等不同发电能源的第一手科学数据,系统分析不同发电能源温室气体排放现状和存在的关键问题,在生命周期视角下客观评价了我国各种发电能源的温室气体归一化排放量,提出未来我国发电能源工程技术发展与减排温室气体的对策建议。

本书适合政府、能源企业和研究机构中管理人员、研究人员、大专院校相关专业师生,以及其他对我国能源和气候变化问题感兴趣的社会公众阅读。

中国不同发电能源的温室气体排放

出版发行 中国原子能出版社(北京市海淀区阜成路 43 号 100048)
责任编辑 胡晓彤
责任校对 冯莲凤
责任印制 潘玉玲
印 刷 保定市中画美凯印刷有限公司
经 销 全国新华书店
开 本 787 mm×1092 mm 1/16
印 张 16.25
字 数 406 千字
版 次 2015 年 5 月第 1 版 2015 年 5 月第 1 次印刷
书 号 ISBN 978-7-5022-6593-9 **定 价** **60.00 元**

网址:http://www.aep.com.cn **E-mail:atomep123@126.com**
发行电话:010-68452845

项目组名单

项目综合组成员

顾　问:杜祥琬　中国工程院院士、中国工程院
组　长:潘自强　中国工程院院士、中国核工业集团公司
副组长:倪维斗　中国工程院院士、清华大学热能系
陆佑楣　中国工程院院士、中国长江三峡集团公司
贺德馨　研究员、中国可再生能源学会风能专业委员会
赵　颖　研究员、南开大学光电研究所
成　员:周大地　研究员、国家发改委能源研究所
姜子英　副研究员、中国原子能科学研究院
李海英　高级工程师、中国水利水电科学研究院
刘广建　讲师、华北电力大学
侯国付　副研究员、南开大学光电研究所
马照东　工程师、北京鉴衡认证中心有限公司
麻林巍　副教授、清华大学热能系
马智杰　教授级高工、中国水利水电科学研究院
白建华　高级工程师、国网能源研究院
总报告执笔人:
姜子英、李海英、刘广建、麻林巍、侯国付、马照东、
贺德馨、潘自强

煤电课题组成员

组　长:倪维斗　中国工程院院士、清华大学热能系
成　员:刘广建　讲师、华北电力大学
薛亚丽　助理研究员、清华大学热能系
欧训民　助理研究员、清华大学核能与新能源技术研究院

麻林巍　副教授、清华大学热能系
李　政　教授、清华大学热能系
姜立雪　硕士研究生、清华大学热能系
执笔人：刘广建、麻林巍、李政

核电课题组成员

组　长：潘自强　中国工程院院士、中国核工业集团公司
成　员：姜子英　副研究员、中国原子能科学研究院
邢　江　审核员、通用标准技术服务有限公司
於　凡　助理研究员、中国原子能科学研究院
杨利荣　研究员、中国核电工程有限公司
刘森林　研究员、中国原子能科学研究院
焦志娟　助理研究员、中国原子能科学研究院
执笔人：姜子英、潘自强

水电课题组成员

组　长：陆佑楣　中国工程院院士、中国长江三峡集团公司
成　员：陈永柏　教授级高工、中国长江三峡集团公司
廖文根　教授级高工、水利部水利水电规划设计总院
李　翀　教授级高工、中国长江三峡集团公司
李海英　高级工程师、中国水利水电科学研究院
卢　佳　工程师、中国水利水电科学研究院
马智杰　教授级高工、中国水利水电科学研究院
靳甜甜　高级工程师、中国水利水电科学研究院
张永生　高级工程师、中国水利水电科学研究院
尚存良　工程师、中国长江三峡集团公司
陈文重　硕士研究生、中国水利水电科学研究院

任家盈　博士研究生、中国水利水电科学研究院
执笔人：李海英、卢佳、张永生、马智杰

风电课题组成员

组　长：贺德馨　研究员、中国可再生能源学会风能专业委员会
成　员：马照东　工程师、北京鉴衡认证中心有限公司
石　扬　工程师、中国船级社质量认证公司
邱桂杰　经理、中材科技风电叶片股份有限公司
王海珍　工程师、中材科技风电叶片股份有限公司
姚小芹　教授级高工、北京鉴衡认证中心有限公司
庞卓卉　总工程师、西安盾安电气有限公司
张燕红　主任、中国船级社质量认证公司
周伟忠　主任、华电福新能源股份有限公司
白建华　高级工程师、国网能源研究院
金艳鸣　高级工程师、国网能源研究院
执笔人：马照东、贺德馨

太阳能光伏课题组成员

组　长：赵　颖　研究员、南开大学光电研究所
成　员：孙鸿航　副处长、科技部高新技术发展及产业化司
侯国付　副研究员、南开大学光电研究所
张晓丹　副研究员、南开大学光电研究所
执笔人：侯国付

目　　录

第一部分　不同发电能源的温室气体排放总报告

第二部分　煤电的温室气体排放

第三部分　核电的温室气体排放

第四部分 水电的温室气体排放

第五部分　风电的温室气体排放

第六部分　太阳能光伏发电的温室气体排放

附录 1　温室气体全球增暖潜势(GWP)

附录 2　温室气体排放因子

第一部分

不同发电能源的温室气体排放总报告

总 摘 要

我国温室气体排放总量已位居世界第一，能源需求还在继续增长，温室气体排放总量在一定时期内还将进一步增加。2014 年 11 月 12 日，中美两国共同发布“中美气候变化联合声明”，我国明确了到 2030 年左右二氧化碳排放达到峰值且将努力早日实现，并计划到 2030 年非化石能源占一次能源消费比重提高到 20%左右。为了实现这一目标，研究分析现有能源系统排放现状是必要的。在整个能源中，发电能源排放温室气体总量超过 40%。不同发电能源排放温室气体的归一化排放量差异是很大的，研究分析温室气体的来源，比较不同能源链归一化排放量，对于制定能源发展政策和有效减小温室气体排放量是十分重要的。

我国发电能源温室气体排放的研究开始于 20 世纪 90 年代，但这些研究都是分散进行的，研究的方法不完全相同，所用的参数也不统一，难以客观、准确地比较不同发电能源排放的温室气体量。因此，有必要研究在统一的方法和参数下，不同发电能源温室气体的排放量。在生命周期视角下，发电能源的温室气体排放包括直接排放和间接排放两部分。直接排放指发电能源在能源开采、加工、运输和转化的全过程链中，因燃烧化石能源（或其他原因）所直接造成的温室气体排放，即运行过程的排放，是通常被计算到的部分，甚至一些研究只计算发电厂能源转换过程的直接排放。若只考虑发电厂能源转换过程的直接排放，核电、风电、太阳能光伏发电等均不产生温室气体排放，是所谓的“零排放”电站。而实际上，核燃料的开采、加工阶段也会消耗化石能源并产生温室气体排放，风机、光伏电池的制造过程也由于消耗化石能源产生温室气体排放。因此，生命周期视角下，首先应该考虑发电能源的全能源链过程，即包括从燃料开采、原材料加工、制造、运输、能源转换（发电），到废物处理和处置的全过程进行温室气体排放分析。其次也要考虑间接排放，间接排放是指全能源链过程中各种技术、设备，如风机、光伏电池、水坝、火电和核电站设备的制造、运输和退役所带来的温室气体排放，主要是原材料，如钢铁、水泥等的开采、运输、加工和回收消耗化石能源所造成的温室气体排放。也就是说，开展全生命周期分析，需要计算每一过程的物质流和能量流，即包括采矿、电厂、加工和处理设施、运输系统等运行中的直接排放，也需要计算包括能源链系统及相关基础设施所消耗的能源和原材料在其开采、加工制造和运输期间产生的间接排放。在此思想下，本研究对煤电、核电、水电、风电和太阳能光伏发电的能源链系统开展了大量的文献和现场调研，力争获取第一手、可靠的基础数据，计算不同发电能源的温室气体归一化生命周期排放因子。在计算排放因子时，统一采用经过调查研究后确定的我国 18 种燃料、材料的排放因子。

煤电链考虑了煤炭生产、煤炭运输、燃煤电站建造、运行和退役环节以及电力输配 4 个生命阶段中温室气体的排放。燃煤电站机组寿命取 30 年。计算得到基于 2009 年全国火电平均供电煤耗（344 gce/kWh）的煤电链全生命周期的总的温室气体排放为 1 072.4 g-$CO_{2,eq}$/kWh，其中前三个环节的排放值为 1 000.6 g-$CO_{2,eq}$/kWh。其中：煤炭开采和洗选环节的排放占总排放量的 10.8%(其中,煤层甲烷排放为 69.8 g-$CO_{2,eq}$/kWh,占到 60.5%);电厂运行阶段的排放占总排放量的 87%;而材料消耗和运输距离对总温室气体排放量影响相对很小。煤电链的温室气体排放主要来自于煤炭燃烧,因此与电站热效率有很强的相关性,当采用超临界(供电煤耗 300 gce/kWh)和超超临界(供电煤耗 280 gce/kWh)发电技术时,煤电链温室气体排放分别为 941.4 g-$CO_{2,eq}$/kWh 和 879 g-$CO_{2,eq}$/kWh。

核电链考虑了铀矿采冶、铀转化、铀浓缩、元件制造、核能发电、乏燃料后处理和废物处置等 7 个阶段的温室气体排放。铀矿冶设施按 30 年设计为基准,核电站的寿期按 60 年设定。温室气体归一化排放量为 11.9 g-$CO_{2,eq}$/kWh。其中,核电站占 20%、核燃料循环前段(铀矿采冶、铀转化、铀浓缩和元件制造)占 32%、核燃料循环后段(乏燃料后处理和废物处置)占 48%。从温室气体排放的来源来看,由材料引起的排放占 16%,由能源消耗引起的排放占 84%。也就是说,核电链的温室气体排放主要仍然取决于我国以煤为主的能源结构。材料引起的温室气体排放中,水泥占 36%、碳钢占 31%、(工艺用)煤占 24%、铜占 6%、不锈钢占 1.5%、铝占 1.1%。

水电链考虑了筑坝的建筑材料与机电设备生产、建筑材料与机电设备运输、电站土建工程建设与设备安装、电站运行与维护 4 个阶段的温室气体排放。水电工程机械设备使用寿命设定为 60 年,各类型建筑物、坝体、渠道等技术使用寿命暂设定为 100 年(从发电开始计算);由于目前研究认为温带水库蓄水后 10 年内温室气体排放状况能回到自然河流水平,因此,运行阶段水库水体的温室气体排放仅考虑前 10 年排放。得到我国主要水电站的生命周期温室气体排放系数在 0.90~10.12 g-$CO_{2,eq}$/kWh 之间。其中,水电在土建工程建设阶段的碳排放所占的比例最大,约为 70.2%;运行与维护阶段的碳排放所占比例次之,约为 23.4%;建筑材料与机电设备生产阶段的碳排放所占的比例约为 4.3%;而建筑材料和机电设备的运输阶段的排放所占比例约为 2.1%。

风电链考虑了风电机组组件制造、组件装配、机组总装、机组调试、机组运输、机组运行维护和机组报废回收等环节,重点对风电机组制造和风电场建设 2 个生命周期阶段中的温室气体排放量进行评价。风电生命周期的时间边界取 20 年。得到风电链生命周期的温室气体归一化排放量为 15.9~18.6 g-$CO_{2,eq}$/kWh。其中,风电机组制造阶段占 75%(主要来自塔架制造时的钢材消耗,占 70%左右),风电场建设阶段占 25%。风电的温室气体排放与风能容量系数(评估风电场年发电量优劣的指标)相关,风能容量系数高的风电场,其单位排放量低。

以晶体硅太阳电池光伏并网发电为例,太阳能光伏发电链考虑了光伏电站的生产建设阶段、发电运行阶段、退役阶段和电力输配环节等阶段的温室气体排放。光伏发电的全寿命周期按 25 年计算。根据光伏电站安装位置和安装方式的不同,得到我国多晶硅太阳电池光伏发电全生命周期温室气体排放量在 56.3~79.1 g-$CO_{2,eq}$/kWh 之间,单晶硅太阳电池光伏发电全生命周期温室气体排放量在 64.0~89.9 g-$CO_{2,eq}$/kWh 之间。其中,从冶金硅到高纯颗粒多晶硅的提纯过程温室气体排放量占的比重最大,超过 45%。而硅矿石的开采过程温室气体排放量比例不超过 0.2%,运输过程的温室气体排放量比例不超过 1.0%。

通过对不同发电能源的温室气体排放的比较,并同有关利益相关者的研讨交流,总结提出我国发电能源减排温室气体的关键问题和对策建议:(1)不断优化发电能源结构,加快发展非化石能源电力,努力降低煤电比重,向低碳发电能源系统转变。对不同发电能源的温室气体排放的比较可见，核电、水电和风电温室气体排放水平较低，比煤电低约 2 个数量级，太阳能光伏发电处于中间水平，即比煤电低 1 个数量级。与煤电相比，核电和可再生能源发电可减少排放约 1 000 g-$CO_{2,eq}$/kWh，减少温室气体排放的潜力较大。因此，持续改善发电能源的结构，增加核电和可再生能源，对我国是十分必要的。(2)加快发电能源产业链的技术创新和技术升级，大力加强节能降耗。就煤电链而言，在煤炭开采过程中，加强煤层气的开发和利用，减少煤炭甲烷向大气的泄漏；在转化阶段，要在管好用好在役机组的同时，不断发展和应用更高蒸汽参数和效率的新技术。应在保障安全的前提下发展先进核电技术，不仅是先进反应堆技术，而是整个核电产业链的技术升级；应当重视开发先进后处理和高放废物处置技术。可再生能源将是一个需要长期坚持研发、创新技术、大力发展的发展领域。应当大力发展水电、风电、太阳能光伏发电，降低光伏产品等的能耗、优化布局以及相关电网系统等问题。钢铁、水泥、冶金等相关行业进一步节能降耗也能促进发电能源部门降低温室气体排放量。(3)鼓励材料的再循环再利用，提高资源利用效率。应积极推动能源产业发展循环经济，推广资源化、再循环、再利用的低碳环保技术。例如核设施退役或常规维护期间，污染设备的零散部件经去污后在核工业中有限制再循环再利用等。(4)注意能源开发过程中的植被碳汇保护。例如：加强蓄水前水库的清库工作，尽可能减少淹没有机质的数量；加强水库水环境管理，尽可能减少外源碳的输入；风电场建设占有土地量和植被恢复量等应有一定的法规进行约束等。(5)应结合地区经济发展，优化能源、电力布局，引导低碳电力生产和消费模式。大力发展光伏发电，尽快扩大国内市场；随着各地社会经济的进一步发展，尤其中西部地区社会经济的快速发展，资源、能源及环境问题的制约将愈发突出，应大力推进各地区形成结合地方实际情况的低碳电力生产和消费模式，并积极推进内陆核电站建设。

第1章　概　述

1.1　背景和意义

全球气候变化已经成为人类迄今面临的最重大的生态环境问题之一，最主要的原因应是大气中以 CO_2 为主的温室气体浓度显著升高而引起“温室效应”，而温室气体浓度升高的主要原因是自工业革命以来，人类活动——尤其是由化石燃料的大量燃烧，所引起的人为温室气体排放。

我国的温室气体排放总量已经位居世界前列，这一方面与我国能源利用总量高有关系，另一方面，也与我国以煤为主的能源结构有关系。大量燃烧煤炭是我国能源利用造成的二氧化碳排放的主要来源。

电力工业是燃用煤炭最多的单一行业，约占每年消费的煤炭总量的一半左右。2011 年全国电力生产量 4.71 万亿 kWh，其中以煤电为主的火力发电占 81%，其余为水电 14.8%，核电 1.8%，风电 1.5%。目前电力工业排放的二氧化碳约占我国能源利用 CO_2 排放总量的 40%以上。因此，电力工业未来将是我国大规模减少二氧化碳排放的重要行业，而促进发电能源部门的技术进步和结构优化，无疑是我国能源领域温室气体减排的重要着力点。

我国未来经济发展决定电力需求尚有较大发展空间。由于资源、环境、碳排放和地区条件等诸多的限制和约束，各种发电技术总体上仍处于整体动态发展、各种技术路线相互竞争的阶段。由于对各种发电能源技术路线的温室气体排放问题，仍缺乏足够的科学研究，尤其是缺乏在全生命周期视角下开展的对各种发电能源，包括一次能源、能源转化和能源储运等环节在内的温室气体排放进行客观评价和综合比较的研究，因此，针对不同发电能源技术的温室气体排放中若干关键科学问题开展研究，是十分必要的，包括：(1)在动态发展背景下，构建可对各种发电能源温室气体排放进行客观评价和综合比较的方法学；(2)获取符合我国国情条件下各种发电能源一些关键技术环节温室气体排放的科学数据；(3)分析低碳型发电能源技术发展的关键问题和对策建议。相关成果能够成为我国今后发电能源工程技术的相关重大决策中融入碳排放的约束指标，设计我国实现低碳发展的技术路线和实施策略，提供科学依据。此外，在对不同发电能源技术温室气体核算过程中每个分解步骤的核算方法以及全生命周期视角下比较不同发电技术在碳排放强度上的差异，对于我国未来建立温室气体排放统计核算体系和确定不同发电企业的碳排放配额也可以提供借鉴和参考。

1.2　目标和内容

本研究目标为通过不同发电能源温室气体排放关键问题的研究，得到我国煤电、核电、水电、风电、太阳能光伏发电等几种不同发电能源温室气体排放的基础数据，提出发电能源减排温室气体的技术对策建议。主要研究内容包括：(1)从一次能源到终端载体的整体技术系统的温室气体排放的特点开展分析，提出各种发电能源减排温室气体的关键环节，并深入现场开展调研，获取第一手的科学数据；(2)构建可对各种发电能源的全燃料循环和全生命周期的温室气体排放进行客观评价和综合比较的方法学，并结合国情选取适当的碳排放因子，开展不同发电能源的温室气体归一化排放量的计算和分析；(3)结合以上调研、分析和计算的结果，通过和有关利益相关者的研讨和交流，总结和提炼我国发电能源减排温室气体的关键环节和关键技术，并提出整体的技术发展目标、障碍和必要策略，建议我国发电能源减排温室气体的低碳发展路线。

第 2 章　研究现状

2.1　国外研究现状

国际原子能机构(IAEA)从 1992 年起与其他 8 个国际组织一起进行了各种发电能源的温室气体排放比较研究。IAEA 召开多次研讨会,就全能源链温室气体分析方法和数据库达成一致,并比较了四个全能源链温室气体研究(FENCH-GHG)项目对各种不同能源的研究结果。图 1.1 给出了全能源链的温室气体排放系数及不确定范围[1]。煤炭和天然气的不确定范围,来源于开采和运输过程释放 CH_4的统计量不同。水电的范围是由于水库排放的 CH_4和 CO_2统计量的不同。太阳能光伏的范围来源于太阳能电池板制造过程的排放量统计不同。生物质能的范围主要是由于定义的系统边界不同。核电机组 9 g/kWh 的结果是依据西欧标准燃料循环的压水反应堆,水电机组 16 g/kWh 的结果是依据北方寒冷气候平原地区的蓄水型典型水电机组。化石燃料能源数值的较大不确定性是由于系统边界定义的不同、沼气的泄漏(如天然气的泄漏)和甲烷全球增暖潜势(GWP)取值的差异等因素造成的。水电的高排放因子可能是由于对水库温室气体排放的假设不准确造成的。太阳能和风能数值的不确定性是由于对系统边界定义和专用因子取值的不同造成的。生物质能源数值较高,是由于对生物质种植过程中能量和化肥使用量统计的不同,某些情况是由于对土壤中生物质降解过程释放的甲烷量统计的不同。

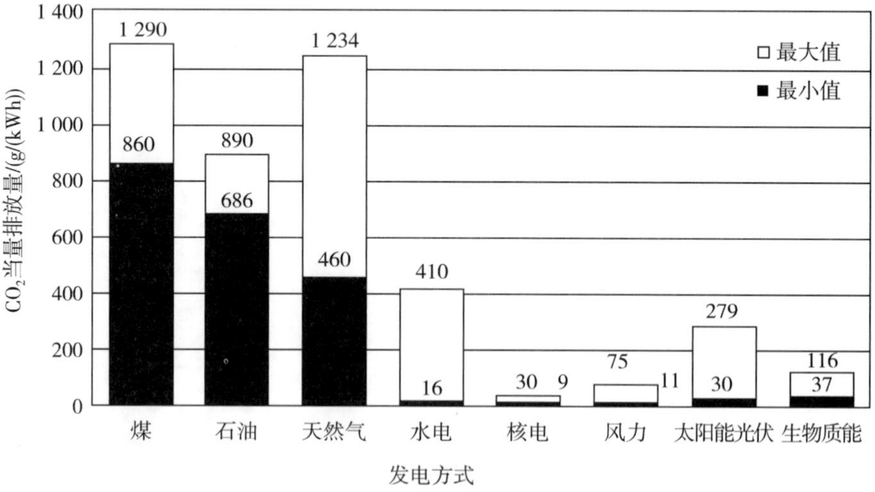

图 1.1　不同发电方式能源链的 CO_2当量排放量

1991 年由欧洲委员会(EC)和美国能源部(US DOE)联合启动的 ExternE 研究计划,有 15 个国家参加,开展了 12 种能源链系统的环境影响外部成本评价研究,其中也包括对全球气候变暖等重要问题的研究。这里介绍欧洲国家对不同能源链的温室气体排放相关研究结果。

2.1.1 化石燃料

1. 煤电

煤电能源链包括煤炭开采、运输、燃煤发电、废弃物(煤矸石、煤自燃)过程。煤电的温室气体排放系数为 949～1 280 g-$CO_{2,eq}$/kWh[2]。(上游)煤炭生产过程的温室气体排放为 40～288 g-$CO_{2,eq}$/kg(煤),占总的温室气体排放量的 8%～12.5%;其中煤炭开采中甲烷(瓦斯)排放为 0.16～13.6 g-CH_4/kg。

2. 燃油发电

燃油能源链包括原油开采、长距离运输、精炼和地区分配。以欧洲的燃油发电厂来说,主要的温室气体排放发生在(上游的)原油开采阶段和重油在精炼厂中加工的过程中。燃油发电的温室气体排放系数为 519～1 200 g-$CO_{2,eq}$/kWh[2]。

3. 天然气发电

天然气发电的主要温室气体排放发生在电厂燃烧过程产生的 CO_2。天然气主要成分是甲烷(天然气本身就是一种温室气体),由于要通过管道进行长距离的运输,管道中的气体泄漏在总的排放中占有重要比重。以欧洲国家的情况来说,(上游的)CH_4 和其他温室气体排放占全能源链总排放的 10%以上,主要取决于天然气发电厂的位置。天然气发电的温室气体排放系数为 485～991 g-$CO_{2,eq}$/kWh[2]。

2.1.2 核电

核电能源链包括从铀矿开采、冶炼,经铀化工转换,到浓缩和制造反应堆用燃料元件的一系列加工处理过程,核反应堆发电,以及经过核反应堆卸出的乏燃料需要经冷却、贮存和后处理后,对其有用部分加以利用和对其放射性废物进行处置的整个核燃料循环过程。

核能发电本身不会产生任何温室气体;核电链的温室气体排放,主要是在铀的提取、加工、富集过程以及钢和水泥等建筑材料生产过程的化石燃料消耗和水泥生产工艺过程的间接排放。核电链的温室气体排放系数范围为 6～12 g-$CO_{2,eq}$/kWh[2],其中最小值是对法国核电链的估算,假设使用了 10%的 MOX 燃料(混合氧化燃料)并且 100%由 Eurodif(法国核燃料浓缩工厂)的扩散厂生产;最大值是对德国的估算,假定使用了 13%的 MOX 燃料和综合的铀浓缩服务,即 10%来自 USEC(美国铀浓缩公司)的扩散厂(使用由燃煤提供的电力)和将近 70%的浓缩服务假定由基于离心技术的 URENCO(铀浓缩公司)工厂提供(其能耗水平比 USEC 扩散厂低 65 倍)。

2.1.3 可再生能源

1. 水电

水电站(大坝)的建设、运行和退役期间的材料(主要是水泥)和能源使用会引起温室气体排放,此外,水库中有机质的腐烂降解产生的温室气体也需要考虑。水电链的温室气体排放系数为 3～27 g-$CO_{2,eq}$/kWh[2]。差异取决于具体电站及其特性(例如大坝类型、高/宽比、蓄水量、地理位置、气候、装机容量、负荷因子等),水电可能具有较高的温室气体排放系数。

2. 风电

风力发电本身不产生温室气体,但在风电场和风电设备的建设与装配,其使用材料的生产、加工、运输，以及废物处置过程中会产生间接的温室气体排放。风电的温室气体排放系数为 14～21 g-$CO_{2,eq}$/kWh[2]。

3. 太阳能光伏发电

太阳能光伏发电的温室气体排放范围来源于太阳能电池板制造技术的差异，基于单晶硅与多晶硅的温室气体排放系数分别为 73 g-$CO_{2,eq}$/kWh 和 59 g-$CO_{2,eq}$/kWh[2]。对于未来条件，基于单晶硅与多晶硅技术的温室气体排放系数可能下降到 46 g-$CO_{2,eq}$/kWh 和 39 g-$CO_{2,eq}$/kWh。

2.1.4 不同发电能源的温室气体排放系数比较

不同发电能源的温室气体排放系数比较，如表 1.1 所示[2]。生产单位电力的温室气体排放量最高的是煤电、燃油和天然气发电（化石燃料能源）。在（欧洲）北方和温带地区，水电显示出较低的温室气体排放，比煤电低 2 个数量级；然而，在热带地区，水电可能排放高 5～20 倍的温室气体，以至于可与化石燃料相比。考虑了全能源链的贡献，核电和风电的温室气体排放与水电在同样的较低的范围。在类似欧洲中部的气候条件的国家，老式的太阳能光伏发电系统的温室气体排放处于中等范围，即比煤电低 1 个数量级，而比核电或风电高 1 个数量级，但新的光伏技术显示出更低的排放量，并且在南方的国家，太阳能光伏发电则会有更好的表现。

表 1.1 不同发电能源的温室气体排放系数比较 g-CO_2 ,eq/kWh

类别	最小值	最大值
煤电	949	1 280
燃油发电	519	1 200
天然气发电	485	991
核电	6	12
水电	3	27
风电	14	21
太阳能光伏发电	59	73

2.2 我国研究现状

我国从 20 世纪 90 年代初期开始参与 IAEA 的“核能和其他能源风险比较的评价”项目，开展了核能与其他能源（主要是煤电）对环境影响、健康风险和气候变化影响等方面的比较研究，得到 90 年代中期的评价结果为：煤电链和核电链的温室气体排放系数分别为 1 302.3 g-$CO_{2,eq}$/kWh 和 13.71 g-$CO_{2,eq}$/kWh，煤电比核电高 2 个数量级[3,4]。国内有关研究中，应用生命周期分析方法计算的煤电链的温室气体排放系数为 975.24 g-$CO_{2,eq}$/kWh（以 2005 年基准）[5]、1 018 g-$CO_{2,eq}$/kWh（基于案例分析的研究）[6]。以我国装机容量为44 MW 和 3 600 MW 的两座水电站 A（三插溪水电站）、B（锦屏一级水电站）为案例的水电生命周期（建筑材料、机器、设备生产，电站建设与安装，电站运行与维护，电站销毁与再循环等阶段）的温室气体排放系数分别为 44 g-$CO_{2,eq}$/kWh 和 6.1 g-$CO_{2,eq}$/kWh[7]。国内对风电在全生命周期内温室气体排放的研究相对较少，针对风电场（而不是单一的风力发电机组）的全生命周期内温室气体排放案例的结果在 5.0～8.2 g-CO_2/kWh[8]。国内研究中，对仅考虑晶体硅光伏组件的温室气体排放量计算范围在 33～50 g-CO_2/kWh[9]，基于建筑一体化光伏系统生命周期案例的多晶硅和单晶硅太阳电池发电系统的温室气体排放分别为 53 g-$CO_{2,eq}$/kWh 和 61 g-CO_2/kWh[10]，光伏发电系统生命周期的温室气体排放估算为 20～40 g-CO_2/kWh[11]或者 56 g-CO_2/kWh[12]等。

第3章　研究方法

3.1　方法学确定

对不同发电能源的温室气体排放进行比较评估时，应当考虑全能源链过程（Full Energy Chain，FENCH），即包括从燃料开采、原材料加工、制造、运输、能源转换（发电）、到废物处理和处置的全过程；对能源链进行全生命周期分析（Life Cycle Analysis，LCA），即计算每一过程的物质流和能量流，包括采矿、电厂、加工和处理设施、运输系统等运行中的直接排放，也包括能源链系统及相关基础设施所消耗的能源和原材料在其开采、加工制造和运输期间产生的间接排放。因此，本研究中不同发电能源链的系统边界范围，包括燃料开采、加工、运输、发电、废物处理和处置的整个燃料循环系统；生命周期边界范围，包括不同发电能源链的设施建设、运行、退役等各阶段，设施的寿期根据不同发电能源特点和工程设计来确定。

3.2　依据标准

关于碳足迹的规范和标准不断推出，目前主要包括温室气体议定书产品标准（The Greenhouse Gas Protocol Product Standard）、英国的 PAS（Publicly Available Specification）2050:2011 标准、日本的标准仕样书（TS）TS Q 0010 和国际标准化组织正在制定的 ISO 14067 标准等。在充分考虑以上各标准的适用性、公开可得性以及标准的成熟程度后，项目组总结了各标准共有的原则并结合本项目的特点确定了在不同发电技术温室气体核算中的原则，具体核算原则如下：

1. 原材料的核算原则。在原材料所有变化过程中产生的温室气体排放都应该包含在其中，包括所有能源消耗导致的排放或者直接导致的排放。来自于原材料的温室气体排放包括但不限于：原材料（固体、液体、气体，例如铁矿石）在开采和提炼过程中机械、消耗品的温室气体排放；在每一步提炼和预处理过程中产生的废弃物等。经过外部处理的过程之前，原材料的温室气体排放为零，例如：在被提炼之前的铁矿石的温室气体排放为零。

2. 能源的核算原则。在能源的供应和使用过程中产生的温室气体排放都应该包含在其中。来自于能源的排放包括了能源生命周期中包含的排放。这包括能源在消费端的排放（如燃烧煤的排放）；能源在供应过程中的排放，包括电力和热力的产生，燃料运输的排放，上游排放（燃料开采以及运输至发电厂），下游排放（例如核电站废料处置过程中的排放）。可以简单理解为包含三个阶段：能源使用前，能源使用时和能源使用后。

3. 生产资料的核算原则。在产品生命周期中使用的生产资料导致的排放是不需要包含进去的。对于这部分排放目前暂未考虑在以上各标准之中，因此本研究对这部分的排放也不予采纳。

4. 制造以及提供服务过程中的排放。制造以及提供服务过程中的排放作为产品生命周期中的一部分，包括消耗品的使用，应当包括在其中。

5. 保障运行设施的排放。保障运行的前提排放包括厂房，仓库，集中供应中心，办公室等，应当包括在其中。运行包括照明、供热、制冷、通风、湿度控制以及其他的环境控制活动。

6. 运输过程的排放。来自于公路、航运、水路、铁路或者其他运输方式的温室气体排放都应包括在其中。运输过程中的排放包括运输燃料的排放（例如燃料运输活动）。过程包括每一个个体过程，例如原材料，产品以及副产品在工厂内的运送（如传送带或者其他运输方法）。

7. 核算原则的例外。在核算过程中不包括以下内容：(1)在处理或者预处理阶段人力的使用导致的排放（例如产品是由人力搬运而不是机械搬运）；(2)在零售产品时消费者的运输导致的排放；(3)雇员在上下班过程中的运输导致的排放；(4)人或动物在提供运输的过程导致的排放。

3.3 计算方法

本研究中能源链的生命周期温室气体排放计算公式如下：

$$TE = \sum_{n}^{m}\left[\sum_{p}^{q}(AD_p \cdot EF_e)\right] + \sum_{i=1}^{j} DE_i$$

式中：TE 代表温室气体排放总量；AD_p代表第 q 阶段中第 p 类能源活动水平；EF_e代表相应能源排放因子；DE_i代表第 i 阶段中第 j 类（材料/部件等）引起的排放。

考虑不同能源发电技术的温室气体排放量的比较，并依据《GB/T 24025—2009 环境标志和声明Ⅲ型环境声明原则和程序》等有关标准，建立温室气体排放量与电力生产之间的关系，对发电能源的温室气体排放结果归一化到单位发电量，即生产单位千瓦时（kWh）电量排放的温室气体（GHG），单位表示为 $g\text{-}CO_{2,eq}/kWh$。

由于发电能源的温室气体排放主要来自于能源链系统的相关能源（燃料）和材料的消耗，因此，选取适当的燃料、材料的温室气体排放因子至为重要，本研究选取排放因子的基本原则为：优先选取符合我国实际情况的相关燃料、材料的温室气体排放因子。在缺乏我国的数据时，参考国外同类研究中采用的排放因子。项目组推荐选取的排放因子详见附录 2。

第 4 章　不同发电能源的温室气体排放

4.1　煤电

4.1.1　系统边界

煤电链的系统边界如图 1.2 所示。其重点评价煤炭生产环节、煤炭运输环节、燃煤电站建造、运行和退役环节以及电力输配环节四个生命阶段中温室气体的直接排放和间接排放。

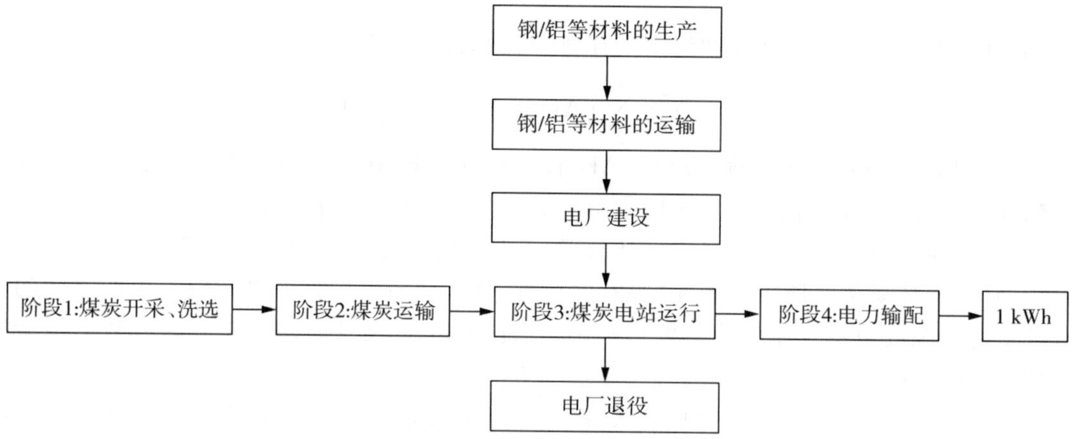

图 1.2　煤电链的系统边界

煤炭生产环节主要包括煤炭开采和采选过程的能耗、煤炭开采环节的温室气体（主要是 CH_4 和 CO_2）逸散排放、煤自燃引起的温室气体排放。

煤炭运输环节包括三种煤炭运输方式：铁路、公路和水路运输过程中的能耗、煤炭在运输和装卸过程中的遗撒造成的温室气体排放。

发电环节包括：(1)电厂建设过程中材料消耗引起的间接排放；(2)电站运行阶段的煤炭燃烧和脱硫过程带来的温室气体排放；(3)电厂退役过程中能源消耗引起的温室气体排放。

电力的输配环节包括：输配电过程中的电能损失；输电过程中 SF_6 气体的泄漏带来的温室气体排放；不考虑此环节基础设施建设材料消耗引起的排放。

国外亚临界和超临界机组寿命一般在 30 年以上，甚至达到 40 年，而目前我国大多数大容量煤电机组尚未达到退役年限。因此参照国外经验，本研究中假定燃煤电站机组寿命为 30 年。

4.1.2　数据来源

煤炭开采和处理阶段的能源消耗、温室气体逸散排放等，主要根据中国能源统计年鉴和相关的行业年鉴等文献数据得到，基本反映了全国平均水平。

煤炭运输阶段的能源消耗主要根据交通年鉴和相关文献数据，综合考虑了三种主要的煤炭运输方式：铁路、公路和水路，得到每种运输方式的燃料结构和单位距离耗能情况，从而得到煤炭运输阶段的温室气体排放情况。

电厂建设阶段的材料消耗，主要基于文献调研数据。考虑了主要材料消耗，即：铸铁、钢材、铝、铜和混凝土等，由于数据可获得性原因，没有考虑特殊材料带来的影响。通过敏感性分析，讨论了电厂建设材料消耗的不确定性带来的影响。

电力的输配阶段，假设电网和输变电等设备是已经存在的基础设施，没有考虑基础设施建设消耗材料带来的温室气体间接排放。

本研究的数据时间跨度主要取决于数据的可获性和一致性，基本上采用 2009 年的数据。

4.1.3 计算结果

选取 2009 年全国火电平均供电煤耗（342 gce/kWh），计算得到煤电的全生命周期的总的温室气体排放和分环节排放，如表 1.2 所示。

表 1.2 煤电链生命周期温室气体排放情况

案例	全国平均水平	超超临界	超临界
供电煤耗/(gce/kWh)	342	280	300
各阶段温室气体排放/($g\text{-}CO_{2,eq}$/kWh)			
煤炭开采和洗选过程	115.4	94.5	101.2
煤层甲烷气	69.8	57.1	61.2
煤田火	9.4	7.7	8.3
煤矸石自燃	1.6	1.3	1.4
洗选能耗	12.9	10.6	11.3
开采、洗选损失	21.6	17.7	19.0
煤炭运输阶段	14.7	12.0	12.9
运输过程能耗	14.2	11.6	12.5
遗洒和扬尘损失	0.5	0.4	0.4
发电阶段	939.2	769.4	824.2
电厂建设材料需求	2.1	2.1	2.1
电厂运行过程排放	934.1	764.8	819.4
脱硫过程排放	2.8	2.3	2.4
电厂退役过程排放	0.2	0.2	0.2
输电过程排放	3.2	3.2	3.2
合计	1 072.4	879.0	941.4

4.1.4 主要结论

1. 同国内外应用同类方法的研究结果相比[13]，基于亚临界发电技术水平，煤电链温室气体排放范围为：879～1 274 $g\text{-}CO_{2,eq}$/kWh，平均值为 991 $g\text{-}CO_{2,eq}$/kWh；基于超临界发电技术水平，煤电链温室气体排放范围为：729～1 009 $g\text{-}CO_{2,eq}$/kWh，平均值为 794 $g\text{-}CO_{2,eq}$/kWh。我国的结果也在这一范围内。

2. 基于2009年全国平均火力发电水平(供电煤耗342 gce/kWh),煤电链温室气体排放为1 072.4 g-$CO_{2,eq}$/kWh。其中:

(1)煤炭开采和洗选环节排放(115.4 g-$CO_{2,eq}$/kWh)占到整个煤电链生命周期排放的10.8%左右。

煤层甲烷排放(69.8 g-$CO_{2,eq}$/kWh)占到60.5%。尽管每吨煤CH_4排放和CO_2排放基本相当,由于甲烷的温室气体效应为CO_2的25倍,因此降低煤层甲烷排放能够显著降低煤炭开采阶段温室气体排放。

煤炭开采和洗选过程中损失带来的排放(21.6 g-$CO_{2,eq}$/kWh)占18.7%。2009年煤炭开采和洗选过程中原煤损失为2.3%。

煤炭开采、洗选过程中能耗带来的间接排放(12.9 g-$CO_{2,eq}$/kWh)占11.2%。2009年原煤产量中只有51.1%来自国有重点矿,而其余的来自机械化程度低,开采能耗较高的地方国有矿和乡镇矿。

煤炭自燃(9.4 g-$CO_{2,eq}$/kWh)和煤矸石自燃(1.6 g-$CO_{2,eq}$/kWh)占到煤炭开采和洗选环节排放的9.6%。

(2)电厂运行阶段的排放占到煤炭链生命周期排放的87%左右。电站热效率与煤电链生命周期温室气体排放有很强的相关性。当采用超临界(供电煤耗300 gce/kWh)和超超临界(供电标煤耗280 gce/kWh)发电技术时,煤电链温室气体排放分别为941.4 g-$CO_{2,eq}$/kWh和879 g-$CO_{2,eq}$/kWh。

(3)考察材料消耗、煤层瓦斯排放、运输距离、供电煤耗和输电线损率对煤电链全生命周期温室气体排放量的影响,主要结论为:

材料消耗和运输距离对煤电链全生命周期温室气体排放量影响不大;

考虑煤矿瓦斯排放的上限值(10.6 m^3/t)时,煤电链排放为1 095.1 g-$CO_{2,eq}$/kWh;如果煤层气利用"十二五"规划目标实现,煤电链排放为1 006.6 g-$CO_{2,eq}$/kWh,相对基准案例减少了6.54%。

供电煤耗每降低10%,煤电链排放降低10.9%。原因在于:电站运行阶段直接排放占生命周期总排放的87.6%;供电效率的提高,意味着供应同样1 kWh电,消耗的燃料降低,因此也会使得煤炭开采和运输过程中温室气体排放也会相应地降低。

输电线损率下降10%,煤电链温室气体排放相对于基准案例减少0.72%。如果采用特高压输电技术(线损率2.02%),煤电链温室气体排放相对基准案例减少5.03%。

3. 随着相关行业的技术进步及国家节能减排政策的推行,近年来我国煤电能源链能效得到了显著提高。

(1)1978年,全国6 000 kW及以上电厂供电煤耗为471 gce/kWh,而2010年供电煤耗下降至333 gce/kWh,低于美国(2006年356 g/kWh)、澳大利亚(2006年360 g/kWh),但与日本2009年火电厂供电煤耗(306 gce/kWh)相比,还有一定的差距。据中电联最新统计结果,2012年全国6 000 kW及以上火电机组平均供电煤耗为326 gce/kWh。基于2012年的数据,本研究得到的前三个环节排放值为:954 g-$CO_{2,eq}$/kWh。

(2)"十一五"期间全国煤炭开采和洗选行业吨煤能耗不断下降。2005年,全国平均原煤生产综合能耗为19.5 kgce/t,其中煤耗7.22 kgce/t,电耗33.2 kWh/t[14];而2009年全国平均原煤生产综合能耗则降为8.92 kgce/t,其中煤耗1.77 kgce/t,电耗20.92 kWh/t[14]。

据《清洁生产标准-煤炭采选行业》编制课题组的调研显示，国有重点煤矿矿井的原煤生产吨煤电耗，一般在 15～25 kWh/t 之间，最低电耗水平达到 4.4 kWh/t；大型洗煤厂的洗煤吨煤电耗在 10 kWh/t 以下，较低电耗水平小于 5 kWh/t。

(3)如表 1.2 所示，煤矿瓦斯释放是煤炭开采环节的最大排放源。据统计，2005 年我国煤矿瓦斯产生量 150 亿 m^3，其中瓦斯抽采量为 23 亿 m^3，瓦斯抽采率为 15%；瓦斯利用量 10 亿 m^3，瓦斯利用率仅为 7%[15]。随着国家强力推进煤矿瓦斯"先抽后采、抽采达标"加强瓦斯综合利用，安排中央预算内资金支持煤矿瓦斯治理示范矿井和抽采利用规模化矿区建设，煤矿瓦斯抽采利用量逐年大幅度上升。2010 年，煤矿瓦斯抽采量 75 亿 m^3、利用量 23 亿 m^3，分别比 2005 年增长 226%、283%[16]。但是与煤矿瓦斯年释放量相比，当前我国煤矿瓦斯的利用率还很低。

(4)"十一五"期间全国电网平均线路损失率不断下降。2010 年，全国电网平均线路损失率为 6.53%，低于 2007 年的英国(7.4%)、澳大利亚(7.5%)、俄罗斯(11.95%)，接近 2007 年美国水平(6.38%)[17]。

4.2 核电

4.2.1 系统边界

核电链系统包括从铀矿开采、冶炼，铀转化，铀浓缩，核燃料元件制造的一系列加工处理过程(称为"核燃料循环的前段")，核电站运行发电，到反应堆卸除乏燃料临时贮存、后处理和放射性废物最终处置(称为"核燃料循环的后段")等围绕核能电力生产的整个燃料循环过程；核电链生命周期分析的边界，包括建设、运行、退役等 3 个阶段以及相关运输过程，如图 1.3 所示。

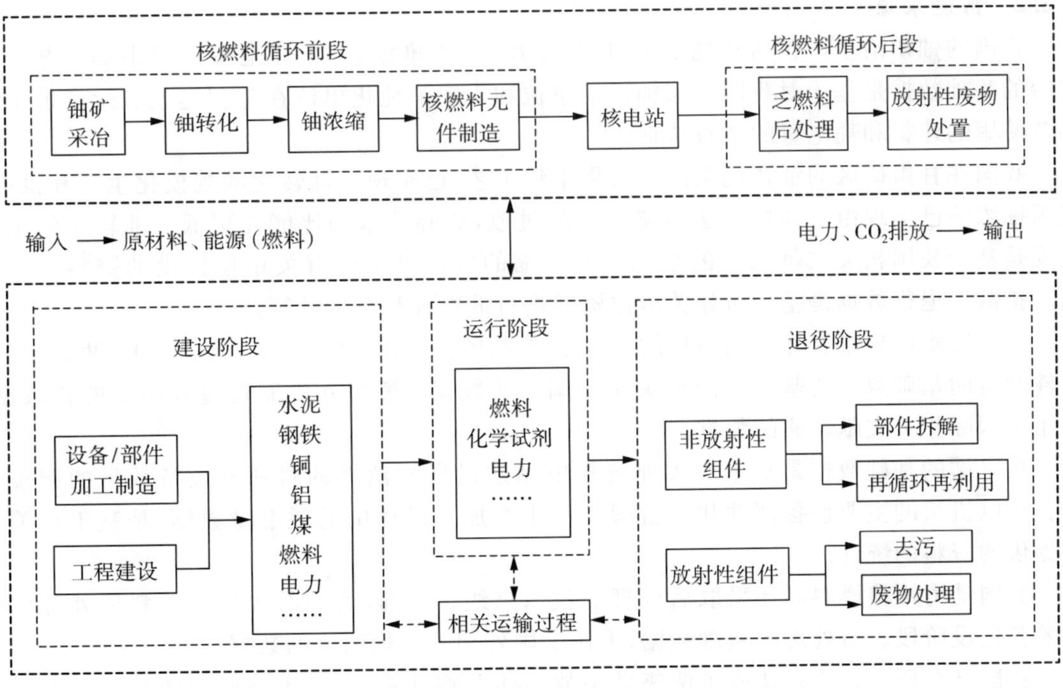

图 1.3 核电链生命周期的系统边界

通过对相关行业单位调研获取第一手的基础数据，确定本文对各环节在建设、运行、退役阶段的计算边界，如表 1.3 所示。本研究中核电链的设施的寿期按照工程设计使用年限来确定，铀矿冶设施按 30 年设计为基准。核电站的寿期设计大多为 40 年，而 IAEA、美国、韩国等对运行核电站延寿到 60 年至 80 年，因此，从技术层面，按核电站运行寿期为 60 年设定。

表 1.3　核电链各环节的计算范围

核设施类型		建设	运行	退役
核电站		√	√	
核燃料循环设施	铀矿冶	√	√	
	铀转化、浓缩	√	√	√
	燃料元件制造	√	√/f	
	后处理		√/f	
	废物处置		√/f	

注：f 表示尚未有我国数据，参考采用国际数据。

核电链的设施在建设、生产运行和退役中涉及大量的建筑材料、原材料、能源（电力、燃料）消耗的统计，按照“统计主要因素，忽略次要因素”的原则，这里只计算对温室气体排放贡献较大的，对于归一化消耗量很少和对总温室气体排放贡献极小的（低于千分之一时），认为其温室气体排放在整个核电链中可以忽略。对温室气体排放贡献较大的材料主要有钢材（各类碳钢、不锈钢/合金钢）、水泥（包括混凝土）、铜、铝、石灰等，还有少量的硝酸等多类化学试剂；能源消耗主要是燃料、电力。

4.2.2　数据来源

我国的铀矿冶生产包括常规采冶、原地浸出、地表堆浸、井下原地爆破浸出等工艺。铀矿冶的基础数据是基于对我国 8 家铀矿冶单位和 1 家铀纯化单位在工程建设和生产加工各环节使用的建材和耗电量的调查统计。

我国在甘肃矿区的铀转化生产厂采用干法工艺，已实现了铀转化的规模化生产和供应。我国铀浓缩已实现由气体扩散法向离心法的过渡，离心技术的比能耗更低。铀转化的基础数据是基于我国相关文献调研的数据。铀浓缩的数据是基于有关单位提供的资料中的数据。扩散厂退役数据是基于对相关单位资料进行的整理和统计计算。

我国压水堆核燃料元件制造厂的 UO_2 粉末制备有湿法（ADU）和干法（IDR）两种工艺。元件制造的基础数据是基于我国相关文献调研的数据。燃料元件制造过程中的能耗数据，采用了国际相关文献调研的数据。

核电站的基础数据是基于对大亚湾核电站建设期间消耗的材料和设备数量的调查统计。核电机组的主要设备部件和设备锻件在生产加工过程中的耗电量数据，是基于有关单位提供的资料的统计。

我国动力堆核燃料循环采取后处理的技术路线。目前，商用的大型乏燃料后处理厂处于筹备建设阶段。后处理的基础数据，采用了国外相关文献调研的数据。

我国已在西北和广东建成了两座低中放固体废物处置场，对于高放固体废物采取深地质处置方案，预计在 21 世纪中叶建成一座国家深地质处置库。目前世界上还没有建成的高放废物处置库。废物处置的基础数据，采用国际上相关文献调研的数据。

4.2.3 计算结果

核电链的温室气体归一化排放量，如表1.4所示。当前我国核电链（包括核燃料循环前段、核电站）的实际温室气体归一化排放量为6.2 g-$CO_{2,eq}$/kWh，若考虑核燃料循环后段（乏燃料后处理与废物处置）则总的温室气体归一化排放量为11.9 g-$CO_{2,eq}$/kWh。

表1.4 核电链的温室气体归一化排放量 (g-$CO_{2,eq}$/kWh)

设施	材料	能源	合计
铀矿采冶	4.95×10^{-1}	1.83	2.33
铀转化和铀浓缩	9.19×10^{-1}	3.14×10^{-1}	1.23
燃料元件制造	7.87×10^{-3}	2.10×10^{-1}	2.18×10^{-1}
核电站	4.51×10^{-1}	1.96	2.41
小计	1.87	4.32	6.19
后处理	—	5.29	5.29
废物处置	—	4.33×10^{-1}	4.33×10^{-1}
总计	1.87	1.00×10^{1}	1.19×10^{1}

4.2.4 主要结论

1. 同国际上应用同类方法的研究结果相比，核燃料循环上游部分（核燃料循环前段、核电站）的温室气体排放结果范围在4.7～13.6 g-$CO_{2,eq}$/kWh，总的温室气体排放系数范围为9～30 g-$CO_{2,eq}$/kWh[18,19]，我国的结果也在这一范围内。

2. 核电链的总的温室气体排放中，核电站占20%，核电链的其他设施占80%。核燃料循环前段（铀矿采冶、铀转化、铀浓缩和元件制造）占32%，核燃料循环后段（乏燃料后处理和废物处置）占48%。

3. 从温室气体排放的来源来看，由材料引起的排放占16%，由能源消耗引起的排放占84%。也就是说，核电链的温室气体排放主要仍然取决于我国以煤为主的能源结构。材料引起的温室气体排放中，水泥占36%、碳钢占31%、（工艺用）煤占24%、铜占6%、不锈钢占1.5%、铝占1.1%。

4. 同我国20世纪90年代中期的评价结果相比（13.7 g-$CO_{2,eq}$/kWh），核电链的温室气体归一化排放量有所降低。主要是由于相关行业的技术进步促进了节能降耗，如供电标准煤耗从1995年的412 gce/kWh下降到2010年的333 gce/kWh。近二十年来，我国核电链系统也有了整体的技术进步，如地浸、堆浸工艺技术在铀矿冶领域的应用，比常规搅拌浸出工艺提高了生产效率和降低了能耗；气体离心法代替气体扩散法的铀浓缩技术工艺，使相同产量的工厂规模更小而能耗降低很多。

4.3 水电

4.3.1 系统边界

水电链的系统边界如图1.4所示，包括筑坝的建筑材料与机电设备生产、建筑材料与机电设备运输、电站土建工程建设与设备安装、电站运行与维护和电站拆除五个阶段。然而在实际情况中，当一座水电站运行了几十年之后，当地的生态环境已经通过自身改变适应了大坝的存在，如果将大坝突然拆除，会很大程度地改变周围的环境；为了保护当地的生态系统，大多数大坝都会留在原处，作为旅游景观或者历史遗迹保存，在生命周期的评价研究中可以不予考虑大坝的拆除这个阶段[7]。在电站的运行与维护阶段，除了考虑由于水电站运行和维护产生的材料、能源消耗引起的温室气体排放外，本研究还重点考虑了水库水体的温室气体的排放；因此，本研究中电站的运行与维护阶段实际分为两个阶段，即电站运行初期（正式发电的前 10 年，考虑水库水体温室气体排放）、电站运行稳定期（正式发电的第 11 年至 100 年，该阶段水库水体温室气体释放恢复到自然水体的释放水平，不再考虑由于建坝引起的温室气体释放）。

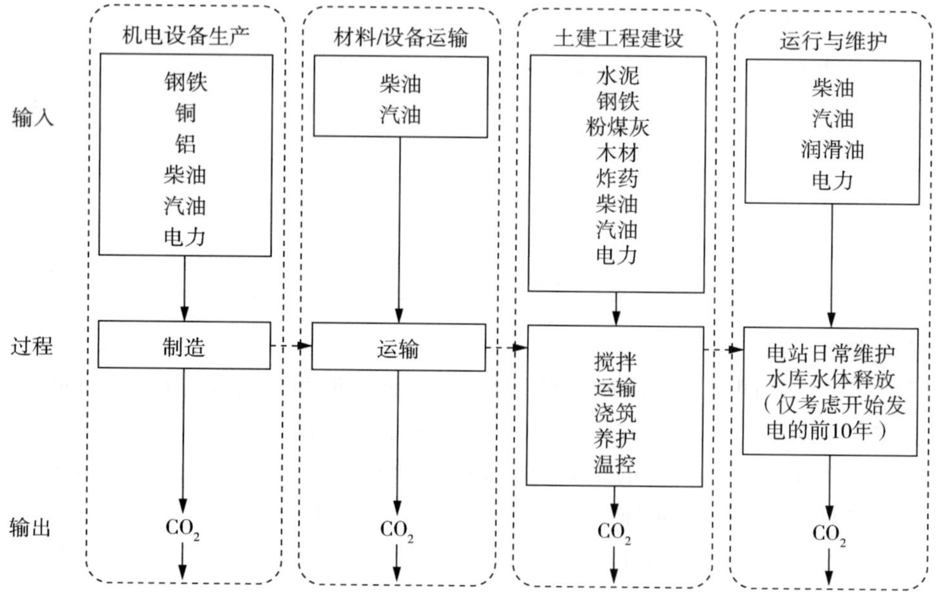

图 1.4 水电链的系统边界

本研究中水电工程机械设备、各种类型建筑物的使用寿期按照水电工程设计使用年限来确定。其中，水电工程机械设备使用寿命设定为 60 年，而各类型建筑物、坝体、渠道等技术使用寿命暂设定为 100 年。

4.3.2 数据来源

水电土建工程建设、机电设备生产、运输阶段等的耗能耗材数据主要来源于水电企业内部数据、水电工程的可行性研究报告等；水库水体温室气体通量采用“通量箱-气相色谱法”为基本观测方法进行原位监测获得；计算水库温室气体排放量时需要用到水库的面积，而本研究中水库面积利用 DEM 与遥感技术相结合计算得到。

水电工程建设阶段的材料消耗主要根据水电行业的特点和实际调研，主要材料消耗包括水泥、钢铁、粉煤灰、木材、炸药、柴油、汽油、电量等。由于数据可获得性原因，没有考虑特殊材料带来的影响。

水电运输阶段的能源消耗主要根据交通年鉴和相关文献数据，通过相关资料了解水电材料主要运输方式即铁路、公路和水路并得知每种运输方式的燃料结构和单位距离耗能情况，从而得到水电材料运输阶段的温室气体排放情况。

运行维护阶段温室气体排放包括两部分，耗能耗材的碳排放和水库水体的自然排放。

其中，耗能耗材的碳排放量很低，通过前期研究发现其占整个生命周期的碳排放的比例也极低。因此，如果相关耗能耗材数无法得到精确数据时，此部分的碳排放可以忽略不计。水库水体的温室气体净排放等于水库水体温室气体总排放减去建库前自然河流的温室气体排放再减去非人为因素引起的排放(例如上游外源输入引起的碳排放)。由于水库建库前温室气体的排放情况鲜有相关研究数据，本研究在计算水库温室气体净排放时，保守起见，采用水库水体在100年生命周期的温室气体总排放。

本文主要研究建筑材料/机电设备生产、建筑材料/机电设备运输、土建工程建设和电站运行与维护四个阶段。其中，建筑材料/机电设备生产阶段，主要考虑水轮机、发电机、变压器等主要机电设备生产所需的钢铁、铜、铝、柴油、汽油、电力等生产过程的碳排放量；在建筑材料/机电设备运输阶段，主要是机械设备运输消耗柴油、汽油等的碳排放量；在土建工程建设阶段，主要考虑现场施工诸如开挖、浇筑、养护、采取温控措施等过程中的耗能耗材耗电量；在电站运行与维护阶段，同样要消耗原材料和机械设备，涉及能耗带来的碳排放量，另外，电站运行初期还考虑到由于水库蓄水淹没一定量的有机质引起的温室气体排放量。

4.3.3 计算结果

将水电工程四个阶段的估算结果汇总、整合，得到了我国典型水电工程整个生命周期四个阶段的碳排放总量和碳排放系数总量。我国典型水电工程整个生命周期将排放70.0万～2 098.6万t $CO_{2,eq}$，平均排放量为503.9万t $CO_{2,eq}$。温室气体排放系数在0.90万～10.12 g-$CO_{2,eq}$/kWh之间，平均为3.51 g-$CO_{2,eq}$/kWh。

4.3.4 主要结论

1. 采用生命周期评价方法，确立了我国主要水电生命周期的四个阶段——材料/设备生产、材料/设备运输、土建工程建设、运行维护阶段的边界条件。

2. 通过对我国长江、乌江、海河、黄河、澜沧江、雅砻江、松花江以及金沙江、清江等流域典型水库水体温室气体通量现有观测，澜沧江流域水库水体CO_2和CH_4排放通量均较高，平均分别为6 808.50 mg·m^{-2}·d^{-1}和16.11 mg·m^{-2}·d^{-1}；CO_2通量较高的还有海河和黄河等，分别为2 828.19 mg·m^{-2}·d^{-1}和2 652.47 mg·m^{-2}·d^{-1}，金沙江下游较低为460.30 mg·m^{-2}·d^{-1}；对于CH_4来说，通量较高的流域有海河、松花江和黄河等，分别为10.23 mg·m^{-2}·d^{-1}、9.15 mg·m^{-2}·d^{-1}和8.93 mg·m^{-2}·d^{-1}。

3. 以观测年(一年)为尺度对不同水库水体温室气体排放系数分析表明，其数值位于前列的水库有大黑汀、三门峡、丰满、潘家口、西霞院、故县等，其排放系数分别为979.81 g-$CO_{2,eq}$/kWh、89.17 g-$CO_{2,eq}$/kWh、81.06 g-$CO_{2,eq}$/kWh、73.02 g-$CO_{2,eq}$/kWh、33.69 g-$CO_{2,eq}$/kWh、22.41 g-$CO_{2,eq}$/kWh。上述水库以供水或防洪等为主，发电功能次要，还兼有水产养殖等水资源利用功能，因此其排放系数即单位发电量的碳排放较大。

4. 通过对典型工程生命周期温室气体排放研究，温室气体排放范围为70.0万～2 098.6万t $CO_{2,eq}$，平均排放量为503.9万t $CO_{2,eq}$；生命周期的排放系数在0.90～10.12 g-$CO_{2,eq}$/kWh之间，平均为3.51 g-$CO_{2,eq}$/kWh。排放系数最小值出现在金沙江的溪洛渡和向家坝两个梯级水库，排放系数最大值出现在西霞院水库。

5. 通过对典型工程不同阶段碳排放分析，土建工程建设阶段的碳排所占的比例最大，平均约为70.2%；运行阶段的碳排量所占比例次之，约为23.4%；建筑材料、机电设备生产阶段的碳排放在生命周期的比例约为4.3%；而建筑材料、机电设备运输阶段的比例约为 2.1%。

6. 通过对不同流域水库、同一流域不同水库、同一水库不同位置、同一位置不同时间观测、蓄泄水不同时期方面的温室气体通量观测以及温度、气压、风速、pH 值、DO、TOC、TN、TP、TA 等环境因素影响分析等进一步表明，影响水库水体温室气体排放的因素众多，由建库引起的水体温室气体净排放依据有限的、片段的监测数据很难分析，需要长时间序列的观测与验证。

4.4 风电

4.4.1 系统边界

风电链的系统边界如图 1.5 所示，包括：风电机组组件制造、组件装配、机组总装、机组调试、机组运输、机组运行维护和机组报废回收等环节。重点对风电机组制造和风电场建设两个生命周期阶段中的温室气体排放量进行评价。根据目前国际上对风电温室气体排放的研究方法，系统边界仅考虑到风电场与公共电网的接入点处。风电机组制造环节包括：组件制造、厂内运输、厂内装配、厂内调试和出厂运输等。风电场建设环节包括：风电场土建施工、风电场接网、风电机组组件运输、风电机组组件吊装、风电机组整机调试运行等。本次研究风电温室气体排放量计算时，生命周期的时间边界取 20 年。

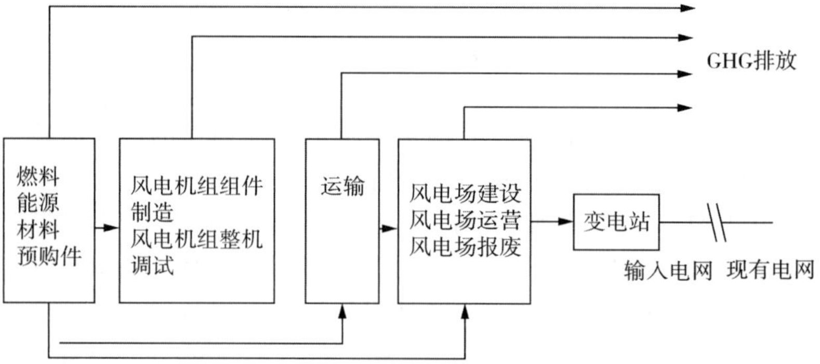

图 1.5 风电链的生命周期分析系统边界

4.4.2 数据来源

风电机组生产制造阶段数据主要来源于风电设备制造企业的实际调研和国内外公开发布的风电生命周期相关文献两个途径。在评价过程中大量采用了我国风电设备制造企业实际检测活动水平数据，占总采纳数据的 60%，其他数据除来源于国内外标准、规范和学术期刊等公开文献外，部分数据还来源于专家评估，占总采纳数据的 40%。

在核算过程中，根据舍弃原则，排放量小于该部件排放的 5%时予以舍弃，且总舍弃量之和小于风电系统总排放量的 5%。由于目前我国风电系统还未进入报废处置阶段，因此，除风力发电基础部分按直接填埋，其能耗不纳入分析范畴外，其他部分报废处置阶段能耗均按照前阶段能耗的 10%进行估算。

4.4.3 计算结果

选取中国目前 1.5 MW 和 2.0 MW 功率的主流风力发电机组，计算得到风电链生命周期总的温室气体排放量和分环节排放量，如表 1.5 和表 1.6 所示。

表 1.5　5 MW 风电机组排放清单

部件/组件类别	叶片	轮毂和头锥	齿轮箱	发电机	塔架	基础	风电场	总计
排放量/(t $CO_{2,eq}$)	17.33	11.37	107.21	66.12	594.61	182.12	3 620.35	4 599.16
单位排放量/(g-$CO_{2,eq}$/ kWh)	0.3	0.2	1.7	1.1	9.9	3.0	1.8	18.0

表 1.6　2.0 MW 风电机组温室气体排放清单

部件/组件类别	叶片	轮毂和头锥	齿轮箱	发电机	塔架	基础	风电场	总计
排放量/(kg-$CO_{2,eq}$)	17.69	11.37	122.65	73.30	738.13	171.10	3 620.35	5 858.44
单位排放量/(g-$CO_{2,eq}$/ kWh)	0.2	0.1	1.5	0.9	9.2	2.1	1.8	15.8

4.4.4　主要结论

1. 风电链生命周期温室气体排放量主要来自风电机组制造阶段，其次是来自和风电场建设阶段。风电机组制造阶段的总排放占75%左右，风电场建设阶段占25%左右。

2. 风电机组制造阶段温室气体排放量主要来自塔架制造时的钢材消耗，占70%左右。

3. 风电链生命周期温室气体单位排放量为15.8～18.0 g-$CO_{2,eq}$/kWh。

4. 风电链生命周期温室气体排放量与风能容量系数（评估风电场年发电量优劣的指标）相关，风能容量系数高的风电场，其温室气体单位排放量低。

4.5　太阳能光伏发电

4.5.1　系统边界

单晶硅和多晶硅太阳电池技术目前发展最成熟，在应用中占主导地位。光伏发电的应用形式既可以是独立电站形式，也可以采用并网发电形式。从长期来看，以并网发电形式为主流发展方向。本研究以晶体硅太阳电池光伏并网发电为例进行分析。晶体硅太阳电池光伏发电链的系统边界如图1.6所示，主要包括光伏电站的生产建设阶段、发电运行阶段、退役阶段和电力输配阶段等。

生产阶段主要包括石英矿的开采、金属硅的冶炼、高纯多晶硅的提纯、铸锭、硅片切割、太阳电池片制造、光伏组件组装和光伏发电系统集成等过程引起的温室气体排放。此外，生产过程中用到的各种辅助材料温室气体需要考虑，主材料和各种辅助材料的运输过程产生的温室气体也一起计算。

退役阶段有些材料是可以回收利用的（如铝合金框、钢支撑架等），可以抵消部分的温室气体排放；而有些不能再回收利用的材料的填埋等处理过程也导致温室气体的排放。

电力的输配环节包括：输配电过程中的电能损失；输电过程中 SF_6气体的泄漏带来的温室气体排放等。

光伏发电的全寿命周期受限于太阳电池片本身的稳定性和组件封装技术。随着技术的不断进步，本研究按目前光伏发电的全寿命周期为25年计算。

4.5.2　数据来源

太阳电池的发电量受所处位置的太阳辐照强度和日照时间等因素影响很大，本研究中采用全国平均数据进行计算。太阳电池生产阶段的温室气体排放，主要在参考国内相关的行业年鉴、文献报道等数据基础上，并咨询国内行业内有关专业人员得到最新数据，基本反

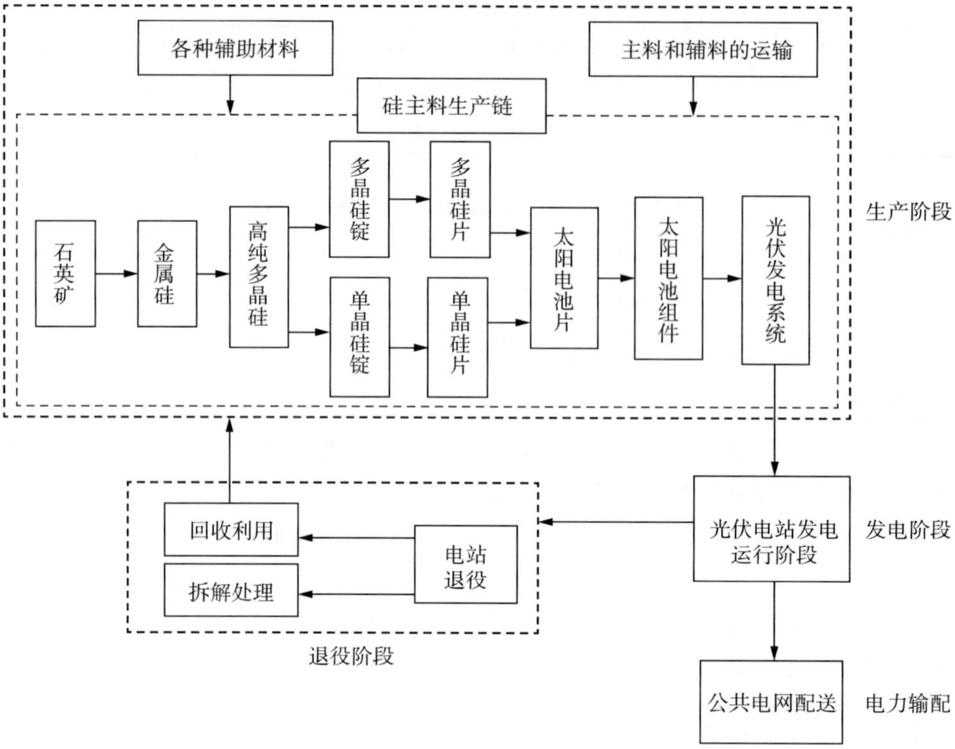

图 1.6 晶体硅太阳电池并网光伏发电的生命周期分析系统边界

映了全国当前的平均水平。

生产阶段需要的主材料和辅助材料的运输能耗主要根据交通年鉴和相关文献数据，实际运输应该包括铁路和公路两种运输方式，公路运输的能耗及相应的温室气态排放应该高于铁路。在计算中，采取了保守的计算，仅仅考虑公路运输的情况，统计各个阶段各种原材料的运输距离，参考单位距离耗能情况，从而得到运输阶段的温室气体排放情况。

电力的输配阶段，假设电网和输变电等设备是已经存在的基础设施，没有考虑基础设施建设消耗材料带来的温室气体间接排放。仅仅考虑将光伏发电产生的直流电变换为公网要求交流电所需设备带来的温室气体排放。

4.5.3 计算结果

光伏电站的发电量与太阳辐照时间密切相关，而且与光伏电站安装方式也紧密相关。中国幅员辽阔，西部地区光照充足，而东部沿海地区光照相对较差。此外，西部地区的光伏利用多以大型并网光伏电站为主，需要将电力输送到较远地区，要考虑线损率；而东部地区的光伏利用则以规模较小的分布式光伏电站为主，不需要考虑线损率。

考虑到上述情况，本研究对于西部地区大型并网光伏电站的年均有效利用时间以 1 500 小时进行计算，而对东部地区分布式光伏电站的年均有效利用时间以 1 000 小时进行计算。

对于多晶硅太阳电池光伏发电，西部地区大型并网电站生命周期内的温室气体排放量为 56.54 g-$CO_{2,eq}$/kWh，而东部地区分布式并网电站的排放量为 75.42 g-$CO_{2,eq}$/kWh，如表 1.7 所示。对于单晶硅太阳电池光伏发电，西部地区大型并网电站生命周期内的温室气体排放量为 61.05 g-$CO_{2,eq}$/kWh，而东部地区分布式并网电站的排放量为 81.54 g-$CO_{2,eq}$/

kWh，如表 1.8 所示。

表 1.7　多晶硅太阳电池光伏发电全生命周期温室气体排放

不同阶段和工艺环节		大型并网发电		分布式并网发电	
		温室气体排放/($g-CO_{2,eq}$/kWh)	所占比例/%	温室气体排放/($g-CO_{2,eq}$/kWh)	所占比例/%
生产制造阶段	硅矿石开采	0.087	0.15	0.087	0.12
	运输过程	0.785	1.39	0.384	0.51
	冶金硅还原直接排放	0.372	0.66	0.372	0.49
	冶金硅还原能耗排放	2.703	4.78	3.844	5.10
	多晶硅提纯	19.966	35.31	28.396	37.65
	多晶硅铸锭	1.221	2.16	1.736	2.30
	多晶硅片切割	3.168	5.60	4.505	5.97
	太阳电池片生产	5.929	10.49	8.432	11.18
	电池组件组装	5.929	10.49	8.432	11.18
	光伏系统集成	7.411	13.11	10.54	13.97
	生产阶段合计	47.571	84.14	66.728	88.47
发电运行阶段		0.048	0.08	0.067	0.09
电力输配环节		3.106	5.49	0	0.00
电站退役处置		5.813	10.28	8.627	11.44
生命周期合计		56.538	100	75.422	100

表 1.8　单晶硅太阳电池光伏发电生命周期温室气体排放

不同阶段和工艺环节		大型并网发电		分布式并网发电	
		温室气体排放/($g-CO_{2,eq}$/kWh)	所占比例/%	温室气体排放/($g-CO_{2,eq}$/kWh)	所占比例/%
生产制造阶段	硅矿石开采	0.078	0.12	0.078	0.12
	运输过程	0.706	1.16	0.345	0.42
	冶金硅还原直接排放	0.334	0.55	0.334	0.41
	冶金硅还原能耗排放	2.441	4.00	3.472	4.26
	多晶硅提纯	17.961	29.432	25.544	37.65
	单晶硅拉棒	8.167	13.38	11.615	14.24
	单晶硅片切割	2.848	4.66	4.051	4.97
	太阳电池片生产	5.929	9.71	8.432	10.34
	电池组件组装	5.929	9.71	8.432	10.34
	光伏系统集成	7.411	12.14	10.54	12.93
	生产阶段合计	51.804	84.14	72.843	89.33
发电运行阶段		0.052	0.09	0.073	0.09
电力输配环节		3.383	5.54	0	0
电站退役处置		5.813	9.52	8.627	10.58
生命周期合计		61.052	100	81.543	100

对于薄膜太阳电池组成的光伏发电系统而言，多数研究认为其温室气体的排放量小于晶体硅电池组成的光伏发电系统[18-21]。与晶体硅太阳电池相比较，薄膜太阳电池（包括CdTe太阳电池和a-Si/nc-Si叠层太阳电池的温室气体排放量更低。一些研究结果表明：a-Si/nc-Si叠层太阳电池发电的温室气体排放量仅为15 g-$CO_{2,eq}$/kWh[20]，对测试a-Si、CdTe和CIGS三种薄膜太阳电池全生命周期内的温室气体排放量分别为20 g-$CO_{2,eq}$/kWh、14 g-$CO_{2,eq}$/kWh和26 g-$CO_{2,eq}$/kWh[21]，均明显低于晶体硅太阳电池发电的温室气体排放量。

4.5.4 主要结论

1. 我国目前晶体硅（包括多晶硅和单晶硅）太阳电池并网发电在其生命周期内的温室气体排放量在56.54～81.54 g-$CO_{2,eq}$/kWh范围内。

2. 对于多晶硅太阳电池光伏发电，西部地区大型并网电站生命周期内的温室气体排放量为56.54 g-$CO_{2,eq}$/kWh，而东部地区分布式并网电站的排放量为75.42 g-$CO_{2,eq}$/kWh。

3. 对于单晶硅太阳电池光伏发电，西部地区大型并网电站生命周期内的温室气体排放量为61.05 g-$CO_{2,eq}$/kWh，而东部地区分布式并网电站的排放量为81.54 g-$CO_{2,eq}$/kWh。

4. 无论是单晶硅太阳电池还是多晶硅太阳电池光伏发电，以及无论采用大型并网电站还是分布式并网电站，生产制造阶段的排放量占总排放量的比例均超过84%。多晶硅提纯过程的温室气体排放量占总排放量的比例接近甚至超过30%；其次，单晶硅棒拉制过程、电池片生产、组件组装以及光伏系统集过程的排放量也较大。控制上述过程的排放是减少光伏发电总温室气体排放的关键。

5. 硅矿石开采、各种原材料和产品运输、光伏电站运行阶段和冶金硅还原的直接排放等过程的温室气体排放量比例在1%左右或者更低，这些环节对总温室气体排放的影响很小。

4.6 不同发电能源的比较

我国煤电、核电、水电、风电和太阳能光伏发电的温室气体归一化排放量比较，如图1.7所示。核电、水电和风电表现出比较低的温室气体排放水平，比煤电低2个数量级，太阳能光伏发电处于中间水平，即比煤电低1个数量级。

煤电链全生命周期的总的温室气体排放为879～1 072.4 g$CO_{2,eq}$/kWh，其中879.0 g-$CO_{2,eq}$/kWh为基于超超临界机组（供电煤耗280 gce/kWh），1 072.4g-$CO_{2,eq}$/kWh为基于2009全国火电平均水平（供电煤耗342 gce/kWh）。当不考虑输配电环节时①，煤电链全生命周期的总的温室气体排放为820.2～1 000.6 g-$CO_{2,eq}$/kWh，其中820.2 g-$CO_{2,eq}$/kWh为基于超超临界机组，1 000.6 g-$CO_{2,eq}$/kWh为基于2009全国火电平均水平。

核电的结果，对当前我国核燃料循环前段和核电站的实际温室气体排放为6.2 g-$CO_{2,eq}$/kWh，当考虑了核燃料循环后段（乏燃料后处理与废物处置）时总的温室气体排放为11.9 g-$CO_{2,eq}$/kWh。

通过对我国典型水电站全生命周期的温室气体排放系数研究，其数值范围为0.90～10.12 g-$CO_{2,eq}$/kWh，相对较低。

风电的结果，选取我国目前1.5 MW和2.0 MW功率的主流风力发电机组的能源链和

① 在这里，煤电计算考虑了输配电环节，其他发电能源的计算没有包括输配电环节（或者予以忽略）。

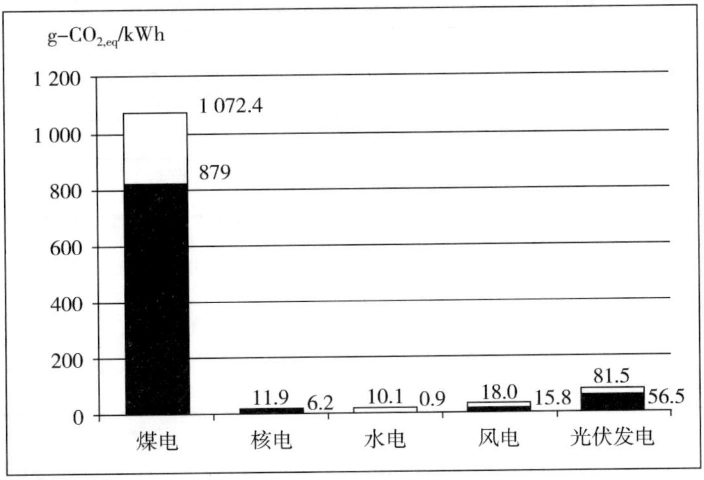

图 1.7 我国不同发电能源的温室气体归一化排放量比较

全生命周期温室气体排放量分别为 15.8 g-$CO_{2,eq}$/kWh 和 18.0 g-$CO_{2,eq}$/kWh。

太阳能光伏发电的结果，我国目前晶体硅（包括多晶硅和单晶硅）太阳电池并网发电在其生命周期内的温室气体排放量在 56.54～81.54 g-$CO_{2,eq}$/kWh 范围内。

4.7 未来电源结构及温室气体排放变化趋势

根据我国一次能源供应的基本格局，未来 20 年甚至 40 年，构建"洁净煤发电＋核电＋可再生能源"的总体发电能源供应格局，是适应我国国情、满足资源及环境承受力的战略选择[22]。2050 年之前，煤电仍将是我国电力系统的主力电源，但煤电装机及发电量比重将呈大幅度下降趋势。为满足电力需求预测水平，全国发电装机总规模 2020 年约 17.1 亿千瓦，2030 年 23.5 亿千瓦左右，2050 年约 31.7 亿千瓦[22]。采用电力需求预测高方案，未来全国各类电源发电量 2020 年约 7.0 万亿千瓦时，煤电的比重下降到 69%，水电、核电、风电和太阳能的比重分别为 16%、8%、3%和 0.4%；2030 年 10.4 万亿千瓦时，煤电比重占 68%，水电、核电、风电和太阳能的比重分别为 14%、11%、3%和 1%；2050 年约 12.0 万亿千瓦时，煤电的比重下降到 49%，水电、核电、风电和太阳能的比重分别为 12%、25%、7%和 3%[22]。采用不同发电能源的归一化温室气体排放量的高值来计算，2020 年、2030 年、2050 年的全国各类电源发电量及温室气体排放量情况如表 1.9 所示。结果表明：2020 年煤电、水电、核电、风电和太阳能发电等 5 种发电能源链的温室气体排放总量为 52 亿 t CO_2，2030 年达 76 亿 t CO_2，2050 年为 64 亿 t CO_2；2020 到 2050 年，由于电源结构的变化，即非燃煤发电所占份额由 28%上升到 47%，煤电的发电份额由 69%下降到 49%，在发电量增加 70%的情况下，温室气体排放仅增加 23%。可见，发展清洁能源（核电、可再生能源）具有很大的温室气体减排潜力，从这点上来说，加快发展核电和可再生能源，降低煤电的比重，是我国构建低碳能源系统、促进低碳电力生产和消费方式转变的关键。

表 1.9 我国未来各类电源发电量及温室气体排放量

项目	2020 年		2030 年		2050 年	
	发电量/亿 kWh	温室气体排放量/万 t CO_2	发电量/亿 kWh	温室气体排放量/万 t CO_2	发电量/亿 kWh	温室气体排放量/万 t CO_2
煤电	48 500	520 114	70 900	760 332	58 900	631 644
水电	11 500	1 164	14 200	1 437	14 200	1 437
核电	6 000	714	12 000	1 428	29 900	3 558
风电	2 040	367	3 200	576	7 960	1 433
太阳能	280	228	980	799	4 200	3 425
合计	68 320	522 587	101 280	764 572	115 160	641 496

第 5 章　需要进一步研究的问题

5.1　风电、太阳能光伏发电并网对电网碳减排的影响

风电、太阳能光伏发电具有不同于火电和水电等常规电源的波动性和间歇性。由于风电、光伏并网发电系统不具备调峰和调频能力，所以并网运行时往往需要由其他常规电源为其有功出力提供补偿调节，以保证对用电负荷持续、可靠、安全地供电。可用于调峰的可以是抽水蓄能电站，也可以是燃煤的火力发电等，这些调峰电站主要为风电、光伏电站而配备，所以这部分的电站建设和运行等整个生命周期内温室气体排放量也应当考虑。

以 2015 年东北电网为例，分析风电并网对火电效率的影响。风电并网后，火电除参与负荷调节外，还要参与风电的调节，火电出力波动更加频繁，且波动幅度增大，将导致煤耗水平上升；同时，由于风电几乎不具有容量效益，风电并网并不能减少火电开机，但风电并网后导致火电发电量减少，火电平均出力下降，煤耗水平也上升。以冬季典型日为例（包含东北电网区外送电），在系统不含风电和含风电的情况下，东北电网各类电源的出力曲线分别如图 1.8、图 1.9 所示。

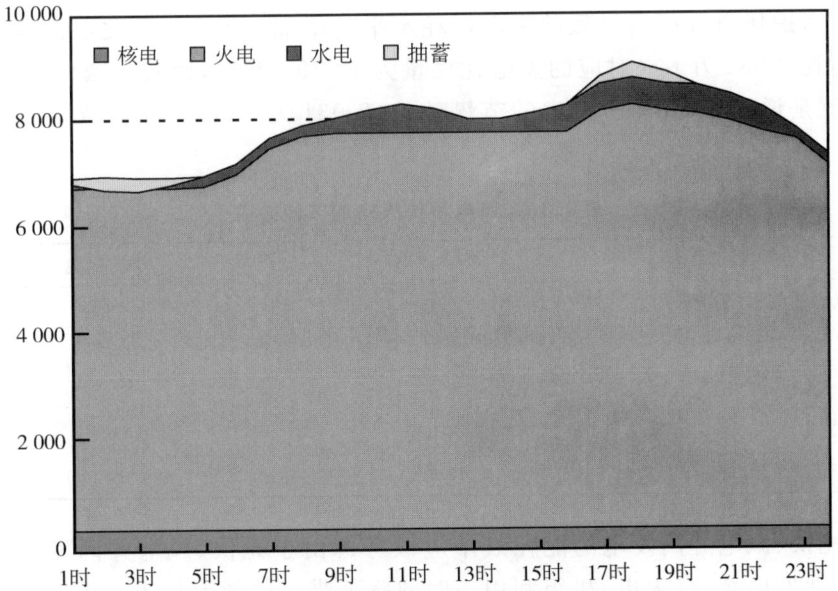

图 1.8　不含风电时系统生产模拟分析(单位:万 kW)

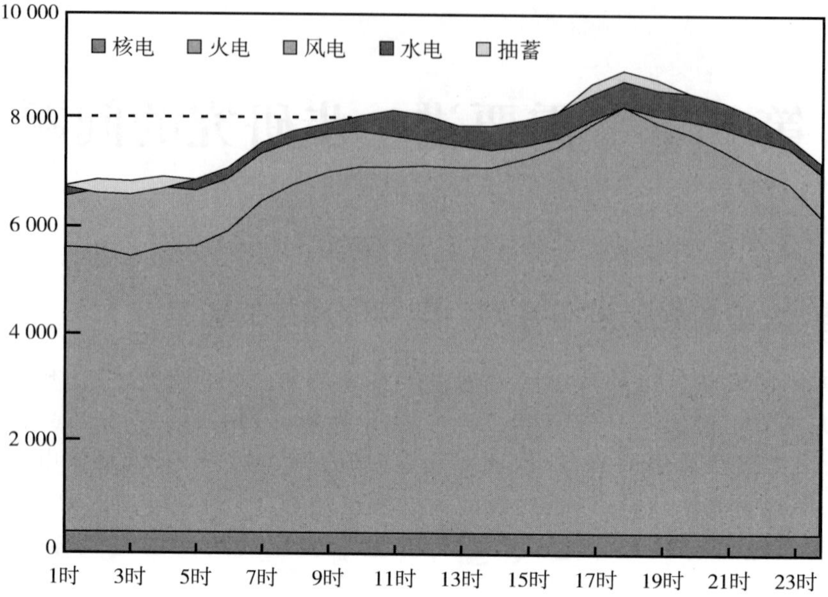

图 1.9　含风电时系统生产模拟分析(单位:万 kW)

从图中可以看出,风电并网后,系统火电、水电的出力曲线均有所变化,火电发电量减少,平均出力降低;火电最小出力由 6 450 万 kW 下降到 4 410 万 kW,火电调峰深度明显增加。根据东北电网各类电源建设规划及各类电源的技术经济指标,经系统运行模拟分析,在不考虑风电并网的情况下,2015 年东北电网的火电平均发电煤耗为 301.8 gce/kWh;考虑风电并网后将上升到 307.6 gce/kWh。风电替代火电的节能效益,如表 1.10 所示。若不考虑风电并网后导致的火电煤耗水平的增加,2015 年东北电网风电并网后应减少煤炭消耗 2 031 万 tce(对应的发电耗煤量为 13 795 万 t),而实际减少煤炭消耗 1 766 万 tce。也就是说,风电并网所产生的节煤效益(2 031 万 t)的 13%因火电机组煤耗上升被抵消。

表 1.10　风电替代火电的节能效益

项目	不含风电	含风电
风电发电量/亿 kWh	0	673
火电发电量/亿 kWh	5 244	4 571
火电利用小时数/h	5 164	4 501
火电发电煤耗/(gce/kWh)	301.8	307.6
煤炭消耗/万 tce	15 826	14 060

因此,光伏、风电并网发电的能耗效率应该考虑由于光伏、风电并网发电系统提供的电力导致其他发电企业(火电)机组利用小时数降低带来的效率损失。由于电力系统是作为一个整体来运行的,系统中总的光伏、风电并网发电的温室气体减排量等效的理论降耗标煤量前应该乘以一个小于 1 的系数,并且等比例的减去旋转备用机组的厂用电损耗。

5.2 需要进一步研究的问题

5.2.1 煤电

1. 数据准确度可以进一步提高。生命周期分析中数据获得与选取是一个非常大的难题。对于某些过程的数据，只能通过技术假定来设定，而另外一些参数，必须在不同来源获取的数据中挑选。所有的一切，都增加了评价的不确定性。一般来说，评价越是要做到精确，在数据上所花费的投入就要越多。因时间关系，本研究对于系统建设过程的分析中，只是依据现有的文献简单地估算了电厂建设所需的主要材料，没有考虑其他环节材料消耗。但由于生命周期分析的复杂性，需要分析整个过程中所有的设备，而设备的制造又是一个相当复杂的过程，不同的设计、不同的制造工艺、甚至不同的零件，都会对分析有影响，因此，对于建设过程的工作需要进一步细化。此外，对于大型设备制造排放，也只是按照原材料为普通钢材处理的，这样的计算有一定的误差。在有条件的情况下需要进一步进行数据积累。

2. 分析模型有待进一步完善。本研究只是针对基于全国火力发电平均水平的基础上，进行宏观上煤电链温室气体排放研究。而针对不同的发电技术，比如：超超临界发电技术和超临界发电技术，只是考虑了供电效率的不同，并没有区分两种不同技术中单元设备的材料消耗；电厂建设和退役过程中的能源消耗；机组启停过程中燃料油的消耗等问题。因此，计算结果可能与实际情况有一定的误差。

3. 有必要增加洁净煤发电技术和二氧化碳捕集和封存技术(CCS)案例研究。本研究只是考虑常规火电的生命周期温室气体排放，并没有考虑其他洁净煤发电技术，比如：整体煤气化燃气-蒸汽联合循环发电技术(IGCC)；超临界循环流化床发电技术；煤气化多联产系统等。CCS是将CO_2从工业或其他的排放源处分离出来，通过某种运输方式运输到某个地点，将CO_2注入地下储层中进行封存，并使封存的CO_2被长期与大气相分离的过程。CCS技术可能是未来中国电力行业温室气体减排的重要技术之一。因此，进一步的研究可以增加不同的洁净煤发电技术和CCS，用于定量分析中国煤电温室气体减排的潜力和技术路线。

5.2.2 核电

1. 核电链温室气体排放结果受调查数据的全面性、完整性、一致性，以及主要材料生命周期边界追溯的范围等因素影响。本研究通过对核电链相关行业和单位调研获取了第一手的基础数据，其中一些数据是对企业和工序层次的数据(例如核电站建设用材料/设备，铀矿冶企业建设用原材料)，一些数据是行业层次的数据(例如铀转化、浓缩及元件制造的能耗)，而对于核燃料循环后端(乏燃料后处理和废物处置)，由于尚未建成相关设施，则参考和使用国际上同类研究公布的能耗水平数据。因此，虽然核电的计算结果可以准确地反映我国核电链系统的温室气体排放水平，但仍有必要获取各环节的更详细的企业和工序层次的基础数据，则能够更精确地评价获得核电链的各类设施与工艺的温室气体排放量和关键环节。

2. 我国核电链设施的退役实践目前很少(只有铀浓缩扩散厂的退役)，而退役是核电站和其他核设施的寿期的最后一个阶段，构筑物和设备需要拆除，由于很多物质可能被活化，还需要进行恰当的去污处理，通常核设施退役有几十年不等的安全封闭期，这期间需要有维持设施所消耗的能源，也应当加以考虑。但国际上同类研究认为，通常“估计核电站退役阶段的能源消耗是建造核电站能源消耗的30%～50%，这取决于具体的退役方案情形和等待放射性衰变的安全封闭期的时间，有很大的不确定性，因而，这样的估计数字可能不具有代表性”[23]。

3. 从反应堆卸下的乏燃料被送到临时贮存设施进行一段时间的放射性衰变，称为临时贮存。核燃料循环各阶段都会产生放射性废物，临时贮存的不同阶段产生的废物均被处置，中低放废物（LLW、MLW）进行近地表处置，高放废物（HLW）应进行深地质处置。临时贮存和废物处置过程中的温室气体排放应当加以考虑，也是国际上同类研究中认为“分析起来最困难的阶段，该过程的能量消耗数据缺乏”[23,24]，因而需要对核废物设施进行全面的研究，还涉及废物管理和更长远的处置策略等因素。

针对上述问题，有必要进一步开展如下研究：(1)核电链的基础数据（企业和工序层级）的更详细调查和统计；(2)临时贮存、废物处置的温室气体排放与废物管理政策相关性研究；(3)核设施退役的基础数据（能源、材料消耗）调查和案例分析；(4)核设施废物流中材料与部件的再循环再利用对温室气体减排研究。

5.2.3 水电

目前，针对水电生命周期温室气体排放的系统的研究案例仍然较少，对于其边界设定、生命周期界定、相关数据的采用等方面争议依然较大；尤其是对于水库温室气体释放问题的研究仍然处于初级阶段，虽然近几年开展了有关水库温室气体释放通量、特征与影响因素的研究，但仍然缺乏系统性和长期性，尤其对其机理仍不能定量地进行说明；另外，由于对于河流建库前的有关温室气体释放的数据匮乏，从而对于评价目前水库温室气体净排放问题非常困难。

因此，针对上述问题，有必要进一步开展如下研究：(1)关注水库温室气体排放系数研究；(2)扩大水电温室气体研究的范围；(3)加强水电建设阶段相关资料的获取；(4)系统开展水库温室气体排放的原位监测；(5)加强水库水体温室气体产生和排放的机理研究；(6)建立和完善绿色水电核算的理论和方法体系；(7)制定水电生命周期温室气体监测与评价技术导则。

5.2.4 风电

1. 本次研究所选取风电机组案例是目前单机功率1.5 MW和2.0 MW的主流机型，随着我国风电的发展，平均单机功率逐年增加，另外，海上风电机组和陆上风电机组也有差异。因此，需要继续对3.0 MW以上的风电机组制造阶段温室气体的排放量做进一步的分析。

2. 本次研究所选取的风电场案例在中国虽然有一定的代表性，但也有一定的局限性。在地形相对复杂的地区建设风电场时，会较平坦地区消耗更多能源，进而导致更多温室气体排放；另外，随着我国分散式风电场建设的逐步推进，风电场总装机容量也将随即发生变化，需要以此课题为基础，做进一步的深入研究和分析。

3. 制定风电生命周期温室气体排放基础数据统计和评价方法指南。

5.2.5 太阳能光伏发电

研究中电力输配阶段和光伏电站退役阶段计算数据的来源不够精确，表现在以下两点。

1. 光伏电站建设完成之后，为了实现并网，从光伏电站到公共电网所需要的变压器和电缆等也需要考虑，而相对于来讲这部分导致的排放量较小。本研究中根据国家电网公布的 2010 年全国输电综合线损率数据，按生产阶段总排放量的 6.53％进行了计算，与光伏发电的实际输电情况可能存在一定的出入。

2. 在光伏电站退役阶段，目前并没有实例可以参考，只是根据相关文献提供的数据，并结合本文前面计算中的晶体硅电池效率、每年发电量进行了估算，也没有能够收集到第一手的确切数据。

第6章　结论和建议

能源是温室气体排放的主要来源，而且总量大。从全过程和全寿期的视角，即研究边界包括从原燃料开采、原材料加工、制造、运输、能源转换(发电)，到废物处理和处置的整个能源链系统，并追溯设施从建设、生产运行，到最终退役的整个生命周期的活动，对我国煤电、核电、水电、风电和太阳能光伏发电等不同发电能源的归一化到单位发电量的温室气体排放量进行了计算和比较。对不同发电能源减排温室气体的基本结论与建议归纳如下：

6.1　加快发展非化石能源电力，努力降低煤电的比重，向低碳发电能源系统转变

目前我国的能源结构以煤为主，水电、核电、风电等低碳能源在能源生产和消费中的比重不到20%。应重点发展核电、水电等绿色能源，同时大力扶持风电、太阳能光伏发电等可再生能源，逐步降低煤在能源结构中的比重，构建应用非化石能源的低碳能源系统。核能、可再生能源代替煤电提供一次能源，每kWh电力生产能够减排1 kg二氧化碳，减排温室气体总量的潜力很大。

6.2　加快产业链的技术升级，持续节能降耗

能源供应的碳排放与整个产业链及其他工业部门都密切相关。应开发先进技术和扩大应用的技术领域，促进持续的节能降耗。

6.2.1　低碳火电技术

1. 降低供电煤耗，发展先进的发电技术。电站运行阶段温室气体排放占到煤电链总温室气体排放的85%以上，而供电煤耗每下降10%，煤电链温室气体排放减少10.9%。因此，降低全国平均供电煤耗，是减少煤电链温室气体排放的重要途径。需要从两个方面入手：积极推行“上大压小”政策，不断优化火电机组结构；积极发展先进发电技术，如：超超临界机组及其他洁净煤发电技术。

2. 加快煤层气开发和利用。由于煤与煤层气是共伴生的关系，煤炭开采活动必将伴随着大量煤层气的产生与释放。煤层气排放是煤炭开采、洗选环节的主要温室气体排放来源，占到煤炭开采、洗选环节温室气体排放的60%以上；而目前我国煤层气的抽采量和利用率都还很低，因此必须加强煤层气开发关键技术的攻关，制定“先采气、后采煤”的具体实施办法。

3. 积极发展煤炭洗选加工，降低洗选过程能耗。煤炭开采和洗选过程中的损失和能耗带来的温室气体排放占到煤电链温室气体排放的3.2%；提高煤炭洗选率，有助于降低商品煤中含硫量，防止燃煤SO_2污染；此外煤炭洗选后可以就地排除大量煤矸石，从而也节约运力和运费。因此，研发、推广先进的洗选煤工艺与技术，强化洗选煤能耗管理，也是降低煤电链温室气体排放的有效途径之一。

6.2.2 先进核电技术

近十多年来，我国核电链系统有了整体的技术进步，如地浸、堆浸工艺技术在铀矿冶领域的应用，比常规搅拌浸出工艺提高了生产效率并降低了能耗；气体离心法代替气体扩散法的铀浓缩技术工艺，使相同产量的工厂规模更小并且能耗降低很多（离心技术的比能耗仅为气体扩散法的2%）。发展核电对于能源供应的低碳化具有重要意义，我国应在保障合理安全的前提下发展先进核电技术，这不仅是先进反应堆技术，而是整个核电产业链的技术升级。从核电链总的温室气体排放来看，未来核燃料循环后段（即包括乏燃料后处理、废物处置和退役）的温室气体排放占了将近50%。我国动力堆核燃料循环采取后处理的技术路线，应当重视开发先进后处理技术；高放废物处置战略的实施，应当尽可能应用通用的先进低碳技术。我国核电技术的发展仍然要以大规模长期发展为方向，核电产业链仍有持续节能降耗和减排温室气体的潜力。

6.2.3 可再生能源

可再生能源将是一个长期的发展领域，未来风电、太阳能光伏发电等可再生能源可能需要达到很高的规模水平（包括水电）。我国应当考虑水电、风电、太阳能光伏发展的总体规模和规划的顶层设计，包括优化布局以及相关接入系统等问题。

1. 水电节能减排研究建议：

（1）重视建设和运行阶段阶段碳排放控制，首先通过技术提高来实现减排。本研究通过对典型工程生命周期温室气体排放研究发现，土建工程建设阶段温室气体排放比例较高，其次是运行阶段，因此加强控制建设和运行阶段碳排放较为重要，建议通过提高相关技术实现碳减排。在工程建设阶段采取低碳筑坝技术，优化施工方案，鼓励材料的再循环再利用、提高资源利用效率，加强温控等措施，在运行维护阶段尽可能采用低碳的设备设施来维持。

（2）加强库区水环境管理与综合整治，提高水环境质量。在影响水库水体温室气体排放的诸多因素中，水体环境、水库调度方式、库区周边土地利用和库区水体利用等直接和间接因素。目前我国水库水环境质量普遍不高，水库面源污染问题仍然较为严重，水产养殖等行为造成的水体富营养化现象较为普遍，为水库水体的温室气体排放提供了过多碳氮来源。建议加强水电站库区环境专项整治，对全国水库在全面、系统开展库区污染源排查基础上，编制库区环境综合整治和发展保护规划。

（3）统筹协调流域梯级水库群的调度运行，实现生态环境保护与发电等其他功能的和谐统一。针对流域梯级水电，建议统筹协调并推进水库群发电、生态环境保护、防洪、供水等方面的综合利用调度的工作，为流域梯级水电站联合调度和多元主体合作奠定基础。

（4）重视水库建库前碳排放问题研究与相关工作。本研究未系统分析由于水库淹没引起的土地利用变化而产生的碳排放，但对于土地淹没面积较大的水库这一方面也应该关注，建议在继续做好蓄水前水库清库工作尽可能减少淹没有机质数量的同时，加强在土地利用变化等方面的碳排放问题研究，为做好建设期减排工作找到更为有效的措施和途径。

2. 在风电链生命周期中，特别是在风电机组制造环节和风电场建设环节中排放温室气体。需要通过提高风电机组效率，减轻风电机组质量，提高风电机组寿命和改进制造工艺等措施来降低总的能耗，减少温室气体的排放量。

3. 应加大太阳能发电领域的科研力度，降低光伏产品生产过程能耗，提高光伏产品性能。降低光伏产品生产过程能耗的关键是降低从冶金硅到颗粒多晶硅的提纯过程的能耗以及从多晶硅片到多晶硅太阳电池片的过程能耗。比如采用全闭路循环的改良西门子法生产高纯多晶硅，或者物理提纯法生产高纯多晶硅等；采用 HIT、PERL 等新型太阳电池结构提高电池效率。提高太阳电池的使用寿命也非常重要，比如多晶硅太阳电池寿命如果提高到30 年，则大型并网光伏发电生命周期温室气体排放可降低到 47.6 g-$CO_{2,eq}$/kWh；如果是 35 年寿命，则温室气体排放可进一步降低到 41.5 g-$CO_{2,eq}$/kWh。此外，应该大力发展温室气体排放量更低的薄膜太阳电池发电。

6.2.4 钢铁、水泥、冶金等相关行业进一步节能降耗

钢铁、水泥等是不同发电能源链中通用的材料，在非化石能源的温室气体排放中占有较大比重，比如核电链中由于材料消耗产生的温室气体排放占总的16%，风电链的温室气体排放中约 50%来自塔架制造时的钢材消耗。我国钢铁、水泥、不锈钢等相关行业的整体能耗水平与国际先进水平相比仍有一定的差距，也就是说，相关工业部门仍有很大的节能降耗和减排温室气体的潜力，能够促进发电能源部门进一步降低温室气体排放量。如果钢铁、水泥、不锈钢等材料的整体能耗水平降低 10%，用于建造核电、风电系统设施，核电、风电的温室气体排放还能够降低 1.6～1.9 g-$CO_{2,eq}$/kWh。

6.3 鼓励材料的再循环再利用，提高资源利用效率

低碳生产的重要措施是实现资源利用的高效。可回收的有价值材料的再循环再利用，能够减少废物产生量和大幅度的节约能源，减少温室气体排放。即使考虑回收、分类处理等过程中的能源消耗，采用物质循环同样可以节省大量的资源和能源。例如：核燃料循环活动的不同阶段都有材料的再循环再利用机会，通常从前段到后段以及退役，逐渐增多。如核设施退役产生的轻微污染金属废料用于制作废物容器；核设施退役或常规维护期间，污染设备的零散部件经去污后可以在核工业中有限制再利用等。此外，工业部门仍具有非常高的减排潜力。例如：用回收的废钢为原料生产钢，相对于用铁矿石生产的初级钢能节省 70%的能源[25]；采用高效燃煤工业锅炉、高效变频节能电动机、废弃物回收利用等各行业的通用技术可以减少 10%～45%的 CO_2 排放[25]。因此，我国应积极推动能源产业发展循环经济，推广应用减量化、资源化、再循环、再利用的低碳环保技术。

6.4 注意能源开发过程中的植被碳汇保护

温室气体排放与环境污染物的排放有密切的同根同源关系，低碳发展特别是节能降耗能够减少消费总量，也从根源上大幅度减少污染排放。能源开发过程需要做到与环境保护的协调发展，在能源设施建设、运行和退役活动中应当加强对当地生态环境和植被碳汇的保护。

1. 继续加强蓄水前水库的清库工作，尽可能减少淹没有机质的数量；加强水库水环境管理，尽可能减少外源碳的输入。

2. 风能的开发利用需要做到与环境保护的协调发展。目前，在风能利用时，风电场安装和土建施工时要占有一定的土地和减少一定的绿色种植物，需要通过专项研究提出具体的风能利用减排措施，如风电场建设占有土地量和植被恢复量等要有一定的法规进行约束。

6.5 优化能源布局，引导低碳消费模式

仅依靠技术进步难以达到低碳要求，低碳发展必须要与高效、低碳、环保的消费模式相

适应。这既需要转变为低碳能源结构，生产低碳类工业产品，也需要转变为绿色、低碳的能源消费模式。

1. 大力发展光伏发电，尽快扩大国内市场。目前，国内光伏产业的现状是：太阳电池的生产过程在国内完成，温室气体排放在国内；但是绝大多数（>80%）的产品卖到国外，几乎不产生温室气体排放的清洁发电由国外享用。所以，积极启动并扩大国内光伏应用市场非常重要。

2. 应结合地区经济发展，优化能源、电力布局。我国已经投运和批准建设的核电厂均位于沿海地区，是由于沿海地区最早进入社会经济快速发展，而且常规能源资源严重短缺。随着中西部地区社会经济发展，面对资源、能源及环境问题的制约，应当积极推进内陆核电站建设。内陆核电站比沿海核电站有更严格的标准，在确保安全的前提下，内陆核电建设能够促进内陆地区实现高效、绿色、低碳和可持续发展的要求。

应对气候变化，减少能源的温室气体排放，最根本的要转变能源生产和消费的发展方式，能源与环境协调发展，从当前高度依靠以煤为主的化石能源、自然资源的过度消耗、粗放的消费模式，转变到多元化的低碳能源结构、高水平的资源利用效率、节能、节材的低碳消费模式上去。国家应当加强对能源和电力的优化布局、能源产业链发展循环经济的顶层设计、电网发展与清洁能源开发的统筹规划。应采取相应的激励措施鼓励企业推广应用先进节能技术、加强物料的再循环再利用。应向公众传播和引导低碳消费文化，节约能源、资源，珍惜和保护周围的环境。

第二部分

煤电的温室气体排放

摘 要

燃煤火电机组是我国发电部门最主要的温室气体(GHG)排放源。长期以来，我国电力构成以火电为主。虽然近年来水电、核电和风电等发电形式装机容量不断增长，但是火电装机容量一直维持在总装机容量的70%以上，而发电量比例达到80%左右，而火电中98%以上为燃煤火电机组。据IEA估计，2009年中国84%的能源相关的CO_2排放(约57亿吨)是由煤炭利用所导致，而燃煤发电占中国煤炭利用的50%左右[25]。

本研究主要基于我国现有平均的火力发电技术水平，建立了煤电链全生命周期过程中的温室气体排放清单，并开展了关键影响因素的敏感性分析，目的在于确定改善煤电链减少温室气体排放的机会与措施，为我国煤电的生命周期温室气体减排提供定量化的数据支持和相应的政策建议。

本研究对煤电链生命周期温室气体排放的清单分析包括煤炭生产环节、运输环节、燃煤电站建造、运行和退役环节以及电力输配环节等四个阶段中温室气体的直接排放和间接排放。其中直接排放是指电站建设、运行和退役过程本身的排放；而间接排放是指建设、运行和退役过程涉及的各种产品要素(设备、原料、能源)，在成为被本系统利用的产品形式之前，经历的从材料加工到产品成型的历史过程中的排放。

各环节的数据来源和选取方法如下：

(1)煤炭开采和处理阶段的能源消耗、温室气体逸散排放等，主要根据中国能源统计年鉴和相关的行业年鉴等文献数据得到，基本反映了全国平均水平。

(2)煤炭运输阶段的能源消耗主要根据交通年鉴和相关文献数据，综合考虑了三种主要的煤炭运输方式：铁路、公路和水路，得到每种运输方式的燃料结构和单位距离耗能情况，从而得到煤炭运输阶段的温室气体排放情况。

(3)电厂建设阶段的材料消耗，主要基于文献调研数据。本研究考虑了主要材料消耗，即：铸铁、钢材、铝、铜和混凝土等，由于数据可获得性原因，没有考虑特殊材料带来的影响。通过敏感性分析，讨论了电厂建设材料消耗的不确定性带来的影响。

(4)电力的输配阶段，假设电网和输变电等设备是已经存在的基础设施，没有考虑基础设施建设消耗材料带来的温室气体间接排放。

本研究的数据时间跨度主要取决于数据的可获性和一致性，基本上采用2009年的数据。本研究只讨论与温室气体排放有关的内容，不涉及造成环境污染和破坏的其他因素。考虑的温室气体主要是CO_2、CH_4、N_2O和SF_6四种，根据IPCC推荐的100年时间框架内全球变暖潜势(GWP)，计算了功能单元为终端用户消费1 kWh电量时，煤电链生命周期过程排放的当量二氧化碳排放值($CO_{2,eq}$)。

生命周期清单分析表明：

(1)基于2009年全国火电平均技术水平(供电煤耗342 gce/kWh)，煤电链生命周期温室气体排放合计 1 072.4 $gCO_{2,eq}$/kWh。其中煤炭开采和洗选环节 GHG 排放占 10.8%；煤炭运输环节占 1.4%；电厂运行阶段 GHG 排放占 87.6%；输电环节占 0.3%。

（2）煤炭开采和洗选环节中，煤层甲烷排放占 60.5%；煤炭开采和洗选过程中损失带来的 GHG 排放占 18.7%；煤炭开采、洗选过程中能耗带来的 GHG 间接排放占 11.2%；煤炭自燃和煤矸石自燃占 9.6%。

（3）电厂运行阶段 GHG 排放占到煤炭链生命周期 GHG 排放的 87%左右。电站热效率与煤电链生命周期温室气体排放有很强的相关性。当采用超临界（供电煤耗 300 gce/kWh）和超超临界（供电标煤耗 280 gce/kWh）发电技术时，煤电链温室气体排放分别为 941.4 g-$CO_{2,eq}$/kWh 和 879 g-$CO_{2,eq}$/kWh。

在清单分析的基础上，为分析关键数据的不确定性和主要措施的减排效果，本文进一步进行了如下关键因素的敏感性分析：材料消耗、煤层瓦斯回收利用、运输距离、供电电煤耗和输电线损。结果表明：

（1）材料消耗和运输距离对煤电链全生命周期温室气体排放量影响不大；

（2）考虑煤矿瓦斯排放的上限值（10.6 m^3/t）时，煤电链 GHG 排放为 1 095.1 g-$CO_{2,eq}$/kWh；如果煤层气利用十二五规划目标实现，煤电链 GHG 排放为 1 006.6 g-$CO_{2,eq}$/kWh，相对基准案例减少了 6.54%；

（3）供电煤耗每降低 10%，煤电链 GHG 排放降低 10.9%；

（4）输电线损率下降 10%，煤电链 GHG 排放相对于基准案例减少 0.72%。

基于本研究的主要结论，给出了减少煤电链温室气体排放的主要政策建议：降低供电煤耗，优化电力结构；加快煤层气开发和利用；积极发展煤炭洗选加工，降低洗选过程能耗。

第1章 国内外研究现状

1.1 生命周期分析方法

生命周期评价(Life-cycle assessment,LCA)的概念可以表述为:对一种产品及其包装物、生产工艺、原材料、能源或其他某种人类活动行为的全过程,包括原材料的采集、加工、生产、包装、运输、消费和回收以及最终处理等进行资源和环境影响的分析与评价[26]。一种产品从原料开采开始,经过原料加工、产品制造、产品包装、运输和销售,然后由消费者使用、回收和维修,最终再循环或作为废弃物处理和处置,整个过程称为产品的生命周期(Life-cycle)。国际标准化组织(ISO)定义LCA方法为汇总和评估一个产品(或服务)体系在其整个生命周期内的所有投入及产出对环境造成的和潜在的影响的方法(ISO 14040—14043)。国际标准化组织和全国环境管理标准化技术委员会均出台了生命周期评价的一系列国际标准和国家标准,如表2.1所示。

表2.1 生命周期评价的相关标准[26]

系列号:时间	中文名称
ISO 14040:1997	环境管理-生命周期评价-原则与框架
ISO 14041:1998	环境管理-生命周期分析-目标和范围的界定及清单分析
ISO 14042:2000	环境管理-生命周期分析-影响评价
ISO 14043:2000	环境管理-生命周期分析-解释
ISO 14044:2006	环境管理-生命周期评价-要求和导则
ISO/WD TR 14047	环境管理-生命周期评价-ISO 14042应用实例(未来技术报告)
ISO/CD 14048	环境管理-生命周期评价-生命周期评价数据文件格式
ISO/TR 14049:2000	ISO 14041目标、范围定义和清单分析的应用实例
GB/T 24040:2008	环境管理-生命周期评价-原则与框架
GB/T 24044:2008	环境管理-生命周期评价-要求与指南

注:CD-委员会草案;TR-技术报告;WD-工作草案

根据ISO 14040和ISO 14044标准,生命周期评价的基本结构可归纳为四个有机联系的部分,如图2.1所示[26]。

(1)目标定义和范围界定

确定目标和范围是LCA研究中第一步也是最关键的部分,它明确了研究目的、范围和研究的深度。其中,研究目的应阐明依据研究结果将做何决定,需要什么信息,达到何种细节水平和为了什么目标;在研究范围的界定中,要考虑以下项目并做清楚的描述:系统的功能,系统边界,数据要求,假定的条件,限制条件,原始数据质量要求等。范围应定

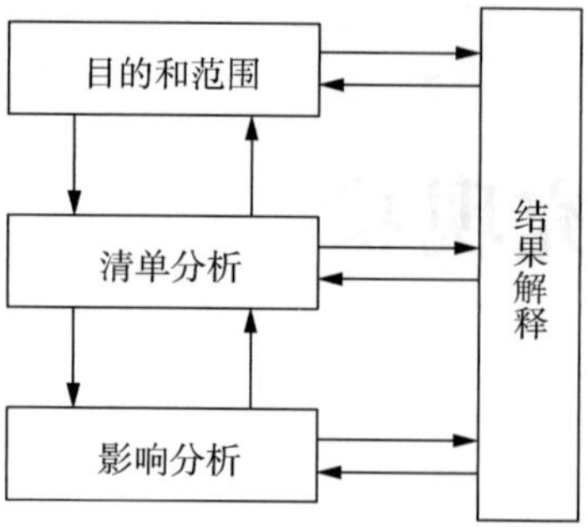

图 2.1　生命周期评价总体技术框架

义得足以保证研究的广度和深度与要求的目标一致。另外，LCA 研究是一个反复的过程，根据收集到的数据和信息，可能修正最初设定的范围来满足研究的目标。在某些情况下，由于某种没有预见到的限制条件，障碍或其他信息，研究目标本身也可能需要修正。

(2)清单分析

清单分析是四个部分中发展最完善的一个，它是对产品，工艺活动或活动等研究系统整个生命周期阶段资源和能源的使用以及向环境排放废物等进行定量的技术过程。清单分析开始于原材料获取，结束于产品的最终消费和处置，其一般研究范围如图 2.2 所示[26]。一个完整的清单分析能为所有与系统相关的投入和产出提供一个总的概况。

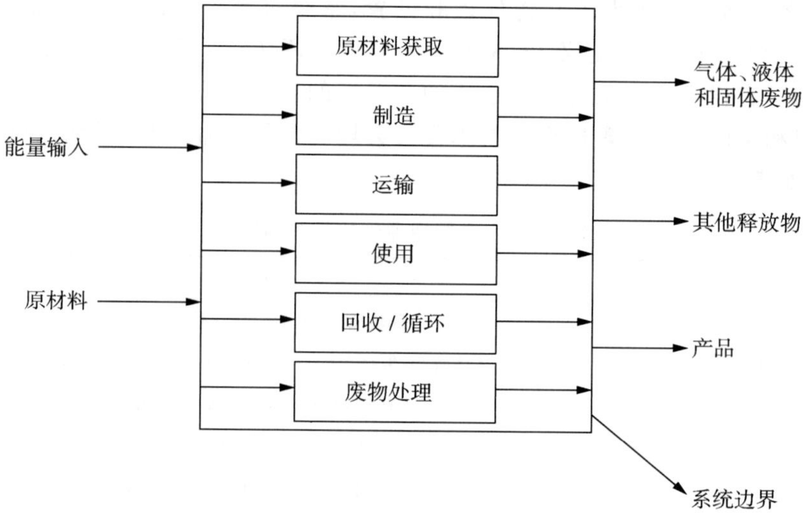

图 2.2　生命周期清单分析的一般范围

在清单分析方法中，任何产品和服务都需要作为一个系统来描述。一个系统被定义为：完成一定特定功能并与物质和能量相关的操作的集合(例如制造过程，运输过程和燃料采集过程)。系统从包括它的系统边界中分离出来，边界外的所有区域叫系统环境，系统环境是系统所有输入的源泉，也是系统输出的场所。

(3)影响评价

影响评价指的是依据一定评价标准、模式对清单分析中所辨识出来的环境负荷的影响作定量或定性的描述或评价。影响评价的目的是通过使用与清单结果相关的影响类型和类型参数，从环境的角度审查所研究的产品系统，并为后面的生命周期改善评价提供信息。

(4)对结果的解释

这一部分得出整个研究的最后结论，是对于系统假设，数据选取和分析结果的全面评价。主要内容包括分析结果的一致性和完全性检验，分析可信度的检验，以及产品系统的改进分析，提出和实施减少该产品或者活动系统环境威胁的改进措施。最后，总结工作过程中的经验教训，以利于将来类似 LCA 分析研究的开展。

1.2 生命周期评价方法在煤电温室气体排放中的应用

从 20 世纪 90 年代开始，国外众多学者就采用全生命周期评价(LCA)方法研究各种产品 GHG 排放强度。燃煤发电是煤炭的最主要利用形式，也是实现碳减排目标的关键行业之一，因此国内外众多研究机构和学者对煤电的全生命周期的能效和碳排放作了全面的分析。表 2.2 和表 2.3 分别展示了近年来国际和国内的主要煤炭发电 LCA 研究。

表 2.2 国际煤炭发电 LCA 研究

来源	研究内容	研究范围	GHG 类型	研究结果
Spath 等(1999)[27]	美国平均燃煤发电的全生命周期分析，并与先进燃煤发电进行了对比	清单分析：原煤开采、运输及发电	CO_2、CH_4、NO_x	平均水平：1 022 g-$CO_{2,eq}$/kWh 先进技术：741 g-$CO_{2,eq}$/kWh 参考年：1998
Gagnon 等(2002)[28]	全球电力路线生命周期的环境影响分析综述	文献综述	CO_2、CH_4	美国东北部：1 060 g-$CO_{2,eq}$/kWh 全球：900～1 200 g-$CO_{2,eq}$/kWh 参考年：1990
Hondo(2005)[29]	日本不同发电方式的全生命周期分析，包括：燃煤电站	清单分析：原煤开采、运输及发电	CO_2、CH_4	煤电：975.2 g-$CO_{2,eq}$/kWh 假设条件：1 000 MW；70% 负荷因子；36.8% (HHV)；电站寿命：30 年
Weisser(2007)[30]	对全球电力路线的 GHG 全生命周期清单进行了综述	清单分析		煤电机组运行期 GHG 排放：800～1 000 g-$CO_{2,eq}$/kWh； 参考年：2000—2006
Odeh(2008)[31]	英国燃煤电站生命周期分析	清单分析：原煤开采、运输及发电	CO_2、CH_4	煤电：989.7 g-$CO_{2,eq}$/kWh 假设条件：660 MW；80% 负荷因子；35% (LHV)；电站寿命：40 年
NETL (2010)[32-34]	对美国燃煤发电进行了一系列全生命周期分析，包括：现有煤粉炉、超临界煤粉炉和 IGCC 发电系统	清单分析：原料生产、原料运输、能源转化、产品运输	CO_2、CH_4、N_2O、SF_6	434 MW 煤粉炉机组：1 108.87 g-$CO_{2,eq}$/kWh (无 CCS)，444.15 g-$CO_{2,eq}$/kWh(有 CCS)； 550 MW 超临界煤粉炉机组：943.49 g-$CO_{2,eq}$/kWh (无 CCS)，240.73 g-$CO_{2,eq}$/kWh(有 CCS)； 622 MW IGCC 机组：930.95 g-$CO_{2,eq}$/kWh (无 CCS)，217.12 g-$CO_{2,eq}$/kWh(有 CCS)

表 2.3 国内煤炭发电 LCA 研究

来源	研究内容及成果	研究范围	GHG 类型	研究结果
马忠海等(1999,2002)[3,35]	对煤电路线的 GHG 排放进行了全生命周期分析，给出各环节 GHG 排放系数，并与核电路线的 GHG 排放进行了对比	清单分析：原煤开采、洗选、运输煤炭自燃及燃煤发电	CO_2、CH_4、N_2O	煤电：1 302.3 g-$CO_{2,eq}$/kWh 参考年：1994、1996
聂会建等(2004)[36]	基于仿真，对我国 400 MW 整体煤气化联合循环电站(IGCC)全生命周期 CO_2 排放进行了分析	清单分析： 原煤开采、洗选；煤炭 运输；IGCC 发电	CO_2	IGCC 发电：924.4 g-$CO_{2,eq}$/kWh； 假设条件：400 MW；80% 负荷因子；43.85%(LHV)；电站寿命：30 年 参考年：2000
晓斌等(2005)[37]	对我国 7 种洁净煤发电技术的资源消耗和环境排放进行了生命周期清单分析	清单分析：煤炭开采、煤炭洗选、煤炭运输、发电和脱硫	CO_2、CH_4、NO_x、SO_2	CO_2 排放量： 超临界：853 g/kWh 循环流化床：1 211 g/kWh 常规亚临界：1 077 g/kWh 超临界＋FGD：968 g/kWh 常规亚临界＋FGD：1 148 g/kWh 参考年：2000
Xianghua Di 等(2007)[38]	对 2002 年供应到用户的 1 kWh 电力进行了生命周期清单分析			CO_2 排放：877 g/kWh　SO_2 排放：8.04 g/kWh NO_x 排放：6.34 g/kWh　CO 排放：1.25 g/kWh CH_4 排放：2.65 g/kWh 每 1 kWh 为净发电量，参考年：2002
姜子英等(2008,2010)[39,40]	建立煤炭链外部成本的计量框架，估算了大气污染和煤矿事故死亡影响的外部成本	清单分析：原煤开采、洗选、运输煤炭自燃及燃煤发电	CO_2、CH_4、N_2O	全国平均燃煤电厂：1 197.9 g-$CO_{2,eq}$/kWh
刘敬尧等(2009)[41]	对不同发电路线（常规燃煤发电、IGCC 和 NGCC）的全生命周期环境性能进行了评价和比较	基于案例（广州某电厂）的全生命周期清单分析	CO_2、CH_4、N_2O、CO（50 a 为基准）	常规燃煤机组：1 052 g-$CO_{2,eq}$/kWh IGCC：834 g-$CO_{2,eq}$/kWh

续表

来源	研究内容及成果	研究范围	GHG 类型	研究结果
夏德建等(2010)[42,43]	建立我国煤电能源链的全生命周期碳排放计量模型，计算得到各环节的碳排放和总排放量	建立计量模型：煤炭生产、电煤运输及燃煤发电	CO_2、CH_4、N_2O	全国平均：975.24 g-$CO_{2,eq}$/kWh 分别参考：2006 至 2009 年数据
欧训民等(2010,2011)[44,45]	对煤电驱动电动汽车路线进行了全生命周期能耗和 GHG 排放定量计算	Tsinghua-CA3EM 模型矿井到车轮分析	CO_2、CH_4、N_2O	常规汽油车：200 g-$CO_{2,eq}$/km； 网电：131 g-$CO_{2,eq}$/km； 亚临界燃煤机组：162 g-$CO_{2,eq}$/km； 超临界燃煤机组：157 g-$CO_{2,eq}$/km；
周亮亮和刘朝 (2011)[46]	对 4 种洁净煤发电电厂(循环流化床 CFBC、增压流化床联合循环 PFBC-CC、整体煤气化联合循环 IGCC 和超超临界 USC)进行了全生命周期能源资源消耗、环境影响和成本评价	清单分析：电站建设、电站运行(包括燃料原料开采、运输和发电)、电站退役(包括废弃物运输)	CO_2、CH_4、NO_x、CO	CFBC(300 MW)：3.96 kg-$CO_{2,eq}$/kWh； PFBC-CC(360 MW)：3.34 kg-$CO_{2,eq}$/kWh； IGCC(300 MW)：2.67 kg-$CO_{2,eq}$/kWh； USC(1000 MW)：2.76 kg-$CO_{2,eq}$/kWh。
叶斌等(2011)[47]	构建煤电全生命周期 GHG 排放核算模型，并进行实证分析	基于案例(华东某燃煤电站)的全生命周期清单分析，煤炭生产、煤田瓦斯、煤炭运输、电厂燃煤和电厂脱硫	CO_2、CH_4	该电厂(包括 125 MW 机组和 75 MW 机组)：1 018 g-$CO_{2,eq}$/kWh

通过分析国内外文献关于燃煤电站生命周期温室气体排放研究，可以得到以下结论：

1. 煤粉电站系统的全生命周期温室气体排放中，电站运行阶段的温室气体排放占煤电链生命周期温室气体排放份额的80%以上。以超临界机组为例，电站直接温室气体排放为：640～940 g-$CO_{2,eq}$/kWh；而机组全生命周期温室气体排放为：687～1 059 g-$CO_{2,eq}$/kWh。

2. 由于系统边界和数据来源的不同，对于煤粉电站，其生命周期温室气体排放变化范围很大。影响煤粉电站生命周期温室气体排放的主要因素包括：

(1)燃料性质，主要是指：燃煤含碳率，煤炭的低位热值。电力用煤的品种较多，不同品种的煤炭，由于其化学组成和物理性质存在差异，燃料特性参数直接影响燃烧效率，燃烧效率低，发电效率低，反之亦然；而且不同燃料含碳量存在较大差异，燃烧时产生的碳排放量也不同。

(2)不同机组技术类型。其中超临界机组的发电效率在42%以上；而亚临界机组的发电效率在35%～38%。煤电链全生命周期温室气体排放与电站热效率呈很强的相关性(见图2.3)。原因在于：发电效率越高，意味着生产1 kWh电力需要的燃料和其他资源就越少，因此煤电链温室气体排放就越少。比如：超临界技术水平的煤电链温室气体排放范围在687～1 059 g-$CO_{2,eq}$/kWh，平均值为863 g-$CO_{2,eq}$/kWh；而亚临界技术水平的煤电链温室气体排放范围在714～1 689 g-$CO_{2,eq}$/kWh，平均值为1 060 g-$CO_{2,eq}$/kWh。

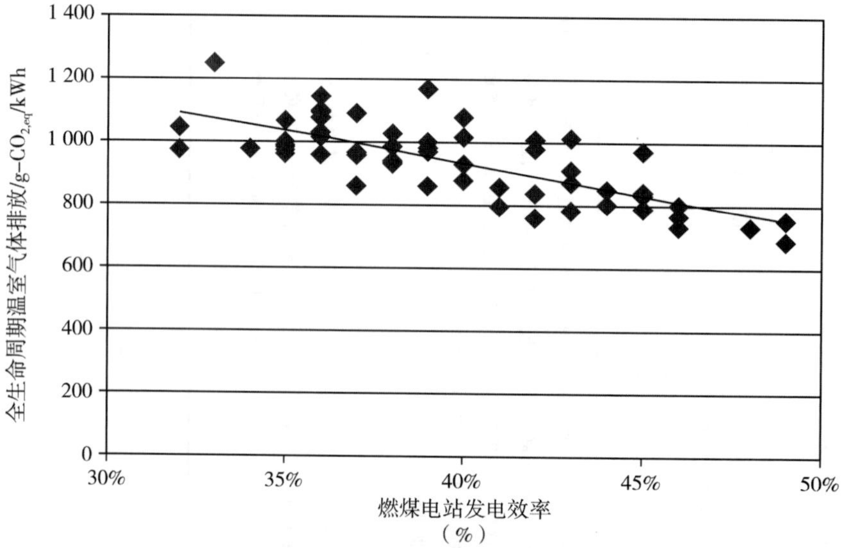

图 2.3　燃煤发电效率与全生命周期温室气体排放的关系

3. 大多数文献没有考虑煤电链中设备制造材料生产中产生的温室气体排放，比如煤炭采选设备制造产生的温室气体排放、运输工具生产导致的温室气体排放、电厂建设导致的温室气体排放等。这些都属于间接导致的温室气体排放。一方面原因是因为数据可获得性，但最主要的原因在于与煤电链主要环节相比，设备制造和材料生产导致温室气体排放比较小，例如：马忠海的研究中电厂建设材料和设备导致的GHG排放量只有1.35 g/kWh，占煤电链温室气体总排放的0.1%。

1.3　本文的背景及目的

在我国整个能源系统中，发电部门是最主要的能源消费部门之一，也是温室气体减排的首要领域。全国能源平衡表[48]数据显示，2011 年电力消费占我国能源终端消费量的 21%(电热当量法)和 41%(发电煤耗法)。2011 年全社会用电量达到 4.69 万亿 kWh，发电装机容量达到 10.56 亿 kW[49]。伴随着中国工业化和城市化进程的加速推进，我国电力生产及消费在一定时期内将继续保持较为快速的增长趋势。因此，在应对气候变化的严峻形势下，开展不同发电能源温室气体排放的关键问题研究，为我国今后发电能源工程技术的相关重大决策提供重要的科学基础和对策建议是非常必要和紧迫的。

本研究工作根据我国火电行业发展水平，以详实可靠的基础数据和对所涉及的煤电能源系统各环节深入了解为基础，运用生命周期分析方法，针对我国燃煤发电系统全生命周期的温室气体排放进行了详细计算，并讨论了影响燃煤发电系统全生命周期温室气体排放的关键因素，从而有助于了解我国燃煤发电系统各单元过程的温室气体排放来源和排放大小，明晰减排调控的关键环节，为我国电力行业的低碳化发展提供一定的借鉴与参考。

本文内容主要分为三个部分：

(1)研究目标和范围：对煤电生命周期分析的研究目标、研究对象和系统边界进行界定。同时，对具体的计算方法和一些基本假定进行说明。

(2)清单分析：对全生命周期各个环节进行梳理，并给出全生命周期排放清单。

(3)研究结果分析：试图给出全生命周期 GHG 排放的研究结果及结果分析，比如各个环节的排放所占比例。并且针对分析过程中涉及的不确定的参数设定进行敏感性分析。

第2章 煤电温室气体排放生命周期分析的目标、范围和关键数据

2.1 研究目标

本项目的研究目标为:(1)针对我国现有的平均火力发电技术水平,建立煤电链全生命周期过程中的温室气体排放清单;(2)寻求改善煤电链高效清洁利用的机会与措施,为我国电力行业低碳化发展提供定量化的数据支持和相应的政策建议。

对于煤电链,本工作研究的是基于全国平均火力发电水平的煤电链排放温室气体的排放系数,而不是针对某一技术水平、某一装机容量或某一特定效率锅炉的煤电链温室气体排放系数。另外,本工作只讨论与温室气体排放有关的内容,不涉及造成环境污染和破坏的其他因素。为了便于比较不同发电方式全生命周期温室气体排放情况,本研究的功能单元取终端用户所消费的1 kWh电量。

2.2 系统边界

本研究确定的系统边界如图2.4所示。其重点评价煤炭生产环节、煤炭运输环节、燃煤电站建造、运行和退役环节以及电力输配环节四个生命阶段中温室气体的直接排放和间接排放①。各环节简要说明如下,详细说明见第三章。

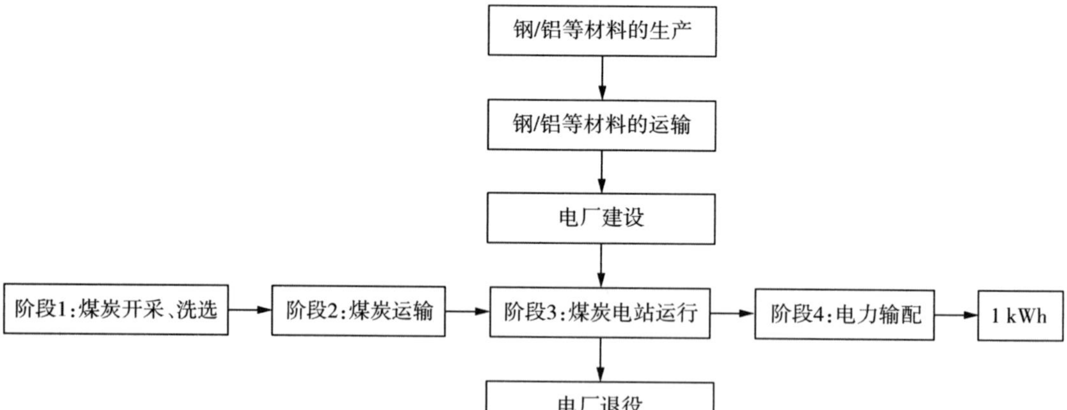

图2.4 煤电链的生命周期分析系统边界

① 本研究所涉及的温室气体排放分两类:直接排放和间接排放。直接排放是指电站建设、运行和退役过程本身的排放;而间接排放是指建设、运行和退役过程涉及到的各种产品要素(设备、原料、能源),在成为被本系统利用的产品形式之前,经历的从材料加工到产品成型的历史过程中的排放。

煤炭生产环节主要包括煤炭开采和采选过程的能耗、煤炭开采环节的温室气体（主要是CH_4和CO_2）逸散排放、煤自燃引起的温室气体排放。

煤炭运输环节包括三种煤炭运输方式：铁路、公路和水路运输过程中的能耗、煤炭在运输和装卸过程中的遗撒造成的温室气体排放。

发电环节包括：(1)电厂建设过程中材料消耗引起的间接排放；(2)电站运行阶段的煤炭燃烧和脱硫过程带来的温室气体排放；(3)电厂退役过程中的能源消耗引起的温室气体排放。

电力的输配环节包括：输配电过程中的电能损失；输电过程中SF_6气体的泄漏带来的温室气体排放；不考虑此环节基础设施建设材料消耗引起的GHG排放。

本文在分析各环节温室气体排放时，主要是基于"两个时间序列"和"追溯三代历史"原则。

所谓"两个时间序列"，即：一是系统的建设-运行-退役-产品使用过程的时间序列，二是在上述四个过程中涉及的各种产品要素（如设备、原料和活动），在成为被系统利用的产品形式之前，经历的从资源获取到产品成型的历史过程。这个时间序列的构架是不同于以往其他领域LCA应用的特点的。对于一般的产品，其生命周期分析为原材料获取、加工和运输，产品制造、产品销售、产品使用、产品循环利用和最终处理[50]。

所谓"追溯三代历史"，不妨以电厂建设为例进行解释说明。电厂建设过程本身排放—电厂建设所要材料生产排放—建设材料所需原材料的生产过程依然排放—原材料的获取要排放—原材料获取又涉及开采工具，这样将反复循环，使得计算难以进行，故我们只考虑到建设材料所需原材料的生产过程的排放这一步。这就是文中阐述的三层追溯的概念。实际计算中，第二历史层和第三历史层是否计入，需要考虑数据的可获得性。如果数据容易获得，则计入；否则，将使用替代数据，或忽略不重要的部分。

2.3 温室气体种类

大气中的二氧化碳和其他温室气体的增加会产生"温室效应"，导致全球平均气温升高并引起气候变化、海平面上升和冰川融化等一系列问题。全球变暖潜力（Global Warming Potential，GWP）用来表征各种温室气体导致全球变暖的能力，用瞬时排放1 kg温室气体造成的累积辐射效应与同一瞬时排放1 kg二氧化碳造成的累积辐射效应的比值表示。煤电链温室气体排放的全球变暖潜力为其温室气体排放量与相关温室气体GWP系数乘积的和。

$$\mathrm{GWP} = \sum_i \phi_i \times \mathrm{EM}_{\mathrm{GWP}_i}$$

式中ϕ_i表示第i种温室气体排放的GWP系数，详见附录1；$\mathrm{EM}_{\mathrm{GWP}_i}$表示清单分析每功能单元第$i$种温室气体排放量。

2.4 关键数据选取

2.4.1 影响中国火电行业温室气体排放的主要因素及关键数据

影响火电行业温室气体排放的主要因素包括：发电技术水平，电源结构和燃料特性。其中电源结构由能源结构决定；发电技术水平由燃烧设备、机组规模决定；燃料特性也是影响电力生产温室气体排放的因素之一,这是因为燃料特性参数直接影响碳的氧化率。

(1)装机结构

截至2010年底,纳入行业6 000千瓦及以上机组统计调查范围的火电机组容量69 349万千瓦,占全国6 000千瓦及以上火电机组容量的98.52%。调查范围内火电机组平均单机容量10.88万千瓦/台,比上年提高0.57万千瓦/台。在调查范围内的火电机组中,60万千瓦级以上火电机组容量和所占比例快速增加,所占比重由2005年的11.68%连续提高到2010年的36.84%,说明大容量、高参数的火电机组在“十一五”期间得到迅速发展。单机30万～60万千瓦(不含60万千瓦)的火电机组所占比例也略有上升。20万～30万千瓦(不含30万千瓦)、10万～20万千瓦(不含20万千瓦)和10万千瓦以下火电机组比重分别比上年降低0.78、1.61、0.85个百分点。全国统计调查范围内火电机组容量等级结构见表2.4。

表2.4　全国统计调查范围内火电机组容量等级结构[51]

指标分类		计算单位	火电机组合计	占统计调查范围内火电容量比例/%
6 000 kW及以上机组		台	6 373	100
		万千瓦	69 349	100
其中	60万kW及以上机组	台	394	6.18
		万千瓦	25 547	36.84
	30万～60万kW机组(不含60万kW)	台	775	12.16
		万千瓦	24 857	35.84
	20万～30万kW机组(不含30万kW)	台	250	3.92
		万千瓦	5 201	7.50
	10万～20万kW机组(不含20万kW)	台	463	7.27
		万千瓦	6 072	8.76
	10万kW机组以下	台	4 491	70.47
		万千瓦	7 672	11.06

我国自2003年以来,一直致力于发展超临界、超超临界技术,以改善我国电源结构分布,实现节能减排。目前,通过技术引进和消化吸收,国内已掌握超临界600 MW级火电机组的设计、施工、调试和运行技术,并基本掌握1 000 MW级超超临界机组设计、制造和建设技术。尽管从2007年中国燃煤发电机组容量分布情况来看(见图2.5),亚临界及其以下参数技术仍占总装机容量的82.15%,但可以预见,未来新增煤电装机将以超临界和超超临界技术为主要选择。据中国电力联合会报道,2009年底,全国在运百万千瓦超超临界机组达到21台,另有12台百万千瓦机组在建。

(2)发电煤耗

我国30万千瓦以上纯凝燃煤发电机组设计热效率及煤耗见表2.5。从表可以看出,从30万千瓦亚临界机组到60万千瓦超临界机组、再到100万千瓦超超临界机组,提高蒸汽参数使发电效率明显提高。以60万千瓦机组为例,亚临界机组设计发电煤耗296 gce/kWh,超临界机组设计发电煤耗为282 gce/kWh,下降14 gce/kWh,而60万千瓦级超超临界机组设计发电煤耗降为271 gce/kWh,比超临界机组又下降11 gce/kWh。由于煤耗的降低,大大

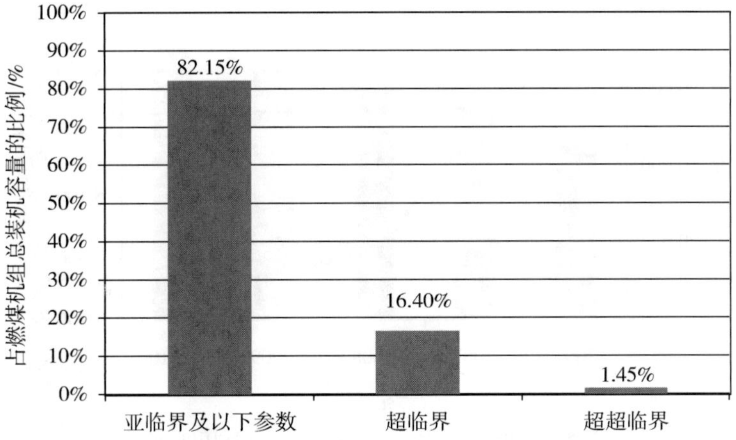

图 2.5　2007 年中国燃煤发电机组发展情况[52]

降低粉尘、SO_x，NO_x 及 CO_2 等的排放量。

表 2.5　300 MW 及以上纯凝燃煤发电机组设计热效率及发电煤耗[52]

机组种类	蒸汽初参数		设计热效率/%	设计发电煤耗/(gce/kWh)	设计厂用电率/%	设计供电煤耗/(gce/kWh)
	温度/℃	压力/MPa				
亚临界 300 MW	538/538	16.67	41.3	298	6.7	319.9
亚临界 600 MW	538/538	16.67	41.6	296	6.2～6.5	315.6～316.6
超临界 600 MW	566/566	24.2	43.6	282	6.2～6.5	300.6～301.6
超超临界 600 MW	600/600	25	45.4	271	6～6.2	288.3～288.9
超超临界 1 000 MW	600/600	27	45.7	269	5～5.5	283.2～284.7

(3)年平均利用小时

火电厂平均满负荷运行的等效时间称电厂的利用时间。若用火电厂的年发电量除以装机容量，就可以计算出电厂的年利用时间。

由于经济的快速发展，从 2000 年起，我国火电工业年平均供电时间逐年增加，至 2004 年达到最高点 5 991 h。然而由于火电工业装机容量的快速增加，2005 年后年平均利用小时数逐年回落，降低到 2009 年的 4 865 h。2010 年火电年利用小时数为 5 031 h，比上年提高 166 h。图 2.6 是“十一五”期间火电年平均利用时间随火电装机容量变化情况。

(4)燃料结构

火电机组燃用的煤炭主要有烟煤(含贫煤)、褐煤和无烟煤。从我国煤炭保有储量来看，无烟煤和褐煤分别占全国煤炭储量的 14.3%和 14.1%，烟煤占 62.3%。褐煤主要产于吉林、云南及内蒙古的部分地区；无烟煤主要产自山西阳泉、湖南耒阳等地；烟煤分布地域较广，大部分发电机组以烟煤作为燃料[54]。

2.4.2　排放因子的选取

(1)煤炭排放因子

燃料燃烧活动的二氧化碳排放系数与燃料的发热量、燃料含碳量、燃料碳氧化率有关。

文献[35]根据我国对 60 个典型煤矿煤炭成分的调查，参考国家技术监督局和其他单位

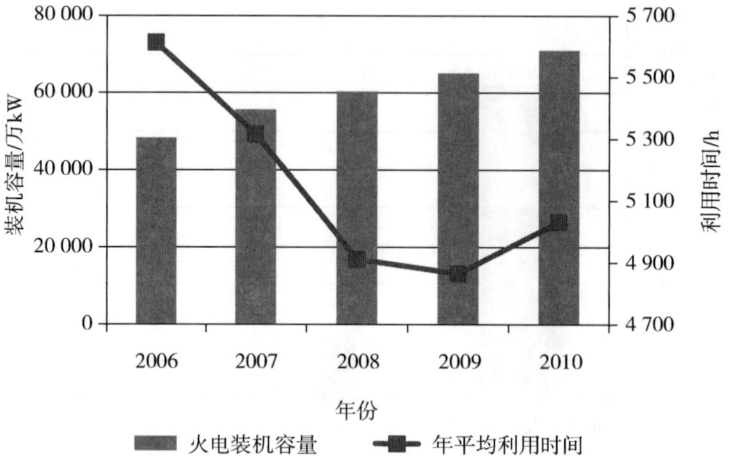

图 2.6 "十一五"期间全国火电年平均利用时间随装机容量的变化[53]

的研究成果，计算得到四种煤炭的含碳量，并按其煤炭生产量加权平均得出全国煤炭含碳量的平均值，进而得到我国煤炭燃烧时以二氧化碳形式排入大气的碳约为 0.651 tC/t 标煤，即 2.39 tCO_2/吨标煤。文献[55]指出中国的煤炭二氧化碳排放因子为：2.71 tCO_2/t 标煤；而世界煤炭平均二氧化碳排放因子为 2.775 tCO_2/tce。文献[56]基于中国煤炭分类标准与 IPCC/IEA 分类不同，以及不同煤种占煤总产量的比重，计算出根据 IPCC 方法分类的中国原煤成分比例，见表 2.6。

表 2.6　中国原煤基于 IPCC 煤炭分类的构成(2008 年)

中国煤炭分类			产量/万 t	产量占总量比例/%	对应的 IPCC/IEA 分类	IPCC 2006 碳含量缺省值/(g/MJ)
所有原煤			274 857.3	100		
无烟煤			44 668.01	16.25	无烟煤	26.8
褐煤			19 633.4	7.14	褐煤	27.6
烟煤	炼焦煤	贫瘦煤 瘦煤 焦煤 肥煤 1/3 焦煤 气肥煤 气煤	103 298.99	37.58	炼焦煤	25.8
烟煤	动力煤	贫煤	15 490.48	5.64	其他烟煤	25.8
		长焰煤	47 565.86	17.31	次烟煤	26.2
		1/2 中黏煤	124.33	0.05	其他烟煤或次烟煤	取两者平均值 26
		弱黏煤	9 835.8	3.58		
		不黏煤	23 763.16	8.65		
		分不出牌号	10 477.3	3.81		

按照各种煤的产量百分比加权平均计算碳含量，可以得出中国原煤的碳含量缺省值为：

26.8×16.25％＋27.6×7.14％＋25.8×5.64％＋26.2×17.31％＋26×(0.05％＋3.58％＋8.65％＋3.81％)＝16.5gC/MJ。

根据 IPCC 2006 指南[57]，能源行业矿物燃料原煤排放因子缺省值：16.5 gC/MJ；0.001 gCH_4/MJ；0.001 5 gN_2O/MJ，即原煤的二氧化碳排放因子为 2.55 tCO_2/t 标煤。本文采用 2.55 tCO_2/吨标煤作为基准。

(2)其他材料的排放因子

在煤电的全生命周期中涉及的材料主要有钢材、铸铁、铜、铁、铝和水泥等，工艺燃料主要有煤炭、汽油、柴油和燃料油等。本研究中工艺燃料① 及各种材料的排放因子主要采用本项目组提供的多种终端能源的 GHG 排放的结果，见附录 2。

① 其中煤炭的排放因子没有采用项目组给出的原煤排放因子。原因在于项目组给出的原煤排放因子包括了原煤开采能耗带来的温室气体排放，而本研究将单独讨论原煤开采和洗选环节中温室气体排放情况。

第3章 煤电链各环节数据收集

3.1 煤炭开采和洗选

20世纪90年代，中国的煤炭开采量略低于消费量，一部分需求依靠库存煤炭满足。中国政府和工业界一直致力于扩大开采能力，截至2010年底，中国煤矿煤炭生产能力为36.65亿吨，煤炭市场供需总体基本平衡。2010年的开采量达到32.35亿吨，其中有1 903万吨出口海外，同年的中国煤炭进口量为1.65亿吨，占当年原煤开采量的5.1%。在煤电链生命周期分析中，我们仅仅考虑国产煤炭的开采、洗选过程的能源消费和温室气体排放情况。

3.1.1 原煤开采和洗选

国内生产主要有两种原煤开采方式：井工开采和露天开采。我国的原煤开采以井工开采为主，占中国总的煤炭产量的90%以上[58-60]，但是近年来我国露天煤矿生产和建设较为快速的发展，从2000年的4%左右增长至2010年的10%，如图2.7所示。本研究采用2009年的数据，井工开采占91%，露天开采占9%。在煤电链生命周期分析中，本研究以地下煤矿开采作为研究基准。

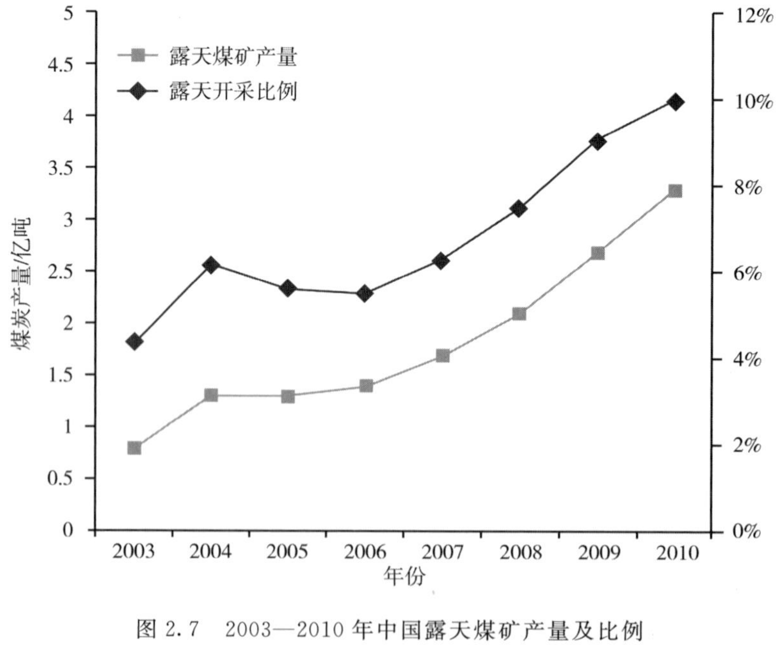

图2.7 2003—2010年中国露天煤矿产量及比例

(1)煤炭井工开采

煤炭井工开采主要是通过开挖井巷将埋藏在地下不同深度的煤炭开采并运输至地面。根据煤层的赋存条件，目前煤矿井工开采采用的主要采煤方法有：单一长壁采煤法、倾斜分层采煤法、放顶煤长壁采煤法、急倾斜煤层采煤法、柱式体系采煤法等。不同的采煤方法又有炮采、普采和综采等工艺方式。井工煤矿开采必须从地面向地下开掘一系列井巷，其生产过程是地下作业。主要开采环节有：切割、钻爆、采装和运输，辅助开采环节有通风、排水、动力供应、照明和支护。

由图 2.8 可知，采煤单位的主要耗能包括电、柴油、汽油，原煤。同时伴随着原煤的生产还产生煤矸石、矿井水以及抽采的瓦斯；煤矸石部分用于发电，部分堆放。抽采瓦斯部分发电，部分民用，部分直接排入大气；煤矸石堆放部分由于自燃会发生碳排放。本研究没有单独考虑矿井瓦斯排放，而是在 3.1.2 节中综合考虑了煤炭开采和洗选环节的甲烷气总排放情况。

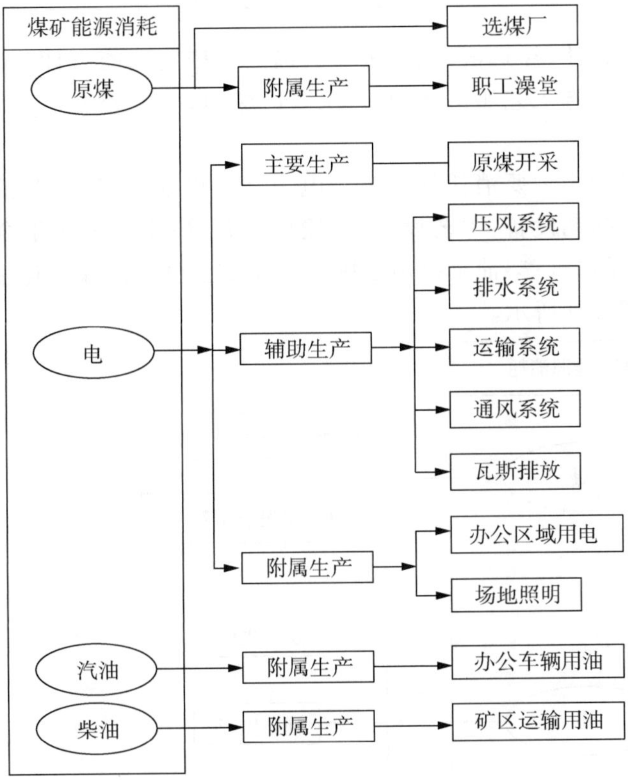

图 2.8　采煤环节单位能源消费流向图[61]

(2)煤炭洗选

煤炭洗选过程就是使混杂在煤中的矸石、黄铁矿以及煤矸共生的夹矸煤与精煤按照它们在物理和化学性质上的差异进行分离的过程。洗选过程有助于降低矿物质和硫的含量，提高煤炭的品质和热值。

截至 2010 年末，我国已建成各种类型的选煤厂约 1800 座，原煤入选能力达到 17.8 亿 t。其中大型煤矿企业选煤厂近 600 座，入选能力达到 15.4 亿 t；地方煤矿选煤厂 200 余座，入选能力 1.2 亿 t；乡镇民营选煤厂约 1 000 座，入洗能力超过 1.2 亿 t。按洗选煤种分，炼焦煤选煤厂 1 000 余座，入选能力 8.1 亿 t，占总能力的 45.5%；动力煤选煤厂近 800 座，入选能力 9.7 亿 t，占总能力的 54.5%。

2010年，全国原煤入选量约16.5亿t，炼焦煤入选量8.27亿t，动力煤入选量8.23亿t。近年来我国煤炭洗选发展情况见表2.7，可以看出，"十一五"末，我国原煤入选率由2005年的31.9%提高到50.9%；原煤入选量增长了9.47亿t。

表2.7　2005—2010年中国原煤入选量与洗选比例变化情况[62]

指标	年份					
	2005	2006	2007	2008	2009	2010
产量/亿吨	22.1	23.7	25.3	27.9	29.7	32.4
入选量/亿吨	7.0	7.8	11.0	12.5	14.0	16.5
入选比例/%	31.9	32.9	43.5	44.8	47.1	50.9

选煤的方法有重选法、浮选法、磁选法和电选法。按洗选能力计，2010年国有重点和地方煤矿选煤厂的主要分选工艺所占比例为：跳汰选煤30.5%、重介质选煤55%、浮选9.5%、其他5%。

原煤洗选加工过程中主要消耗的能源为电力、水、煤油、汽油及柴油。电力主要用于整个工艺流程中的电力拖动设备：工艺设备、运输机及泵等；水主要用于全生产环节循环水的补充；煤油主要用于浮选机；柴油主要用于排矸车间推土机以及煤泥运输汽车。原煤加工单位能源消费流向如图2.9所示。

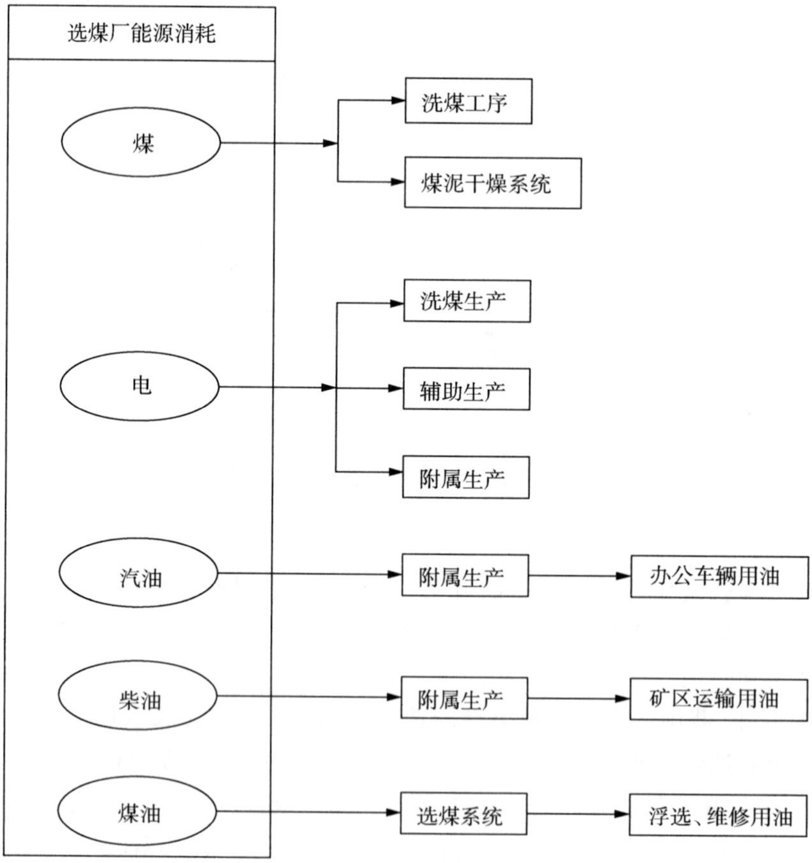

图2.9　原煤加工单位能源消费流向图[61]

(3)煤炭开采和洗选过程的综合能耗

国家发展与改革委员会替代能源项目组[63]的研究指出：中国政府通过联合实施煤炭大集团战略与中小煤矿改造，一批大型矿区已成为综合能源基地的主体。2010 年，14 个大型煤炭基地产量 28 亿吨，占全国的 87％；其中 10 个基地煤炭产量超过亿吨，其中神东 5.6 亿吨，晋北和蒙东超过 3 亿吨，云贵、晋东和河南超过 2 亿吨。全国累计关闭小煤矿 9 616 处，淘汰落后产能 5.4 亿吨。2010 年，年产能 30 万吨以下小煤矿减少到 1 万处以内，产量比重由 2005 年的 45％下降到 22％。煤炭产业集中度明显改善，煤炭机械化开采水平提高。我国国有重点煤矿大多数已经采用先进的长臂机械化作业。在另外两种类型煤矿：国有地方煤矿和乡镇煤矿中，机械化程度相对比较低，在不考虑人力消耗的情况下，全国煤炭开采的平均能源消费量比国有重点煤矿的指标低一些。

如表 2.8 显示，2009 年我国煤炭开采和洗选行业的能源消费总量为 6 148.9 万 t，其中消耗煤炭 4 989.8 万 t，消耗电力 849.4 万 t，平均吨煤综合能耗为 20.8 kgce/t，其中吨煤煤耗为 12.1 kgce/t，吨煤电耗为 23.4 kWh/t。煤炭生产中所消耗的煤炭主要是煤炭企业自用煤，消耗的电力主要集中在矿井排水、通风、提升、压气等大型固定设备的用电上。这些设备的用电量约占国有重点煤矿主要生产活动用电量的 60％，其中排水约占 1/5，通风和提升各占 1/6。除大型固定设备用电外，煤矿采掘作业是用电量最多的环节，约占国有重点煤矿主要生产活动用电量的 25％。据《清洁生产标准-煤炭采选行业》编制课题组[64]的调研显示，国有重点煤矿矿井的原煤生产吨煤电耗，一般在 15～25 kWh/t 之间，最低电耗水平达到 4.4 kWh/t；大型洗煤厂的洗煤吨煤电耗在 10 kWh/t 以下，较低电耗水平小于5 kWh/t。

表 2.8　2009 年煤炭开采和洗选过程中的燃料消耗[48]

燃料类型	终端能源消费量	煤/万 t	汽油/万 t	柴油/万 t	燃料油	电力/亿 kWh
实物量		6 443.46	21.19	108.4	4.83	691.13
标准量/万 tce	6 149①	4 989.77	31.18	157.95	6.89	849.41

3.1.2　煤层甲烷气

煤炭开采活动中甲烷释放源涉及 4 个方面：井下开采、露天开采、矿后活动及甲烷回收利用。井下开采的排放包括矿井通风系统和抽气系统的排放；露天开采的排放包括煤炭被开采系释放的和邻近暴露煤层释放的甲烷；矿后活动包括煤炭加工、运输和使用过程产生的甲烷排放，即煤的洗选、储存、运输及燃烧前的粉碎等过程产生的排放；甲烷回收利用包括煤矿甲烷的回收利用及放空燃烧。

国家发展与改革委员会替代能源项目组的统计[63]表明：中国煤矿平均每开采 1t 煤，大约排放瓦斯 7～8 m^3，二氧化碳 6 m^3，还有少量的二氧化硫和氮氧化物的排放。上述甲烷排放结果与文献[65]相比，偏低大约 35％，而略高于马忠海等[35]的研究中所引用的中国煤层气信息中心的统计数据。

如果回收的甲烷用作能源来源，比如进入天然气管道、发电燃料等，则这部分排放量应

① 按照电热当量法计算。

当根据其最终用途计入适当地方。如果回收的甲烷只是用于放空燃烧，则燃烧产生的 CO_2 应当计入煤矿开采活动产生的温室气体排放总量。图 2.10 为近年来我国煤矿瓦斯抽采与利用情况。目前国内的煤层气利用主要集中在甲烷浓度大于或等于 30%的这部分，一是供居民使用，二是进行瓦斯发电。

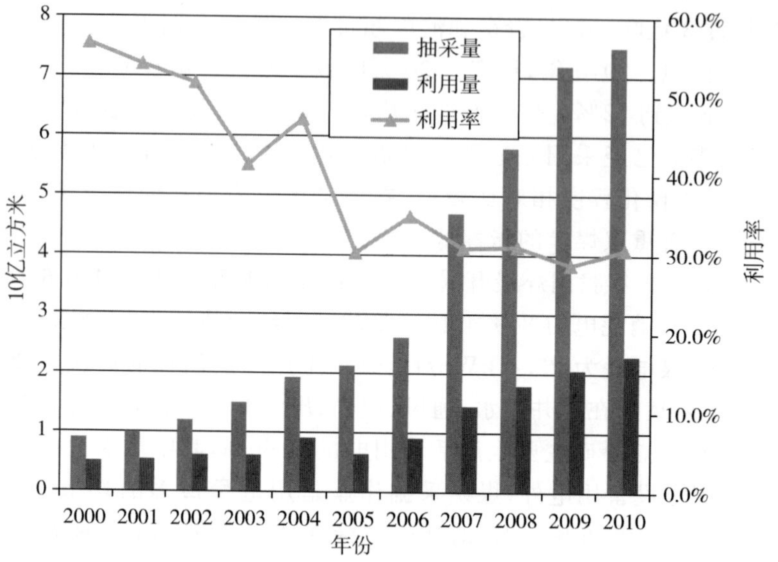

图 2.10　2000—2010 年全国煤层气(煤矿瓦斯)抽采与利用情况[66,67]

综上所述，煤炭开采和矿后活动的甲烷排放计算公式为：CH_4 总排放量 ＝ 井下开采排放量＋露天开采排放量＋ 矿后活动排放量-甲烷回收。

3.1.3　煤炭自燃

(1)煤田火

煤炭的开采中也存在损失，其中最主要的是煤炭自燃损失。仅在新疆维吾尔自治区，研究人员估计终年不息的大火已经造成超过 31 亿吨原煤的损失和大量温室气体排放。对于这项损失的具体情况目前无法得到，晓斌等[68]估计自燃损失大约占开采量的 1%，而中国地质学会的报告[69]认为每年的自燃损失量超过 1 200 万 t，占当年开采量的 0.9%。在本研究中，煤炭自燃占开采量的比例大约为 1%。

(2)煤矸石自燃

煤矸石是指煤炭生产过程中产生的固体废物，它包括露天开采的剥离岩石、井工开采的掘进矸石、采煤矸石及选煤矸石。目前我国的煤矸石排放量约为煤炭开采量的 10%～30%；截至 2005 年，全国有煤矸石山 1 900 多座，累计存量约 38 亿 t，占地面积超过 70 km^2；有近 1/3 的煤矸石山发生了自燃。

文献[70]研究了阳泉矿区煤矸石堆存带来的潜在碳排放量。其中阳泉矿区煤矸石成分分析结果见表 2.9，转化为 CO 的碳约占矸石总量的 6%，少量燃烧残留的碳约占矸石总量的 1.09%。考虑到矸石山自然排放有机烃类挥发物质的含量较低，可以假设煤矸石中其余的碳绝大多数转化为二氧化碳排放，依元素平衡法进行碳排放量的计算。计算结果表明：阳泉矿区煤矸石中的碳平均含量为 20.58%，转化为 CO_2 的碳约占矸石总量的 13.49%。

表 2.9 阳泉矿区煤矸石含碳量[70]

编号	一矿	二矿	三矿	四矿	五矿
碳含量/%	20.56	15.54	30.32	24.09	12.38

3.2 煤炭运输

3.2.1 煤炭运输结构

中国的煤炭资源分布不均衡，东少西多，南少北多。60%～70%的煤炭储量集中在山西、陕西、内蒙古和新疆地区，而消费端主要集中在东南部经济发达地区，所以煤炭生产和运输之间存在比较突出的矛盾。

中国煤炭运输的方式包括铁路、公路和水路运输，其中以铁路运输为主。铁路煤炭运量占全国煤炭总运输量的70%以上，并且在历年铁路总货运量中占40%以上。在全国省际原煤调运中，铁路净调出量占总净调出量的59.7%，水路占27.1%，公路站13.2%；铁路净调入量占总净调入量的68%，水路占29.8%，公路站2.3%。在铁路主要干线的货流密度中，煤炭也占很大比重，“三西”主要外运通路上煤炭所占比例高达90%左右，大秦、朔黄线为100%，京沪、京广线约60%，一般线路也在30%以上。

(1)铁路煤炭运输

铁路作为我国运输网的骨干，网络总量初具规模，路网结构有所改善。2010年底，全国铁路营业里程达9.1万公里，路网密度达95.0公里/万平方公里；铁路复线里程3.7万公里，复线率达41.1%；电气化里程4.2万公里，电气化率46.6%。铁路以其运力大、速度快、成本低、能耗小、全天候运输等优势，一直是煤炭的主要运输方式(见图2.11)。2010年，全国铁路货物发送量完成362 929万吨，比上年增加30 887万吨，增长9.3%。其中，铁路煤炭运量完成200 043万吨，比上年增运24 972万吨、增长14.3%。

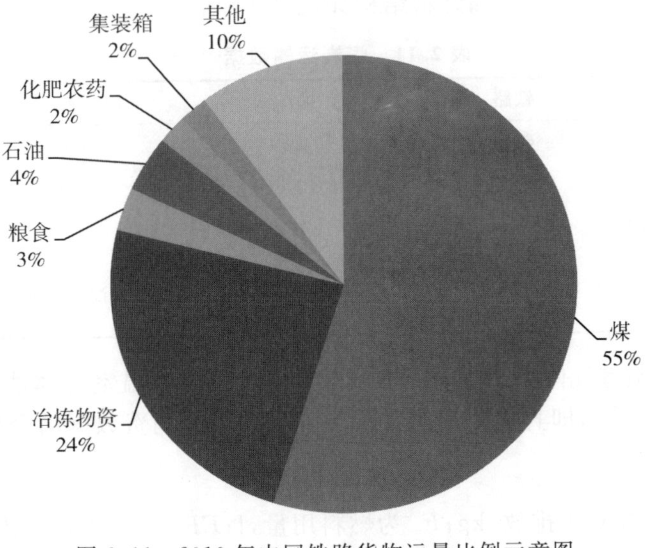

图 2.11 2010年中国铁路货物运量比例示意图

(2)公路煤炭运输

公路网分布广，汽车运输机动灵活，中转环节少，可以实现“门到门”运输，但单车运量较小，单位运量能耗和成本较高，所以公路主要承担能源基地内部煤炭运输，或铁路、港口煤炭集疏运输。2008 年全国公路货运量达 191.7 亿吨，公路煤炭运量为 126 097 万吨[71]（见表 2.10）。

表 2.10　2004—2008 年中国煤炭公路运量

年份	2004	2005	2006	2007	2008
煤炭公路运量	94 470	97 625	110 815	117 800	126 097
增长率/%	22.2	3.3	13.5	6.3	7.04

（3）水路煤炭运输

煤炭运输由于运量大、运距长、价值低，对运价比较敏感，采用水运的方式进行运输，可以发挥水上运输的规模效益，以较低成本满足运输需求。

内河煤炭运输分布较广，运输距离较长，主要集中在长江水系、淮河水系、京杭运河、珠江水系、黑龙江和松花江。

沿海港口煤炭运输主要是“三西”和山东地区的煤炭通过铁路和公路集结到北方沿海中转港口，再由海轮运向环潮海、华东和中南及福建等缺煤地区及国外。到目前为止，我国沿海已形成了布局比较合理，具有一定规模的煤炭装卸、储运和运输能力。我国沿海“北煤南运”煤炭运输系统由北方沿海的秦皇岛、唐山、天津、黄骅、青岛、日照、连云港七港为主的装船港和华东、华南地区专用接卸码头组成。华东、华南沿海地区的煤炭运输以水路运输为主，水路承担了华东地区煤炭调入运输量的 70%和华南地区煤炭调入运输量的 90%。2010 年通过北方七港发运煤炭 49 610.6 万吨，月均发送量 4 510.1 万吨，同比增长 22.6%。沿海五省市的煤炭接卸量占北方港口煤炭下水量的 60%，占内贸煤炭下水量的 90%，五省市的煤炭净调入量占全国煤炭调运量的近 60%。

3.2.2　运输方式

各种运输方式的距离、耗能和燃料结构如表 2.11 所示。

表 2.11　煤炭运输数据[44,72]

运输方式	铁路	远洋	国内水运	公路
比重	62%	4%	16%	18%
运输距离/km	757	4000	1804	175
单位距离耗能/(kJ/t・km)	240	23	148	1200
燃料结构	柴油(55%) 电力(45%)	燃料油(100%)	燃料油(100%)	柴油(68%) 汽油(32%)

煤炭运输环节温室气体排放计算采用 IPCC(2006)国家温室气体清单指南中推荐的基于交通燃料消耗方法[57]，即直接采用统计部门提供的燃料消费数据结合排放因子计算。

$$E = \sum_{a} F_a \cdot EF_a$$

式中，E 为移动源 CO_2 排放，kg；F_a 为燃料用量，J；EF_a 为 CO_2 排放因子，kg/J；a 为燃料类型，如汽油、柴油。

3.2.3　遗撒、扬尘等造成的煤炭损失

煤炭在装卸和运输过程中经常会造成遗撒和扬尘损失，中国煤炭科学院估计这一损失

比例大约为0.5%～1%。另据我国铁路煤炭专运线大秦线(大同一秦皇岛)的实验表明，列车在行驶600多公里后，煤损耗在1%左右。在公路运输中，因颠簸严重，损耗甚至更多。喷洒扬尘覆盖剂后，煤车沿线运行中，煤损耗可减少到0.2%[73]。本文采用的损失比例为1%。

3.3 燃煤电厂

煤炭通过运输后即进入电站进入发电环节，本环节主要考虑三个阶段：电站建设阶段、电站运行阶段和电站退役阶段。

3.3.1 电厂建设期

电站建设阶段的排放主要由基础设施建设和设备安装导致。电站设备包括锅炉、汽机、发电机及附属设备组成。由于本研究是基于全国平均数据分析，因此并不对具体电站的设备进行细分，而是通过文献数据确定电站建设所需要的材料清单。电站建设阶段的主要材料清单如表2.12所示。

表2.12 电站建设材料消耗清单

	NREL，1999[27]	Pacca，2002[74]	NETL，2010[34]	马忠海，2002[35]	周亮亮，2011[46]	本研究
额定功率/MW	360	913	550	200	1000	—
机组寿命/a	30	30	30	30	30	—
负荷因子/%	60%	70%	85%	65%	75%	—
材料消耗/(t/MW)	210.6	264	341.1	118.1	115.9	210.7
混凝土	158.758	195	260.46	73.87	74.257	152.469
钢	50.721	68.2	78.795	43.29	40.293	56.26
铝	0.49	0.68	1.25	—	0.255	0.669
铸铁	0.62	—	0.62	—	0.619	0.62
铜	—	—	—	0.976	0.454	0.715

由上表可以看出：

(1)电站建设阶段主要耗材主要是混凝土和钢材。除此之外，大多文献都考虑了铝的消耗。除此之外，不同文献包含了不同的材料消耗，比如：铸铁和铜。总之，铸铁和铜的消耗所占的比例较小。

(2)从理论上来说，随着电站规模的扩大，单位功率的材料消耗应该减小。然而表中的数据反映不出这样的规律。原因可能在于：不同文献数据来源、边界条件、机组设计条件等不同造成的结果。

(3)在计算全生命周期电站建设阶段由于材料消耗带来的间接排放时，应将材料总消耗量，除以机组寿命期内总发电量，即转化为kg/kWh。

本研究选择表中各项数据的平均值作为电站建设阶段的材料消耗，并通过敏感性分析来考察数据误差带来的影响。

3.3.2 电厂运行期

目前燃煤电厂排放的二氧化碳，主要包括了煤完全燃烧产生的二氧化碳和脱硫过程产生的二氧化碳。

(1)煤燃烧产生的二氧化碳

煤炭燃烧过程二氧化碳排放因子(CEF),该值与电站的热效率和燃料的含碳率及燃煤氧化率等因素有关。IPCC 2006 温室气体指南[57]中给出的CEF计算公式如下:

$$CEF = 98\% \times C \times \left(\frac{44}{12}\right) / (LHV \times \eta \times 0.278)$$

式中:CEF为燃烧CO_2排放因子,$kgCO_2/kWh$;98%:假设的燃煤氧化率;C:燃煤的含碳量(kgC/kg·Coal);44/12:CO_2和C的摩尔质量之比,$kgCO_2/kgC$;LHV:燃煤的低位发热量,$MJ_t/kg \cdot Coal$;η:燃煤机组热效率,MJ_e/MJ_t;0.278:热电转换系数;kWh/MJ_e。

由于煤在锅炉中不完全燃烧及燃烧方式和设备水平等原因,中国煤炭燃烧效率(氧化率)低于发达工业化国家水平。IPCC/OECD国家煤炭氧化率取值为0.98;中国气候变化国别组提供的国内煤的碳氧化率建议取值为0.90;《中国温室气体清单研究》[75],对国内燃料碳氧化率进行了重新估算,其中烟煤的碳氧化率为0.915。

(2)脱硫过程产生的二氧化碳

电厂脱硫主要分为燃烧前脱硫、燃烧中脱硫和烟气脱硫三种方式,其中能够产生二氧化碳排放的主要是燃烧中脱硫和烟气脱硫方式。

截至2009年底,烟气脱硫机组容量占煤电机组的比例约78%,目前我国燃煤电厂大都采用的是烟气脱硫技术(FGD),而石灰石/石膏湿法烟气脱硫技术的应用占据了90%以上。

SO_2在吸收塔内的反应比较复杂,其原理可用以下总反应式表达:

$$SO_2 + CaCO_3(s) + \frac{1}{2}O_2(g) + 2H_2O(l) \rightarrow CaSO_4 \cdot H_2O(s) + CO_2(g)$$

由上式反应式可知,CO_2的产生量可通过SO_2去除率计算得到:

$$SE_{CO_2} = W_{SO_2} \times \frac{MW_{CO_2}}{MW_{SO_2}}$$

式中:SE_{CO_2}是吸附剂CO_2净释放量;MW_{CO_2}是二氧化碳的摩尔质量;MW_{SO_2}是碳的摩尔质量;W_{SO_2}是SO_2去除量。

煤炭的含硫率取决于其产地,不同产地煤炭含硫率差别较大,全国煤炭平均含硫率为1.1%[76],目前国内主流湿法脱硫工艺——石灰石法脱硫效率为90%。

3.3.3 电厂设备安装及退役阶段

参考其他全生命周期研究,电站设备安装、调试过程的能耗主要是柴油消耗,电站的退役期的GHG排放在本研究中设定为建设期的10%[31]。因缺少国内数据,本研究采用NETL(2010)[34]数据,电厂设备安装、调试及拆除过程总柴油消耗为:51.8 g/MWh。

此外,假设系统建设所用的钢材、铝材和铁有75%在电厂退役后可以回收,参与二次金属生产。

3.4 电力输配

电力输配环节是指从电力进入电网开始,到电力输送到用户为止。这一环节的GHG排放主要是由于电力传输和分配过程中损失导致的间接排放,本研究假定利用已有的基础设施,因此不考虑此环节基础设施建设材料消耗引起的GHG排放。

根据中国电力企业联合会的报告[77],电力输配环节2009年全国线损率为6.72%。考虑线损率对煤电链温室气体排放的影响,可以分为两种方法:

方法一：假设将输电线损引起的电量损失，全部由火电提供，因此输电线损引起的电量损失带来的温室气体排放全部转移到了煤炭开采和洗选环节、煤炭运输环节及发电环节。

方法二：假设输电线损引起的电量损失，由考虑全国电力结构平均水平的网电（即温室气体排放系数 930.2 $g\text{-}CO_{2,eq}/kWh$）提供。

由于本研究的功能单位为终端用户所消费的 1 kWh 电量，因此采用方法一。

由于缺乏国内数据，SF_6的泄漏量采用美国 EPA 的统计，约为 1.4×10^{-4} g/kWh[78]。

第 4 章　LCA 排放清单及敏感性分析

4.1　排放清单

根据上述材料和燃料的清单和排放因子，分别选取 2009 年全国火电平均供电煤耗(342 gce/kWh)、超临界 600 MW 机组设计供电煤耗(300 gce/kWh)、超超临界 1 000 MW 机组设计供电煤耗(280 gce/kWh)三种案例，计算得到煤电的全生命周期总 GHG 排放和分环节排放，如图 2.12 和表 2.13 所示。

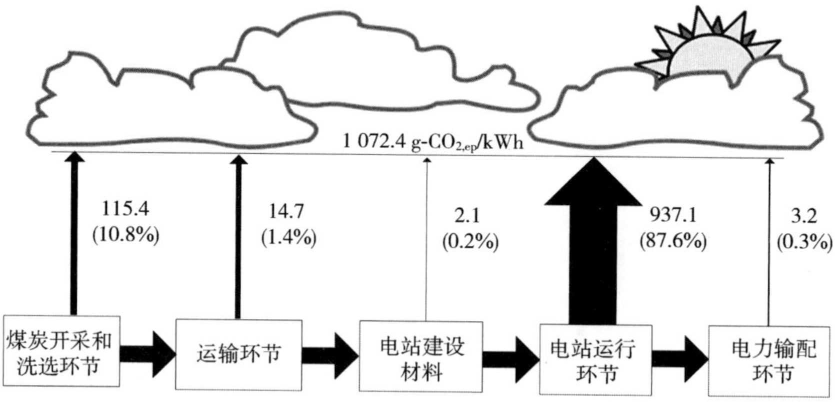

图 2.12　基于 2009 年全国火电平均供电煤耗(342 gce/kWh)的煤电全生命周期 GHG 排放

表 2.13　煤电链生命周期温室气体排放情况

案例	全国平均水平	超超临界	超临界
供电煤耗/(gce/kWh)	342	280	300
	各阶段温室气体排放/$g\text{-}CO_{2,eq}$/kWh		
煤炭开采和洗选过程	115.4	94.5	101.2
煤层甲烷气	69.8	57.1	61.2
煤田火	9.4	7.7	8.3
煤矸石自燃	1.6	1.3	1.4
洗选能耗	12.9	10.6	11.3
开采、洗选损失	21.6	17.7	19.0
煤炭运输阶段	14.7	12.0	12.9
运输过程能耗	14.2	11.6	12.5
遗洒和扬尘损失	0.5	0.4	0.4

续表

案例	全国平均水平	超超临界	超临界
发电阶段	939.2	769.4	824.2
电厂建设材料需求	2.1	2.1	2.1
电厂运行过程排放	934.1	764.8	819.4
脱硫过程排放	2.8	2.3	2.4
电厂退役过程排放	0.2	0.2	0.2
输电过程排放	3.2	3.2	3.2
合计	1 072.4	879.0	941.4

由图 2.12 和表 2.13 所示计算结果，我们可以看出：基于 2009 年全国平均火力发电水平（供电煤耗：342 gce/kWh），煤电链温室气体排放为 1 072.4 g-$CO_{2,eq}$/kWh；而基于超临界 600 MW 机组设计供电煤耗（300 gce/kWh）、超超临界 1 000 MW 机组设计供电煤耗（280 gce/kWh）的煤电链温室气体排放分别为 941.4 g-$CO_{2,eq}$/kWh 和 879 g-$CO_{2,eq}$/kWh。

图 2.13 为整理煤电链温室气体排放文献后得到的基于不同技术水平的煤电链温室气体排放。由于系统边界和各环节数据参数选取的不同，计算结果也有较大差异。总体来说：基于亚临界发电技术水平，煤电链温室气体排放范围为：879～1 274 g-$CO_{2,eq}$/kWh，平均值为 991 g-$CO_{2,eq}$/kWh；基于超临界发电技术水平，煤电链温室气体排放范围为：729～1 009 g-$CO_{2,eq}$/kWh，平均值为 794 g-$CO_{2,eq}$/kWh。

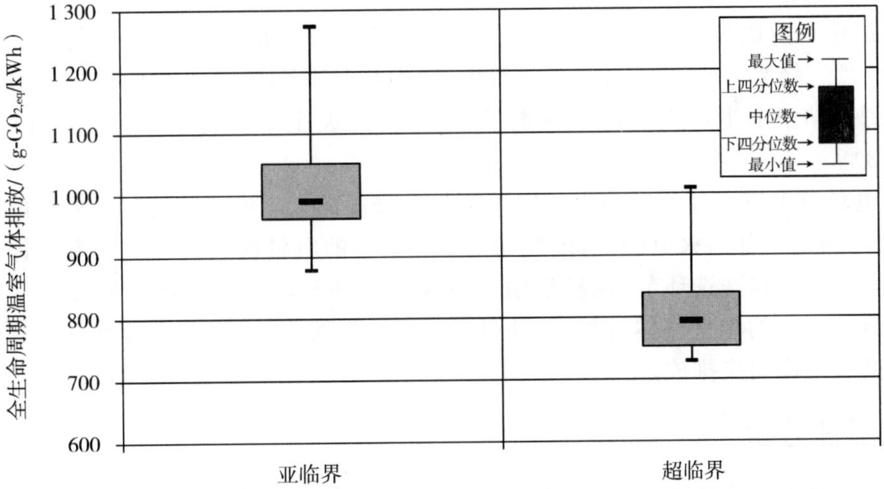

图 2.13 基于不同技术水平的煤电链温室气体排放对比

值得说明的是，除了美国国家能源技术实验室发布的化石燃料发电生命周期评估报告[32−34]外，大部分文献没有考虑电力输配环节。如果不考虑电力输配环节，本研究计算得到的结果为：基于亚临界发电技术水平（供电煤耗 342 gce/kWh），煤电链温室气体排放 1 000.6 g-$CO_{2,eq}$/kWh；基于超临界发电技术水平（供电煤耗 300 gce/kWh），煤电链温室气体排放为：878.4 g-$CO_{2,eq}$/kWh。可以看出：本研究的结果在上四分位数左右。

以基于2009年全国平均火力发电水平(供电煤耗:342 gce/kWh)为例,通过分解计算各环节温室气体排放,可以看出:

1. 煤炭开采和洗选环节GHG排放占到整个煤炭链生命周期GHG排放的10.8%左右。

(1)最主要的来自于煤层甲烷排放(69.8 g-$CO_{2,eq}$/kWh)占60.5%。尽管吨煤CH_4排放和CO_2排放基本相当,由于甲烷的温室气体效应为CO_2的25倍,因此降低煤层甲烷排放能够显著降低煤炭开采阶段温室气体排放。

(2)煤炭开采和洗选过程中损失带来的GHG排放(21.6 g-$CO_{2,eq}$/kWh)占18.7%。2009年中国原煤产量20.08亿吨标煤;其中煤炭开采和洗选过程中原煤消耗为0.64亿吨,折合0.499亿吨标煤,即煤炭开采和洗选过程中原煤损失为2.3%。

(3)煤炭开采、洗选过程中能耗带来的GHG间接排放(12.9 g-$CO_{2,eq}$/kWh)占11.2%。2009年原煤产量中51.1%来自国有重点矿,12.3%来自地方国有矿,其余的36.6%来自乡镇矿。与国有重点矿相比,地方国有矿和乡镇矿的机械化程度低,开采的能耗较高。

(4)煤炭自燃(9.4 g-$CO_{2,eq}$/kWh)和煤矸石自燃(1.6 g-$CO_{2,eq}$/kWh)占9.6%。因此减少煤炭自燃,也是降低煤炭开采和洗选环节的有效途径。

2. 从温室气体排放的角度来看,煤炭运输环节GHG排放占煤电链温室气体排放的1.4%,比例不大。

3. 电厂运行阶段GHG排放占到煤电链生命周期GHG排放的87.6%左右。电站热效率与煤电链生命周期温室气体排放有很强的相关性。供电效率的提高,意味着生产同样的上网电量,需要消耗的煤炭及其上游排放减少,因此提高燃煤电站供电效率是降低煤电链生命周期温室气体排放的主要途径。

4. 电厂建设阶段材料排放只占煤炭链生命周期GHG排放不到0.5%,这一结果与其他文献[34,35,40,47]结果一致。原因在于尽管电站建设过程中,需要大量的钢材、水泥等材料,但是折合到电站整个生命周期的净发电量上,电站建设主要材料消耗仅有1.12 kg/MWh(见表2.13)。

5. 输电环节温室气体排放占煤电链温室气体排放的0.3%,原因在于:将输电线损引起的电量损失,假设全部由火电提供,因此输电线损引起的电量损失带来的温室气体排放全部转移到了煤炭开采和洗选环节、煤炭运输环节及发电环节。而输电环节的温室气体排放只包括SF_6泄漏带来的温室气体排放;此外只考虑了输电线损,没有考虑输电环节基础设施建设带来的温室气体间接排放。

4.2 敏感性分析

由于本研究中部分数据为估计值,现实情况可能存在一定的变化,因此进行敏感性分析。以2009年全国火电平均水平案例为基准案例,考虑了五个方面的影响:材料消耗;煤层瓦斯排放;运输距离;供电煤耗和输电线损率。详述如下:

4.2.1 材料消耗

考虑到可能统计的电厂建设材料消耗数据不够全面,假定各个建设阶段的材料消耗为原来的3倍。计算得到:材料消耗增加为原来的3倍后,煤电链温室气体生命周期排放为1 076.7 g-$CO_{2,eq}$/kWh,相对于基准案例增加了0.4%。原因在于煤电链温室气体生命周期排放的主要来源为电厂运行阶段和煤炭开采阶段,而电厂建设材料消耗的改变只影响电站建设和退役阶段的间接排放。因此煤电链材料消耗带来的 GHG 排放变化很小。

4.2.2 煤层瓦斯排放

国家发展和改革委员会能源研究所与煤科总院抚顺分院协作曾对 1994 年和 2000 年中国煤矿排入大气的甲烷量进行了调查研究,通过对国有重点、国有地方和乡镇煤矿大量矿井瓦斯等级鉴定资料的整理分析,得到了中国不同地区的煤矿甲烷排放系数,建议全国井下开采煤矿甲烷排放系数分别取:7.92 m^3/t(1994 年)和 9.3 m^3/t(2000 年)。根据中国温室气体清单研究推荐的露天煤矿煤炭甲烷排放系数,建议取值分别为 1.59 m^3/t(1994 年)和 1.65 m^3/t(2000 年)。

对地下开采后活动引起的甲烷排放,中国高瓦斯矿矿后活动排放系数为 3.0 m^3/t ,低瓦斯矿矿后活动排放系数为 0.5 m^3/t,全国平均水平分别为 1.18 m^3/t(1994 年)和1.3 m^3/t(2000 年)。而对于露天开采后活动引起的甲烷排放,因为露天煤矿的气体含量都非常低,因此一般情况下这类排放源的排放量可忽略不计。在做敏感性分析时,假设煤层甲烷排放的上限值为 10.6 m^3/t。

随着我国政策激励力度的不断加大和减排技术的不断进步,煤矿瓦斯抽采量和利用量逐年增加。2010 年,煤矿瓦斯抽采量 75 亿立方米、利用量 23 亿立方米,年利用率为 30.7%。根据煤层气(煤矿瓦斯)开发利用"十二五"规划,预计到 2015 年煤层气(煤矿瓦斯)产量达到 300 亿立方米,其中地面开发 160 亿立方米,基本全部利用,煤矿瓦斯抽采 140 亿立方米,利用率 60%以上。因此在做敏感性分析过程中,取煤矿瓦斯开发利用的"十二五"规划目标作为煤层甲烷排放的下限值。

从图 2.14 可以看出,由于甲烷的温室气体效应为 CO_2 的 25 倍,因此降低煤层甲烷排放能够显著降低煤炭开采阶段温室气体排放。当煤层甲烷抽采量 300 亿立方米时,利用量在 244 亿立方米时,煤电链生命周期排放为 1 006.6 g-$CO_{2,eq}$/kWh,相对基准案例减少了 6.54%。

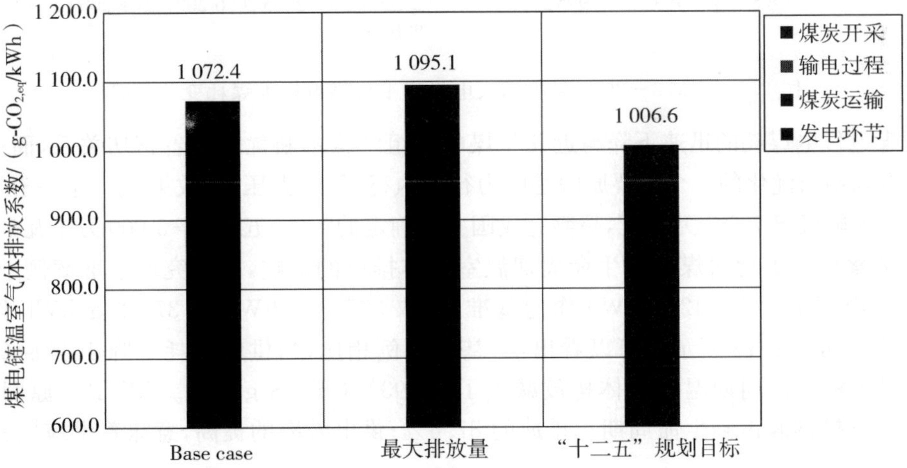

图 2.14 煤层瓦斯回收对煤电链生命周期温室气体排放的影响

4.2.3 坑口电站

在基准案例中,煤炭运输环节温室气体排放是基于全国不同运输方式的距离、耗能和燃料结构来确定的。为了考察原材料运输环节对煤电链生命周期温室气体排放的影响,对煤炭运输环节重新设定,假设电站为坑口电站且煤炭运输距离为铁路 5 km。

计算结果表明：由于减少了煤炭运输过程的能源消耗，坑口电站煤电链生命周期温室气体排放为 1 058.3 g-$CO_{2,eq}$/kWh，相对于基准案例减少了 1.3%。因此煤电链运输距离的改变对煤电链生命周期温室气体排放的影响很小。

4.2.4 供电煤耗

随着国家节能减排政策的推行，近年来我国煤电能效得到了显著提高（见图 2.15）。1978 年，全国 6 000 kW 及以上电厂供电煤耗为 471 gce/kWh，而 2010 年供电煤耗下降至 333 gce/kWh，低于美国（2006 年 356 g/kWh）、澳大利亚（2006 年 360 g/kWh），但与日本 2009 年火电厂供电煤耗（306 gce/kWh）相比，还有一定的差距。据中电联最新统计结果，2012 年全国 6 000 千瓦及以上火电机组平均供电煤耗为 326 gce/kWh。基于 2012 年的数据，本研究得到的煤电链生命周期温室气体排放值为：954 g-$CO_{2,eq}$/kWh①。

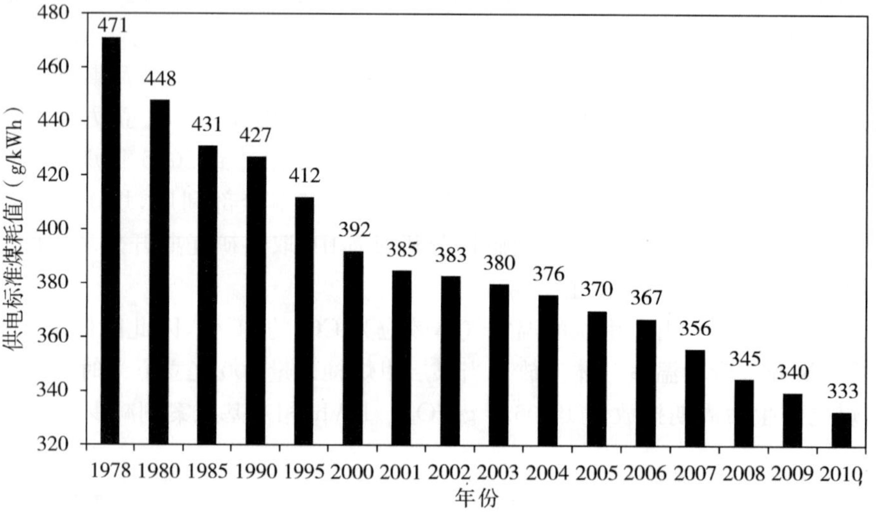

图 2.15 1978—2010 年中国火电机组平均供电标准煤耗变化情况

我国煤电供电煤耗的迅速下降与近几年煤电机组结构不断优化有着密切关系，而火电机组成结构得到不断优化的一个重要原因是电力行业执行了“上大压小”政策②。“十一五”期间，中国共关停小火电机组 7 683 万千瓦，超额完成国务院确定的“十一五”关停 5 000 万千瓦的任务。

为了考察供电煤耗对煤电链生命周期温室气体排放的影响，本研究取基准案例中 2009 年全国平均供电标准煤耗 342 g/kWh 作为基准，并取 307.8 g/kWh 和 376.2 g/kWh 作为变化值。计算结果如图 2.16 所示。可以看出：与基准案例相比，当供电煤耗下降 10%后（308 gce/kWh）时，煤电链生命周期温室气体排放减少了 10.93%（966.8 g-$CO_{2,eq}$/kWh）。原因在于：电站运行阶段直接排放占到生命周期总排放的 87.6%；供电效率的提高，意味着供应同样 1 kWh

---

① 不包括输电环节。

② “十一五”期间，在大电网覆盖范围内逐步关停以下燃煤（油）机组（含企业自备电厂机组和趸售电网机组）：单机容量 5 万 kW 以下的常规火电机组；运行满 20 年、单机 10 万 kW 及以下的常规火电机组；按照设计寿命服役期满、单机 20 万 kW 及以下的各类机组；供电标准煤耗高出 2005 年本省（市、自治区）平均水平 10%或全国平均水平 15%的各类燃煤机组；未达到环保排放标准的各类机组；按照有关法律、法规应予关停或国务院有关部门明确要求关停的机组。

电，消耗的燃料降低，因此也会使得煤炭开采和运输过程中温室气体排放也会相应地降低。因此，提高燃煤电站供电效率是降低煤电链生命周期温室气体排放的主要途径。

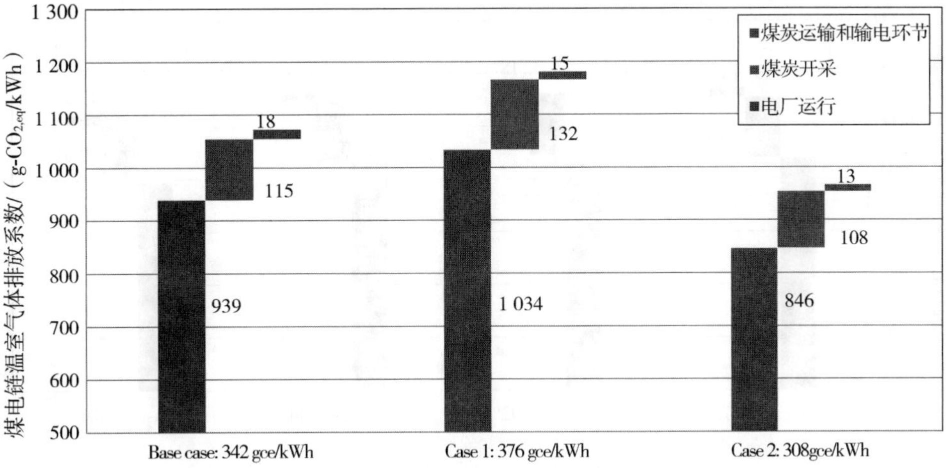

图 2.16 供电效率对煤电链全生命周期温室气体排放的影响

4.2.5 输电线损

根据中国电力企业联合会的报告，近年来我国的输电线损率一直在下降。2010 年，中国线损率 6.53%，比上年下降 0.19 个百分点，比“十一五”确定的 7%的目标值低 0.47 个百分点。目前中国线损率低于 2007 年的英国(7.4%)、澳大利亚(7.5%)、俄罗斯(11.95%)，接近 2007 年美国水平(6.38%)，居同等供电负荷密度条件国家先进水平。1978—2010 年中国电网线损率变化情况见图 2.17。

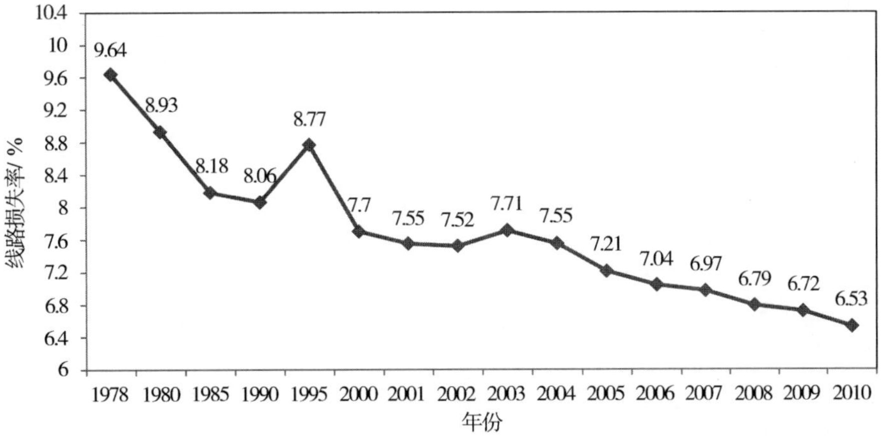

图 2.17 1978～2010 年中国电网线损率变化情况

随着特高压和智能电网的推进，我国输配电网线损率的优化空间将进一步提升。以特高压骨干网架为例，1 000 kV 特高压交流输电的线路损耗仅为 500 kV 交流输电的 25%，而±800 kV 特高压直流输电线路损耗是±500 kV 直流输电的 39%。

为了考察输电线损率对煤电链生命周期温室气体排放的影响，本研究取基准案例中 6.72%作为基准，并取 7.392%和 6.048%作为变化值，同时也计算了当采用特高压输电技术后(假设线损率为 2.02%)的案例。计算结果如图 2.18 所示。

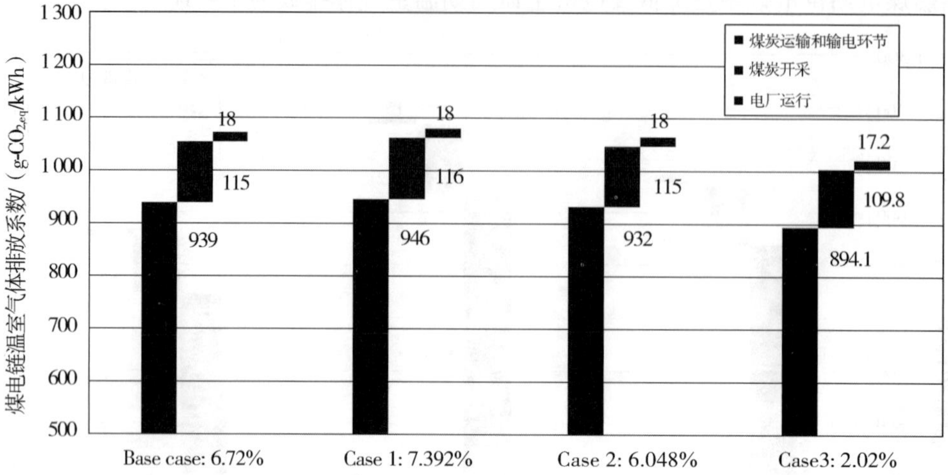

图 2.18　输电线损率对煤电链全生命周期温室气体排放的影响

与基准案例相比,当线损率下降 10%后(6.048%)时,煤电链生命周期温室气体排放减少了 0.72%(1 064.8 g-$CO_{2,eq}$/kWh);当采用特高压输电技术(线损率 2.02%),煤电链生命周期温室气体排放相对于基准案例减少了 5.03%(1 021.1 g-$CO_{2,eq}$/kWh)。原因在于:电网输电线损率的下降,意味着供应用户终端 1 kWh 电,需要发电侧供应电力减少,从而消耗的煤炭及煤炭开采、洗选、运输环节的温室气体排放降低。

第5章 总结和建议

5.1 主要结论

本文构建了包含煤炭开采、运输、发电和输电等环节-煤电链全生命周期温室气体排放模型，并以2009年全国平均火力发电技术水平为案例进行了分析。得到了如下的主要结论：基于2009年全国火电平均技术水平(供电煤耗342 gce/kWh)，煤电链生命周期温室气体排放合计1 072.4 g-$CO_{2,eq}$/kWh。

1. 煤炭开采和洗选环节GHG排放(115.4 g-$CO_{2,eq}$/kWh)占到整个煤炭链生命周期GHG排放的10.8%左右。

(1)煤层甲烷排放(69.8 g-$CO_{2,eq}$/kWh)占到60.5%。尽管吨煤CH_4排放和CO_2排放基本相当，由于甲烷的温室气体效应为CO_2的25倍，因此降低煤层甲烷排放能够显著降低煤炭开采阶段温室气体排放。

(2)煤炭开采和洗选过程中损失带来的GHG排放(21.6 g-$CO_{2,eq}$/kWh)占18.7%。2009年煤炭开采和洗选过程中原煤损失为2.3%。

(3)煤炭开采、洗选过程中能耗带来的GHG间接排放(12.9 g-$CO_{2,eq}$/kWh)占11.2%。2009年原煤产量中只有51.1%来自国有重点矿，而其余的原来来自机械化程度低，开采能耗较高的地方国有矿和乡镇矿。

(4)煤炭自燃(9.4 g-$CO_{2,eq}$/kWh)和煤矸石自燃(1.6 g-$CO_{2,eq}$/kWh)占到煤炭开采和洗选环节GHG排放的9.6%。

2. 电厂运行阶段GHG排放占到煤炭链生命周期GHG排放的87%左右。电站热效率与煤电链生命周期温室气体排放有很强的相关性。当采用超临界(供电煤耗300 gce/kWh)和超超临界(供电标煤耗280 gce/kWh)发电技术时，煤电链温室气体排放分别为941.4 g-$CO_{2,eq}$/kWh和879 g-$CO_{2,eq}$/kWh。

3. 考察了材料消耗；煤层瓦斯排放；运输距离；供电煤耗和输电线损率对煤电链全生命周期温室气体排放量的影响，主要结论为：

(1)材料消耗和运输距离对煤电链全生命周期温室气体排放量影响不大；

(2)考虑煤矿瓦斯排放的上限值(10.6 m^3/t)时，煤电链GHG排放为1 095.1 g-$CO_{2,eq}$/kWh；如果煤层气利用十二五规划目标实现，煤电链GHG排放为1 006.6 g-$CO_{2,eq}$/kWh，相对基准案例减少了6.54%；

(3)供电煤耗每降低10%，煤电链GHG排放降低10.9%。原因在于：电站运行阶段直接排放占到生命周期总排放的87.6%；供电效率的提高，意味着供应同样1 kWh电，消耗的燃料降低，因此也会使得煤炭开采和运输过程中温室气体排放也会相应地降低。

(4)输电线损率下降10%，煤电链GHG排放相对于基准案例减少0.72%。如果采用特高压输电技术(线损率2.02%)，煤电链GHG排放相对基准案例减少5.03%。

5.2 减排建议

1. 降低供电煤耗，优化电力结构

电站运行阶段温室气体排放占到煤电链总温室气体排放的85%以上，而供电煤耗每下降10%，煤电链温室气体排放减少10.9%。显然降低全国平均供电煤耗，是减少煤电链温室气体排放的重要途径。

2010年我国火电的供电煤耗333 gce/kWh，低于美国(2006年356 g/kWh)、澳大利亚(2006年360 g/kWh)，但与日本2009年火电厂供电煤耗(306 gce/kWh)相比还有一定的差距。通过发展更高参数、高容量、高效率的火力发电技术(如：超超临界机组等)，进一步降低煤电供电煤耗，目前也面临较大的工程问题(如材料问题等)。

为了有效降低火电行业全生命周期温室气体排放，建议：积极推行"上大压小"政策，不断优化火电机组结构；加大清洁能源发电比重；积极发展先进发电技术，比如：超超临界机组及其他洁净煤发电技术。

2. 加快煤层气开发和利用

由于煤与煤层气是共伴生的关系，煤炭开采活动必将伴随着大量煤层气的产生与释放。煤层气排放是煤炭开采、洗选环节的主要温室气体排放来源，占到煤炭开采、洗选环节温室气体排放的60%以上。

尽管煤层甲烷排放占煤电链温室气体排放的比例只有6.5%，然而我国煤层气资源量巨大。我国埋深2 000 m以浅的煤层气资源量为36.81万亿立方米[79]，与陆上常规天然气资源量相当，煤层气资源量位居世界第三位，其中已探明煤层气储量为1 023亿立方米。而目前我国煤层气的抽采量和利用率都还很低，2010年我国煤层气抽采量只有75亿立方米，而利用量只有23亿立方米。因此加快煤层气的开发和利用是实现煤电链温室气体减排的有效途径之一。

3. 积极发展煤炭洗选加工，降低洗选过程能耗

"十一五"末，我国原煤入选率有了较大的提高，由2005年的31.9%提高到50.9%；然而与美、英、德、澳等发达国家90%以上的洗选比例相比，还有较大的差距。提高煤炭洗选率，有助于降低商品煤中含硫量，防治燃煤SO_2污染；此外煤炭洗选后可以就地排除大量煤矸石，从而也能节约运力和运费。

煤炭开采和洗选过程中的损失和能耗带来的温室气体排放占到煤电链温室气体排放的3.2%。2009年我国煤炭洗选综合能耗水平为：吨煤综合能耗为20.8 kgce/t，其中吨煤煤耗为12.1 kgce/t，吨煤电耗为23.4 kWh/t。根据《清洁生产标准-煤炭采选行业》编制课题组的调研显示，采用先进的洗选煤工艺吨煤电耗可以降至4.4 kWh/t。因此需要加大煤炭洗选比重，提高商品煤质量；研发、推广先进的洗选煤工艺与技术；强化洗选煤能耗管理。

5.3 本研究的不足及下一步研究方向

1. 数据准确度可以进一步提高

生命周期分析中数据获得与选取是一个非常大的难题。对于某些过程的数据，只能通过技术假定来设定，而另外一些参数，必须在不同来源获取的数据中挑选。所有的一切，都增加了评价的不确定性。一般来说，评价越是要做到精确，在数据上所花费的投入就要越多。

因时间关系，本研究对于系统建设过程的分析中，只是依据现有的文献简单地估算了电厂建设所需的主要材料，没有考虑其他环节材料消耗。但由于生命周期分析的复杂性，需要分析整个过程中所有的设备，而设备的制造又是一个相当复杂的过程，不同的设计、不同的制造工艺、甚至不同的零件，都会对分析有影响，因此，对于建设过程的工作需要进一步细化。此外，对于大型设备制造排放，也只是按照原材料为普通钢材处理的，这样的计算有一定的误差。在有条件的情况下需要进一步进行数据积累。

2. 分析模型有待进一步完善

本文只是针对基于全国火力发电平均水平的基础上，进行宏观上煤电链温室气体排放研究。而针对不同的发电技术，比如：超超临界发电技术和超临界发电技术，只是考虑了供电效率的不同，并没有区分两种不同技术中单元设备的材料消耗；电厂建设和退役过程中的能源消耗；机组启停过程中燃料油的消耗等问题。因此，计算结果可能与实际情况有一定的误差。

3. 增加洁净煤发电技术和二氧化碳捕集和封存技术(CCS)案例研究

本文只是考虑常规火电的生命周期温室气体排放，并没有考虑其他洁净煤发电技术，比如：整体煤气化燃气-蒸汽联合循环发电技术(IGCC)；超临界循环流化床发电技术；煤气化多联产系统等。

CCS是将CO_2从工业或其他的排放源处分离出来，通过某种运输方式运输到某个地点，将CO_2注入地下储层中进行封存，并使封存的CO_2被长期与大气相分离的过程。CCS技术可能是未来中国电力行业温室气体减排的重要技术之一。因此，下一步的研究可以增加不同的洁净煤发电技术和CCS，用于定量分析中国煤电温室气体减排的潜力和技术路线。

第三部分

核电的温室气体排放

摘　要

2013 年，我国核电累计发电量 1 107 亿千瓦时，约占全国累计发电量的 2.11%。截至 2013 年底，投入商业运行的核电机组达到 17 台，总装机容量约 1 500 万千瓦。在建机组 30 台，装机容量近 3 500 万千瓦，规模居世界首位。我国是世界上少数几个具有完整的核燃料循环体系的国家之一，涵盖了铀勘探、铀生产、铀浓缩、组件制造、核电厂建设和运营、废物处理和处置的完整核能产业链。

我国于 20 世纪 90 年代开展过核电温室气体排放系数的研究。近二十年来，为适应核电发展需要，我国核燃料产能和核电技术水平有了整体提升。二代和二代改进型压水堆核电机组是我国当前已掌握和成熟的主流核电技术，铀矿采冶广泛采用地浸、堆浸技术，铀浓缩技术实现了由气体扩散法向气体离心法的过渡，核燃料元件实现国产化，核电乏燃料后处理中间试验厂已建成，乏燃料接受与贮存系统稳定运行。因此，我国核电的温室气体排放情形也发生了新的变化，有必要进行更加全面的评价。

核发电本身不会产生温室气体排放，即所谓"零排放"电站，然而，间接的温室气体排放产生在原燃料的提取和转换、电站建设和整个生命周期过程中的其余环节。因此，需要采用能源链（也称"燃料循环"）分析方法和生命周期分析方法，首先定义发电能源链的范围和系统边界，然后明确能源链生命周期的温室气体排放的关键环节，这就包括了能源链系统设施在建造期间、建造所用材料制造、生产运行期间以及最终退役的全过程的温室气体排放。本研究中，核电链系统边界，包括从铀矿采冶，铀转化，铀浓缩，核燃料元件制造（称为"核燃料循环的前段"），核电站运行发电，乏燃料后处理和放射性废物处置（称为"核燃料循环的后段"）等 7 个阶段过程；生命周期边界包括建设、运行、退役等 3 个阶段以及相关运输过程。

本研究选取当前我国核电站的主流堆型和技术，即百万千瓦级压水堆核电机组，以大亚湾核电站为例。核电站的寿期按 60 年设定，铀矿冶设施按 30 年设计为基准。铀矿冶的基础数据是基于对我国 8 家铀矿冶单位和 1 家铀纯化单位在工程建设和生产加工各环节使用的建材和耗电量的调查统计。铀转化的基础数据是基于我国相关文献调研。铀浓缩的数据是基于有关单位提供的资料中的数据。扩散厂退役数据是基于对相关单位资料进行的整理和统计计算。元件制造的基础数据是基于我国相关文献调研。核电站的基础数据是基于对大亚湾核电站建设期间消耗的材料和设备数量的调查统计。核电机组的主要设备部件和设备锻件在生产加工过程中的耗电量数据，是基于有关单位提供的资料的统计计算。我国动力堆核燃料循环采取后处理的技术路线，目前商用的大型乏燃料后处理厂处于筹备建设阶段。因此，乏燃料后处理的基础数据，采用了国外相关文献的数据。目前世界上还没有建成的高放废物处置库，我国预计在 21 世纪中叶建成一座国家深地质处置库。废物处置的基础数据，也采用国际上相关文献的数据。

我国核电链的总的温室气体归一化排放量为 11.9 g-$CO_{2,eq}$/kWh。其中，核电站占

20%、核燃料循环前段(铀矿采冶、铀转化、铀浓缩和元件制造)占 32%、核燃料循环后段(乏燃料后处理和废物处置)占 48%。从温室气体排放的来源来看,由材料引起的排放占 16%,由能源消耗引起的排放占 84%。也就是说,核电链温室气体排放的大部分仍然归结于燃煤。材料引起的温室气体排放中,水泥占 36%、碳钢占 31%、(工艺用)煤占 24%、铜占 6%、不锈钢占 1.5%、铝占 1.1%。

核电是低碳的能源。核电链的间接温室气体排放主要取决于核燃料循环过程和相关材料制造加工过程的其他能源消耗,从根本上说,仍然归结于燃煤。我国钢铁、水泥、不锈钢等相关行业的整体能耗水平与国际先进水平相比仍有一定的差距,如果钢铁、水泥、不锈钢等行业的整体能耗水平降低 10%,核电的温室气体排放还能够降低 1.6 g-$CO_{2,eq}$/kWh。核电链系统中有很多材料/物料可以进行再循环再利用,特别是退役活动中会产生大量的物料(主要是混凝土和金属),例如核设施退役产生的轻微污染金属废料用于制作废物容器、污染设备的零散部件经去污后可以在核工业中有限制再利用等。如果对这些材料/物料进行再循环再利用,能够减少废物产生量和大幅度的节约能源,核电链的温室气体排放仍有降低的空间。

最后,本研究分析了核电链温室气体排放的关键问题,并提出需要进一步研究的问题和减排温室气体的对策建议。

第1章 概 述

1.1 中国核电开发现状

中国核电发展起步于20世纪70年代，80年代开始建造秦山核电站和广东大亚湾核电站，进入21世纪核电开发处于批量化、规模化的快速发展阶段。目前已建成6个位于沿海的核电基地：秦山核电基地、大亚湾核电基地、田湾核电基地、宁德核电基地、红沿河核电基地和阳江核电基地。截至2013年12月，我国大陆投入商业运行的核电机组达到17台，总装机容量约1 500万千瓦；在建机组30台，装机容量近3 500万千瓦，在建核电机组规模居世界首位。2013年核电累计发电量1 107亿千瓦时，约占全国累计发电量的2.11%。

中国具有完整的核燃料循环体系，涵盖了铀勘探、铀生产、铀浓缩、组件制造、核电厂建设和运营、废物处理和处置的完整核能产业链。进入21世纪，为适应核电发展需要，我国核燃料产能和技术水平有了整体提升。铀矿采冶广泛采用地浸、堆浸技术，铀浓缩技术实现了由气体扩散法向气体离心法的过渡，核燃料元件实现国产化，核电乏燃料后处理中间试验厂已建成，乏燃料接受与贮存系统稳定运行。目前，大型商用后处理厂、高放废物处置库等正在开展科研开发。

1.2 研究目标和内容

核发电本身不会产生温室气体排放，即所谓"零排放"电站，然而，间接的温室气体排放产生在原燃料的提取和转换、电站建设和整个生命周期过程中的其余环节。因此，研究核电温室气体排放的目标，是获得从铀矿开采、冶炼，经铀化工转换，到铀浓缩和制造反应堆用燃料元件，核能发电，以及经过核反应堆卸出的乏燃料需要经后处理后，对其有用部分加以利用和对其放射性废物进行处置的整个核燃料循环过程的第一手基础数据，在全生命周期视角下——考虑从设施的设计、建造、运行到退役的全过程——计算核电能源链的温室气体归一化排放量。主要研究内容包括：国内外研究现状的比较分析、全生命周期温室气体核算方法、核电链的温室气体排放计算、结果分析、结论和建议。

第 2 章　国内外研究现状

2.1　国际研究现状

20 世纪 90 年代以来，欧洲、美国、日本等地区和国家对核电生命周期的温室气体排放开展了较为广泛和深入研究。欧洲国家的相关研究评价结果表明[1]：核电链的温室气体排放，主要是在铀的提取、加工、富集过程以及钢和水泥等建筑材料生产过程的化石燃料消耗和水泥生产工艺过程的间接排放。核电链的温室气体排放结果范围为 6～12 g-$CO_{2,eq}$/kWh[2]，其中最小值是对法国核电链的估算，假设使用了 10％的 MOX 燃料（混合氧化燃料）并且 100％由 Eurodif（法国核燃料浓缩工厂）的扩散厂生产；最大值是对德国的估算，假定使用了 13％的 MOX 燃料和综合的铀浓缩服务，即 10％来自 USEC（美国铀浓缩公司）的扩散厂（使用由燃煤提供的电力）和将近 70％的浓缩服务假定由基于离心技术的 URENCO（铀浓缩公司）工厂提供（其能耗水平比 USEC 扩散厂低 65 倍）。

一些研究应用全能源链过程分析方法（Process Chain Analysis，PCA），比较全面地计算了铀矿开采、冶炼及矿区恢复，铀转化，铀浓缩，燃料元件制造，运输，核电厂建设，核电厂运行、维护及改造，乏燃料临时贮存，乏燃料后处理，废物处置，以及核电厂退役等各个环节的能耗和温室气体排放。例如，Torfs 等（1998 年）[24]计算了（比利时）核燃料循环上游由于直接的能源利用而产生的温室气体排放，结果范围在 4.7～13.6 g-$CO_{2,eq}$/kWh。Voorspools 等（2000 年）[80]对（比利时）核电厂建设阶段、运行和维持阶段、退役阶段进行了计算，结果为 1.8～4 g-$CO_{2,eq}$/kWh。Tahara 等（1997 年）[81]、Tokimatsu 等（2000 年）[82]计算的日本核电链温室气体排放结果为 1.8～20.9 g-$CO_{2,eq}$/kWh。Ruether 等（2004 年）[83]、Meier 等（2005 年）[84]计算的美国核电链温室气体排放结果为 3～17 g-$CO_{2,eq}$/kWh。另外一些研究通过整理分析已公开发表的 LCA 研究结果，计算了世界上核电温室气体排放的平均值。例如，Van De Vate（2003 年）[85]、Weisser（2007 年）[86]给出的结果分别为 8.9、2.8～24 g-$CO_{2,eq}$/kWh。

从国际上研究结果来看，核电链的温室气体排放主要发生在核燃料循环的上游和下游。不同研究结果的差异主要是由于系统边界设定的不同，能源碳排放强度和材料碳排放因子等也有区别。

2.2　我国研究现状

马忠海等（2001 年）对我国核电链的温室气体排放系数进行了研究，基于 20 世纪 90 年代中期已投运的国产堆型核电站（即秦山核电站）建设、运行、建造所用材料制造的数据统计，选取具有代表性的铀矿开采和冶炼的典型数据，以及铀转化、浓缩和元件制造、动力堆乏燃料后处理所涉及的典型设施的材料消耗数据，根据核电站实际运行情况设电站寿命为30年、负荷因子为75%、平均每GWa的发电量消耗天然铀约250 t(即每t铀元件平均约可发电 0.184×10^9 kWh)，计算得到核电链的温室气体排放评价结果为13.7 g/kWh[4]。结果显示，核电链各环节中，核电站运行期间的温室气体排放最小，仅占整个核电链的14.5%，主要是由于为维持核电正常运行而引入的火电造成的(在计算涉及的火电时，核电运行期间的火电采用1996年供电煤耗410 gce/kWh，其他设施均采用1985年的供电煤耗431 gce/kWh)；另一个重要来源是核电链相关设施建设过程中各类建材在其制造过程中的温室气体排放，主要为水泥、碳钢、铜和不锈钢(合金钢)等建材，这些因素占核电链的48.5%[4]。

温室气体排放与核电站堆型和电功率、核电链设施的能源和材料消耗数据等直接相关。近二十年来，我国核电开发和核燃料循环系统的技术水平逐步提升。二代和二代改进型压水堆核电机组是我国当前已掌握和成熟的主流核电技术，已经投入商运的核电机组各项运行指标均高于世界平均水准，处于世界中上等水平以上[87]。核燃料循环产业的技术水平和产能整体有所提升，我国天然铀的生产技术最初以常规采冶工艺为主，现已广泛采用地浸、堆浸技术；铀浓缩已完成气体扩散法向气体离心法的过渡，相同产量产品的能耗大大降低。与此同时，我国电力(火电)和其他工业行业(钢铁、水泥)提高能效而能耗水平逐年降低，例如供电标准煤耗从1995年的412 gce/kWh下降到2010年的333 gce/kWh，吨钢综合能耗从1996年的1.392 tce/t下降到2010年0.73 tce/t，单位水泥综合能耗从1995年的175 kgce/t下降到2010年的98 kgce/t。可见，我国核电能源链的温室气体排放情形已经发生了新的变化。

在这里，选取当前核电站的主流堆型和技术(即百万千瓦级压水堆核电机组，以大亚湾核电站为例)。我国2座压水堆核电站主要参数比较，如表3.1所示[88]。核电站的寿期设定为60年，这是因为：全球在运的绝大多数核电站的设计寿命为40年，以美国为代表的一些国家已经以法律的形式批准了一批核电机组延寿。例如美国已有50座左右的核电机组完成了运行执照的更新，将运行寿命延长到60年。韩国通过修订定期安全评审(PSR)的法规，将核电站使用寿命由现在的60年提高至80年。IAEA对此持肯定态度，并正在开展旨在延长全球在役核电机组寿命的项目，将寿命从40年延长到60年。目前我国已建核电站的设计寿命均为40年；在建核电站有设计寿命有40年和60年两种(其中采用EPR和AP1000三代技术的核电站，设计寿命均为60年)。因此，从技术层面来看，核电站的寿期可以延长达到60年。

表3.1 我国2座压水堆核电站机组的主要参数比较

电站机组	秦山核电站	大亚湾核电站
热功率/MW	966	2 905
毛电功率/MW	300	985
净电功率/MW	280	930
热效率/%	31	33.9
燃料装载量/tU	40.75	72.4
燃料组件	15×15	17×17
平衡燃料 ^{235}U 富集度/%	3.0	3.2
平均卸料燃耗/MW·d/tU	24 000	33 000

本研究采用对核燃料循环相关设施的第一手调查结果和一些新的参数值，补充了一些以往缺乏资料环节的数据，如表 3.2 所示。同时，本研究参考并应用了碳排放评价方面的最新进展及核算方法，以期尽量做到对核电链温室气体排放的评价更加全面。

表 3.2 调查的核燃料循环设施的数据统计

核设施类别		建设	运行	退役
8 家铀矿冶企业和 1 家铀纯化厂		√	√	
铀转化和浓缩	气体扩散法			√
	气体离心法	√	√	
燃料元件制造		√	√/f	
乏燃料后处理			√/f	
放射性废物处置			√/f	

注：f 表示尚未有我国统计数据，采用国际同类数据。

第3章　研究方法和边界条件

3.1　研究方法

3.1.1　生命周期分析方法

生命周期分析方法是一种重要的技术比较方法，特别是在减排技术评价方面有其独特的优势。生命周期分析是指系统地考虑一种产品或工艺从"摇篮到坟墓"相关的潜在影响，完整地考虑一种工艺或产品的环境影响不仅要关注生产和消费阶段，而且还应考虑到运输、原料生产以及报废和废弃物处理各个阶段的环境影响，只有这样，才能提供一幅有关该种产品比较全面的影响情景。

生命周期分析可以对一种产品或工艺的整个生命周期涉及的一系列环境影响进行评价研究，比较典型的是大气排放(例如温室气体)。对于减排技术评价来说，由于各种技术在实际应用过程中会出现各种各样的环境影响，因此，可以将生命周期分析方法作为一种预测工具来系统地考虑各种技术的潜在影响。同时，由于生命周期分析方法的整体性特点，因此，可以在公平的基础上来考虑各种环境影响，这样，对于具有同样的各种功能、但有可能导致及其不同的环境影响的技术来说，特别是发电技术，如煤电和核电等，可以进行很好的比较。

生命周期分析方法用于各种发电技术的温室气体排放比较研究的主要内容如表3.3所示，包括确定研究目标和范围、数据采集和分析、温室气体排放的计算和结果评价、结果分析和解释，以及提出减少温室气体排放的对策建议。

表3.3　生命周期分析用于发电技术比较研究的主要内容

生命周期评价框架	生命周期分析用于发电技术比较研究的主要内容
目标范围	电能链系统包括的过程(和环节)，有关假定和限制条件等
清单分析	发电系统各环节使用的材料和能源的数据采集和整理分析
影响评价	分析计算，对影响分类和结果评价
数据解释	对数据质量、评价结果和分析结论进行全面的解释
对策措施	分析减少碳排放的对策与措施

3.1.2　能源链分析方法

在对不同发电能源进行评价研究时，通常的方法是只考虑初级能源向次级能源的转换环节的温室气体排放，即只考虑燃煤电厂的温室气体排放，而所谓"零排放"的电站，如核电站、风电、太阳能发电等均没有温室气体排放；然而，间接的温室气体排放发生在原燃料的提取和转换、电站建设和整个生命周期过程中的其余环节。这意味着，应当考虑能源链(Energy Chain)①，即包括从燃料开采、原材料加工、制造、运输、能源转换(发电)，到废物处理和处置的全过程。

应用能源链分析方法和生命周期分析方法进行各种发电能源的温室气体排放比较研究时，首先要定义发电能源链的范围和系统边界，然后明确能源链生命周期的温室气体排放的关键环节，这就包括能源链系统设施在建造期间、建造所用材料制造、生产运行期间以及最终退役的全过程的温室气体排放。具体研究核电链生命周期的温室气体排放，主要包括：(1)核电站和核燃料循环设施建设过程、所用主要材料的制造过程、电站主要设备制造过程排放的温室气体；(2)核电站和核燃料循环设施运行过程排放的温室气体；(3)废物处置过程、核电站和核燃料循环设施退役过程排放的温室气体；(4)相关的运输过程、电力输配等其他相关过程排放的温室气体。

3.2 依据标准

本研究参考了国际上温室气体核算的最新标准，在充分考虑各标准的适用性、公开可得性以及成熟程度后，确定了对不同发电能源技术温室气体核算时应用的具体原则。参考和依据的相关标准如表3.4所示。

表3.4 参考和依据的相关标准

类别	标准号	标准名称
温室气体核算	PAS2050:2008、2011	《商品和服务在生命周期内的温室气体排放评价规范》
	WRI/WBCSD(2004)	《温室气体协书：企业核算与报告准则》
	ISO 14067－1、ISO 14067－2	《产品的碳足迹》(1. 量化/计算、2. 沟通/标识)
	TS Q0010	《产品碳足迹评估和贴标基本规范》
	IPCC(2006)	《2006年IPCC国家温室气体清单指南》
生命周期分析	GB/T 24040－2008	《环境管理生命周期评价原则与框架》
	GB/T 24044:2008	《环境管理-生命周期评价要求与指南》

3.3 计算方法

核电链生命周期的温室气体排放计算公式为：

$$TE = \sum_{n}^{m}[\sum_{p}^{q}(AD_p \cdot EF_e)] + \sum_{i=1}^{j}DE_i$$

其中：TE代表温室气体排放总量；AD_p代表第q阶段中第p类能源活动水平；EF_e代表相应能源排放因子；DE_i代表第i阶段中第j类(材料/部件等)引起的排放。计算结果归一化到单位发电量，即生产单位千瓦时(kWh)电量排放的温室气体(GHG)，单位表示为g-$CO_{2,eq}$/kWh。

3.4 边界条件设定

核电链系统包括从铀矿开采、冶炼，铀转化，铀浓缩，核燃料元件制造的一系列加工处理

① “能源链(fuel chain)”也被称为“燃料循环(fuel cycle)”，但两者相比，燃料循环(fuel cycle)通常还包含能源链系统中材料/废物/设备部件等的再循环再利用。

过程(称为“核燃料循环的前段”)，核电站运行发电，到反应堆卸除的乏燃料临时贮存、后处理和放射性废物最终处置(称为“核燃料循环的后段”)等围绕核能电力生产的整个燃料循环过程；核电链生命周期分析的边界，包括建设、运行、退役等 3 个阶段以及相关运输过程，如图 3.1 所示。

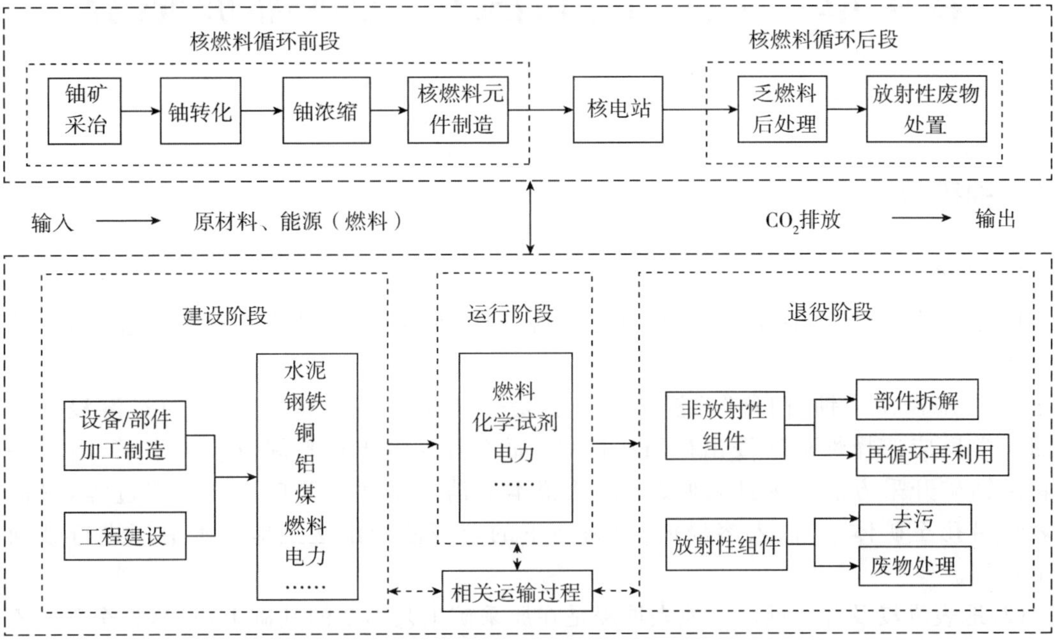

图 3.1　核电链的生命周期分析系统边界

核电链的设施在建设、生产运行和退役中涉及大量的建筑材料、原材料、能源(电力、燃料)消耗的统计，按照“统计主要因素，忽略次要因素”的原则，这里只计算对温室气体排放贡献较大的，对于归一化消耗量很少和对总温室气体排放贡献极小的(低于千分之一时)，认为其温室气体排放在整个核电链中可以忽略。对温室气体排放贡献较大的材料主要有钢材(各类碳钢、不锈钢/合金钢)、水泥(包括混凝土)、铜、铝、石灰等，还有少量的硝酸等多类化学试剂；能源消耗主要是燃料、电力。

在温室气体排放评价时选取适当的碳排放因子至为重要。这里采用项目组推荐选取的排放因子，详见附录 2。

第4章　核电链的温室气体排放估算

4.1　铀矿采冶

4.1.1　概况

目前我国铀矿冶包括常规采冶、原地浸出、地表堆浸、原地爆破浸出等工艺。几种工艺简介如下：

(1)原地浸出采铀(简称“地浸采铀”)。是一种在天然埋藏条件下，通过溶浸剂与矿物的化学反应选择性地溶浸出矿石中的铀，而不需要将矿石常规位移的集采、冶于一体的新型铀矿开采方法。因此，地浸采铀从根本上消除了地下采矿全部工艺过程，只需在地表打铅孔至矿体，并注入溶浸剂，再将地下的溶浸液抽出送至地表水冶厂进行铀回收加工处理。

(2)地表堆浸及井下堆浸。地表堆浸是在原采矿工艺不变的基础上，只是将全部矿石采运至地表，利用地表堆浸技术，省去了原水冶的磨矿、搅拌浸出及固液分离等工艺过程。井下堆浸(也称“地下堆浸”)，是将采下的矿石，在井下的适宜地点，事先作好防渗处理和收集工程，将破碎好的矿石在上述工程中进行堆浸，把溶浸液抽送至地表水冶厂进行铀回收的工艺过程。

(3)原地爆破浸出。是将地下三分之一矿石采运至地表，给井下留出一定补偿空间，矿体采用微差挤压爆破等方法，将余下的三分之二矿石矿体按一定粒度比率要求进行原地爆破，根据实验条件要求在原地爆破矿床注入溶浸液，对崩落的矿体进行淋浸，将溶浸液抽至地表水冶厂进行水冶回收铀处理的工艺过程。

(4)常规搅拌浸出。由于矿石中铀的细分散特性，需要把铀矿石适当磨细，达到矿石中的铀矿物能暴露或单体解离的粒度。对于细粒度的矿石，为了防止矿粒下沉，保证矿石(固体)和浸出剂(液体)之间充分、均匀地接触，减少液膜扩散层厚度，加快浸出速率，需要采用常规搅拌浸出方法。即在搅拌槽中，将磨细的铀矿石与浸出剂均匀混合进行浸出，这种方法因为设备简单和操作方便而经常采用，所以称为常规浸出。

4.1.2　基础数据

铀矿冶工程建设和生产加工的各个环节都需用大量建材和能耗。我国8家铀矿冶单位的主要材料和耗电量，如表3.5所示[89]。

(1)铀矿山的钢材用量：地下矿山基建碳钢用量为19.1 t/tU、电机车架线用钢铝合金材料一般用量为0.2～0.6 t/tU、露天矿山基建碳钢用量为0.1 t/tU，生产期间碳钢用量为0.78 t/tU。

表 3.5 8 家铀矿冶单位主要材料和耗电量统计

单位	阶段	钢材/(t/tU)	不锈钢/(t/tU)	水泥/(t/tU)	电耗/(kWh/t 矿)
A	矿山基建	35		120	
	矿山生产	0.25～0.62		0.86～2.58	4.72
B	水冶生产	0.36	0.04		1.79 万(kWh/tU)
	水冶基建	4.66	0.46		12.4(kWh/tU)
C	采矿生产(a)	1.25		4.3	
	采矿生产(b)	1.37		7.9	73.5
	水冶生产	1.07	0.1		4.65 万(kWh/tU)
D	矿山基建	5.0	0.5	30	
E	矿山基建	25.2			46.48
	采冶生产	1.29	0.13		1.16 万(kWh/tU)
	采冶生产	0.1	0.01	1.8	8.15 万(kWh/tU)
F	矿山生产	0.14		2.44	14.78
G	水冶生产	0.27～0.36		3.3～4.1	
H	采冶生产	0.26	0.03		1.03 万(kWh/tU)

(2)铀水冶厂碳钢用量：基建碳钢用量为 25.2 t/tU、不锈钢用量为 0.1 t/tU，生产期间碳钢用量为 0.26 t/tU。

(3)铀矿冶生产期间耗电量：矿山开采耗电 4.72～73.57 kWh/t 矿、水冶生产耗电 1.79 万～8.15 万 kWh/tU。

(4)铀纯化厂的碳钢用量为 1 t/tU、不锈钢用量为 3×10^{-3} t/tU、铜的用量为 4.5×10^{-4} t/tU。

4.1.3 温室气体排放计算

铀矿山的寿期按 30 a 设定，基于所调查的铀矿冶单位的材料和能源消耗的平均值(即所调查铀矿冶单位的材料和能源消耗总量除以调查单位个数)进行计算。铀矿采冶(包括铀纯化)的温室气体归一化排放量为 2.33 g-CO_2/kWh，如表 3.6 所示。

表 3.6 铀矿采冶的归一化材料、能源消耗量和温室气体排放量(g/kWh)

设施	水泥	碳钢	不锈钢	铜	煤	石灰	电耗/(kWh/kWh)	GHG 排放/(g-CO_2/kWh)
铀矿山	2.55×10^{-2}	8.86×10^{-3}	4.22×10^{-4}	7.80×10^{-4}				
水冶厂	1.52×10^{-3}	1.09×10^{-3}	1.08×10^{-4}		2.28×10^{-1}	2.53×10^{-3}	1.97×10^{-3}	2.33
铀纯化		8.43×10^{-4}	2.53×10^{-6}	3.80×10^{-7}				
合计	2.70×10^{-2}	1.08×10^{-2}	5.33×10^{-4}	7.80×10^{-4}	2.28×10^{-1}	2.53×10^{-3}	1.97×10^{-3}	2.33

4.2 铀转化和铀浓缩

4.2.1 概况

铀转化主要从精制 UO_2转化到 UF_4和 UF_6的生产。从铀水冶厂来的铀化学浓缩物，一般先用 H_2还原成 UO_2，再把 UO_2氟化为 UF_4，最后用 F_2把 UF_4氟化为 UF_6。我国在甘肃矿区的铀转化生产厂采用干法工艺，以精制 UO_2为原料生产 UF_6，已实现了铀转化的规模化生产和供应。

铀浓缩主要工艺流程包括铀氟化、同位素分离和还原三个部分。氟化和还原统称为化工处理，同位素分离加上进出料统称为扩散或离心级联。气体扩散技术是第一代工业铀浓缩技术，由于达到所需的浓缩度所需的级联很多，工厂规模常常很大，同时气体压缩和循环的能耗也很大(约 2 400 kWh/kg SWU)。我国铀浓缩已实现由气体扩散法向气体离心法的过渡。气体离心法的主要工艺过程为：原料 UF_6加热汽化后，气体 UF_6供入离心级联进行分离，当^{235}U被浓缩到所需丰度时，装入在风冷箱冷冻的容器，再经液化均质，取样分析合格后，倒入六氟化铀容器中，存于产品库房。贫料 UF_6装入低温风冷箱冷冻的六氟化铀容器中，送入贫料库暂存。离心技术的比能耗更低(约 50 kWh/kg SWU)。

4.2.2 基础数据

铀转化、铀浓缩设施建设过程中主要材料的归一化消耗量[4]：水泥为 7.26×10^{-1} g/kWh，碳钢为 1.17×10^{-1} g/kWh，不锈钢为 9.08×10^{-4} g/kWh，铜为 3.09×10^{-2} g/kWh，铝为 2.39×10^{-4} g/kWh。

我国铀浓缩的扩散工艺已完成退役(以下称“扩散退役工程”)。扩散退役工程包括主工艺设施、化工设施和辅助工艺设施(共 26 个设施)，退役设施共有 16 个放射性厂房和 10 个非放射性厂房。放射性厂房内需退役的装置总量如表 3.7 所示[90]。各建筑物内装置拆除及解体总量如表 3.8 所示[90]。室内外电缆电线的处理总量如表 3.9 所示[90]。扩散退役工程的主要材料是水泥、金属等，其中钢材占到金属用量的 90%以上，如表 3.10 所示[90]。

表 3.7　放射性厂房内退役装置总量

材质	钢材	铸铁	蒙乃尔	不锈钢	镍	铜	铝	铅	其他
重量/t	10 881.1	0.4	9.0	90.9	80.0	274.9	565.0	3.5	87.9

表 3.8　各建筑物拆除及解体总量

类型	钢	铸铁	不锈钢	蒙乃尔	铜	铝
数量/kg	2 670 906	193 400	90 900	37 000	147 000	9 800
类型	铅	橡胶	玻璃钢	塑料	有机玻璃	其他
数量/kg	11 500	2 700	1 525	4 790	30	75 000

表 3.9　线缆处理总量表

类别	铜电缆	铅铜电缆	铜母线	铅铝电缆
长度/m	123 450	1 480	712	560
重量/kg	45 561	1 140	6 768	475

表 3.10　扩散厂退役的主要材料量

类别	水泥	钢铁	不锈钢/合金钢	铝	铜	镍	铅
数量/t	33 918.4[1)]	15 167.6	90.9	647.9	357.5[2)]	83.5	2.3

注:1)包括混凝土;2)含 52.3t 铜电缆、母线。

4.2.3　温室气体排放计算

按铀浓缩 500 t SWU/a 生产能力进行计算。铀转化和铀浓缩的温室气体归一化排放量为 1.15 g-CO_2/kWh,如表 3.11 所示。扩散退役工程的温室气体归一化排放量为 7.9×10^{-2} g-CO_2/kWh,如表 3.12 所示。需要说明,扩散退役工程的计算中尚缺少能源消耗量的统计。

表 3.11　铀转化和浓缩的归一化材料、能源消耗量和温室气体排放量(g/kWh)

设施	水泥	碳钢	不锈钢	铜	铝	能耗/(kWh/kWh)	GHG 排放/(g-CO_2/kWh)
铀转化和铀浓缩	7.26×10^{-1}	1.17×10^{-1}	9.08×10^{-4}	3.09×10^{-2}	2.39×10^{-4}	3.38×10^{-4}	1.15

表 3.12　扩散退役工程的归一化材料、能源消耗量和温室气体排放量(g/kWh)

设施	水泥	碳钢	不锈钢	铜	铝	能耗/(kWh/kWh)	GHG 排放/(g-CO_2/kWh)
扩散厂退役	3.79×10^{-2}	1.69×10^{-2}	1.01×10^{-4}	3.41×10^{-4}	7.23×10^{-4}	缺	7.90×10^{-2}

4.3　燃料元件制造

4.3.1　概况

压水堆燃料元件生产线的铀原料为低浓缩度^{235}U 的 UF_6,经化工冶金工艺得到 UO_2粉末,再经压制、烧结和磨削得到合格的二氧化铀陶瓷芯块。二氧化铀陶瓷芯块装入锆管得到燃料棒,经组装得到压水堆燃料组件。我国压水堆核燃料元件制造厂的 UO_2粉末制备有湿法(ADU)和干法(IDR)两种工艺。ADU 工艺过程是:UF_6气化后通入去离子水中生成氟化铀酰溶液,氟化铀酰溶液再与氨水反应生成重铀酸铵(ADU)浆体,固液分离得到的 ADU 经干燥、氢还原后得到合格的 UO_2粉末;固液分离产生的滤液及工艺尾气洗涤产生的废水去废水处理岗位处理。IDR 工艺流程是:UF_6气化后通入干法转炉,在炉内与水蒸气、氢气反应生成合格的 UO_2粉末,反应尾气经冷凝后得到副产品氢氟酸。

4.3.2　基础数据

燃料元件包壳和组件的生产制造过程中所使用的材料有:锆合金、不锈钢、铝、镁合金、有机化学试剂(如聚甲基丙烯酸甲酯)等。元件制造过程中主要材料的归一化消耗量[4]:碳钢为 2.63×10^{-3} g/kWh,锆为 1.70×10^{-3} g/kWh。燃料元件制造过程中的能耗,这里参考了国际上 ETH 数据库(ETH Research Database)给出的直接耗能值为 80 MJ_{th}/kgU(热能)和 80 MJ_e/kgU(电能)[24]。

4.3.3　温室气体排放计算

燃料元件制造的温室气体归一化排放量为 2.18×10^{-1}g-CO_2/kWh,其中由于材料引起的排放为 7.87×10^{-3}g-CO_2/kWh、能源消耗引起的排放为 2.10×10^{-1}g-CO_2/kWh。

4.4 核电站

4.4.1 概况

当前我国主流核电技术是二代和二代改进型的百万千瓦级压水堆核电机组。这里以大亚湾核电站为例作为研究对象，它是中国大陆第一座百万千瓦级大型商用核电站，拥有两台98.4万kW的压水堆核电机组，1982年12月国务院批准建设，1987年8月主体工程开工，1994年5月建成投入商业运行。大亚湾核电站生产电力的70%输往中国香港，30%输往南方电网。

4.4.2 基础数据

核电站建设施工的主要材料消耗量如表3.13所示，主要为水泥21万t、碳钢9.9万t、不锈钢/合金钢2 145 t、铜300 t。核电站主要设备统计，如表3.14所示。核电机组的反应堆压力容器、蒸汽发生器、堆内构件等主要设备锻件在生产加工过程中的耗电量统计，如表3.15所示。

表3.13 核电站建设施工的主要材料消耗量

材料	数量	材料	数量
混凝土/万 m^3	72	铜/t	300
水泥/万 t	21	铅/t	100
各类碳钢/t	99 005	各种管道/km	300
各类不锈钢/合金钢/t	2 145	各类电缆/km	3 300

表3.14 核电站主要设备统计

核岛设备(型号)	重量/t	常规岛设备	重量/t
RX环吊、RP龙门吊、KX130T桥吊(Q345)	1 660	汽轮机	1 100
反应堆压力容器(16MND5)	700	发电机	1 200
蒸汽发生器(18MND5/INCONE)	2 000	凝汽器	2 500
主泵(Z3CN2009M)	650	MSR	1 400
堆内构件、主管道(Z2CN19－10NS/Z3CN20－09M)	510	除氧器、励磁机	520
稳压器(/16MND5)	160	主变	1 600
核岛辅助设备:静止设备	2 700 (900台/套)	主行车	1 000
核岛辅助设备:转动设备	800	辅助设备(台/套)	350
核岛阀门	650 (12 000台/套)	电气设备(台/套)	1 000

表3.15 核电机组主要设备锻件的生产加工耗电量(kWh)

类别	压力容器				合计耗电量
	冶炼	锻造	性能热处理	机加工	
上封头	83 739	19 811	36 800	125 012	265 362
顶盖法兰	138 380	32 999	54 700	162 540	388 619
容器法兰	136 237	33 477	55 000	158 321	383 035
接管段筒体	246 300	53 647	50 800	185 116	535 863
堆芯筒体	299 625	75 983	49 000	165 253	589 861
过渡段	146 800	41 846	56 800	158 230	403 676
下封头	73 530	18 761	38 848	130 065	261 204

续表

类别	蒸汽发生器				合计耗电量
	冶炼	锻造	性能热处理	机加工	
上封头	74 195	37 331	36 723	174 820	323 069
上筒体	149 910	38 983	41 926	180 607	411 426
中筒体	80 115	38 983	41 926	162 536	323 560
锥形筒体	138 935	41 626	47 188	192 011	419 760
接管筒体	171 140	39 570	48 987	159 230	418 927
下筒体	231 016	39 570	44 976	156 243	471 805
管板	129 880	29 292	71 200	112 032	342 404
下封头	242 420	70 477	61 808	183 268	557 973
类别	堆内构件				合计耗电量
	冶炼	锻造	性能热处理	机加工	
堆芯支承板	106 200	18 831	17 963	52 314	195 308
上支承板	93 600	9 665	14 986	59 252	177 503
出口管嘴	21 960	2 899	10 002	33 621	68 482
吊篮法兰	43 920	9 764	11 938	49 263	114 885
上支承法兰	43 920	8 993	11 032	45 332	109 277
压紧弹簧	13 267	4 075	17 021	30 367	64 730

注:以 CPR1000 机组的设备进行的统计

大亚湾核电站生产运行的能耗、负荷因子和发电量统计,如表 3.16 所示[91,92]。从保证核安全和厂区工作生活用电两方面,核电站运行期间仍需有部分外购电作为补充,主要用于:(1)正常情况下位空载带电运行,用电量为变压器损耗和线损。在机组主变检修或外部主电源失去情况下,提供厂用电和反应堆安全停堆用电;(2)向核电站厂区办公和生活设施供电。大亚湾核电站的外购电情况见表 3.17,其中从 1998 年起外购电中包括向岭澳核电站施工提供用电,且所占比例较大;这里进行统计时应当扣除向其他核电工程施工提供的用电量,则大亚湾核电站运行期间的外购电量年均约为 1.39×10^7 kWh。

表 3.16　大亚湾核电站生产运行的能耗、负荷因子和发电量统计

指标	年份	1994	1995	1996	1997	1998	1999	2000	2001
电量/亿 kWh	发电量	122.65	106.14	121.14	124.06	129.38	141.01	147.01	150.00
	上网电量	116.28	100.58	115.30	118.11	123.09	134.63	140.63	143.65
能耗/(g/kWh)	发电标准煤耗率	365.39	363.08	362.63	364.90	367.04	364.68	362.00	362.51
	供电标准煤耗率	385.40	383.15	381.01	383.30	385.80	381.29	378.43	378.53
	发电厂用电率(%)	5.19	5.24	4.82	4.80	4.78	4.36	4.34	4.04
负荷因子/%	1 号机组	77.20	45.20	76.10	75.30	73.76	81.17	85.18	84.92
	2 号机组	92.50	77.92	64.10	68.60	76.36	82.42	84.91	89.11
	全厂	84.85	61.56	70.10	71.95	75.06	81.80	85.05	87.02

续表

指标	年份	2002	2003	2004	2005	2006	2007	2008	2009
电量/亿 kWh	发电量	147.48	150.03	139.00	154.51	155.15	154.41	160.81	163.74
	上网电量	141.16	143.84	133.11	148.47	148.58	147.75	154.30	156.62
能耗/(g/kWh)	发电标准煤耗率	360.93	362.05	361.41	360.35	359.82	360.24	360.31	359.38
	供电标准煤耗率	377.08	377.62	377.41	374.99	375.73	376.48	375.52	375.73
	发电厂用电率(%)	4.01	3.85	3.81	3.64	4.04	4.02	3.89	4.05
负荷因子/%	1 号机组	89.55	89.57	87.24	99.80	80.31	90.85	99.61	90.20
	2 号机组	81.55	84.48	73.57	79.44	99.68	88.29	86.44	99.76
	全厂	85.55	87.03	80.41	89.62	90.00	89.57	93.03	94.98

表 3.17　大亚湾核电站的外购电情况

(万 kWh)

年份	1994	1995	1997	1998[1)]	2000[1)]	2006[1)]	2007[2)]	2008[2)]	2009[2)]
计费电量	1 052	1 173	1 930	2 455	2 675	3 063	3 186	4 073	5 796

注:1)含岭澳核电站施工用电;2)含岭澳核电站二期施工用电。

4.4.3　温室气体排放计算

核电站的温室气体归一化排放量为 2.41 g-CO_2/kWh,见表 3.18 所示。其中,核电厂建设施工中材料消耗引起的排放为 4.51×10^{-1} g-CO_2/kWh,约占总的 19%;最大的是碳钢占 11%,其次是水泥占 7%,不锈钢/合金钢占 0.5%。核电站生产运行期间由于外购电(电源主要是燃煤发电)引起的排放为 1.96 g-CO_2/kWh,约占总的 81%;主要设备和部件的生产加工过程中耗电引起的排放为 7.87×10^{-3} g-CO_2/kWh,仅占总的 0.3%。

表 3.18　核电站的温室气体归一化排放量

材料名称	消耗量/(g/kWh)	GHG 排放量/(g-CO_2/kWh)
水泥	0.26	1.66×10^{-1}
碳钢(钢材)	1.23×10^{-1}	2.71×10^{-1}
不锈钢/合金钢	2.66×10^{-3}	1.22×10^{-2}
铜	3.72×10^{-4}	1.30×10^{-3}
小计		4.51×10^{-1}
主要设备锻件加工/(kWh/kWh)	8.47×10^{-6}	7.88×10^{-3}
外购煤电/(kWh/kWh)	2.11×10^{-3}	1.95
小计		1.96
合计		2.40

4.5　乏燃料后处理

4.5.1　概况

对反应堆乏燃料进行后处理是“闭合燃料循环”后段中的关键一环。后处理的主要目的,是回收乏燃料中未燃尽的^{235}U 和新生的^{239}Pu 等易裂变材料,将铀、钚与裂片元素和其他次要锕系元素分离,铀、钚返回反应堆循环利用,而废物做进一步的处理和处置。后处理技术可分为水法和干法两大类。水法后处理是将乏燃料溶解于硝酸等水溶液体系中，采用沉淀、离子交换、溶剂萃取等方法进行对铀、钚的分离与纯化。干法后处理包括卤化物挥发法和一些基于熔融金属或熔盐体系的高温化学过程。目前世界上运行的和在建的后处理厂普遍采用的是水法 Purex 流程。

我国动力堆核燃料循环采取后处理的技术路线。目前，核电乏燃料后处理中间试验厂(简称“中试厂”)已建成并完成热试。但是，中试厂不同于工业规模商用核电乏燃料后处理厂，因为其不仅处理能力小，开工率无要求，而且灵活多用，能兼容未来后处理新工艺、新技术的开发和试验。我国商用的大型乏燃料后处理厂尚处于立项和准备建设阶段，目前也难以估计其建设期间的材料和能源消耗量。

4.5.2 基础数据

文献[4]中给出了基于我国生产堆后处理设施的电力消耗统计，但是生产堆后处理设施也不同于工业规模的商用动力堆乏燃料后处理厂。国际上，Rotty 等报道了 1 000 MW 轻水堆(LWR)的乏燃料后处理的能耗水平：(电)能耗为 30 GWh_e/a，(热)能耗为 150 GWh_{th}/a，合计约为 80 GWh_e/a[93]。可以合理地认为，我国未来建设的乏燃料后处理厂的能耗水平也应当在此范围内。因此，这里参考了国际上公开报道的后处理工艺的能耗水平。

4.5.3 温室气体排放计算

乏燃料后处理设施运行阶段的温室气体归一化排放量约为 5.29 g-CO_2/kWh。需要指出，这里是按照国际上后处理工艺的一般能耗水平进行的估算，没有考虑商用大型乏燃料后处理厂建设施工过程中的温室气体排放。

4.6 废物处置

4.6.1 概况

放射性废物处置是把放射性废物放进经过批准的设施中，采用工程屏障和天然屏障相结合的多重屏障体系，使其不会对人类和环境造成辐射危害。我国已在西北和广东建成了两座低中放固体废物处置场；对于高放固体废物采取深地质处置方案，预计在 21 世纪中叶建成一座国家深地质处置库。

4.6.2 基础数据

由于我国的深地质处置库尚未建设，目前难以估计其建设施工和运行期间的材料和能源消耗量。这里参考英国核工业放射性废物处置公司(NIREX)给出的对高放废物(HLW)、中放/低放废物(ILW/LLW)处置中的基建能耗和电力消耗水平数据[93]，如表 3.19 所示。

表 3.19 废物处置的能耗水平

类别	基建能耗/(MWh_{th}/t)	电耗/(MWh_e/t)	合计/(MWh_e/t)
高放废物/HLW	119	329	369
中低放废物/(ILW/LLW)	1	24	24.7

4.6.3 温室气体排放计算

这里假定卸下的乏燃料最终全部作为高放废物(HLW)处置，并且没有考虑乏燃料临时贮存期间运行和维护的能耗，则保守估计废物处置的温室气体归一化排放量为 4.33×10^{-1} g-CO_2/kWh。需要说明，废物处置是国际上同类研究中认为“分析起来最困难的阶段，该过程的能量消耗数据缺乏”“也缺乏对核废料设施进行的全面研究”[24]，而且目前世界上也尚未有建成的高放废物处置库。因此，放射性废物处置的能耗数据和温室气体排放量都是较粗略的估计值。

4.7 相关运输过程

核燃料循环系统的相关运输过程主要有：矿业系统的铀矿石和铀矿石加工生成的浓缩物（重铀酸铵、三碳酸铀酰铵和 U_3O_8），铀精制转化阶段的铀化合物（UO_2、UF_4 和 UF_6）的转运，以及核反应使用的燃料元件、卸下的乏燃料的运输等。一座百万千瓦级压水堆核电机组，每年仅耗用约 25 t 核燃料。由于核燃料的能源强度高，相关运输过程对核电链的温室气体排放的整体贡献是相当小的（低于千分之一，这里予以忽略）。

4.8 核电链的总的温室气体排放量

我国核电链（核燃料循环前段、核电站）当前的实际温室气体归一化排放量为 6.2 g-CO_2/kWh，若考虑核燃料循环后段（乏燃料后处理与废物处置）则总的温室气体归一化排放量为 11.9 g-CO_2/kWh，如表 3.20 所示。其中，核电站占 20%、核燃料循环其他设施占 80%（核燃料循环前段占 32%、核燃料循环后段占 48%），如图 3.2 所示。

表 3.20 核电链的总的温室气体归一化排放量(g-CO_2/kWh)

设施	材料	能源	合计
铀矿采冶	4.95×10^{-1}	1.83	2.33
铀转化和铀浓缩	8.40×10^{-1}	3.14×10^{-1}	1.15
扩散厂退役	7.90×10^{-2}	—	7.90×10^{-2}
燃料元件制造	7.87×10^{-3}	2.10×10^{-1}	2.18×10^{-1}
核电站	4.51×10^{-1}	1.96	2.41
小计	1.87	4.32	6.19
后处理	—	5.29	5.29
废物处置	—	4.33×10^{-1}	4.33×10^{-1}
总计	1.87	1.00×10^{1}	1.19×10^{1}

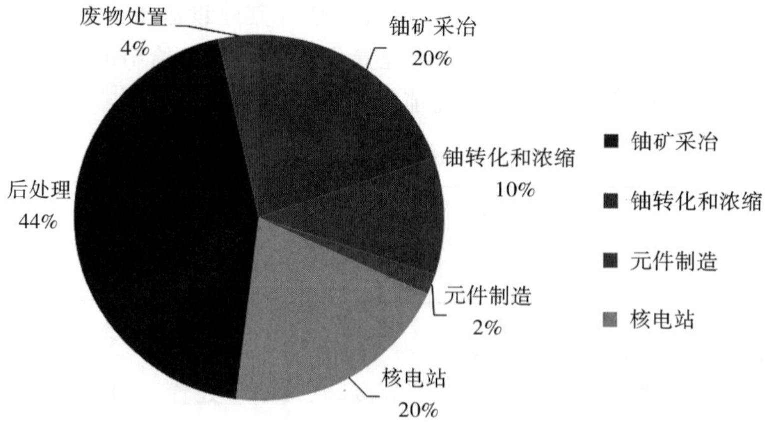

图 3.2 我国核电链的温室气体排放构成

从温室气体的来源看，由材料引起的排放占16%，由能源消耗引起的排放占84%。材料引起的排放中，水泥占36%、碳钢占31%、(工艺用)煤占24%、铜占6%、不锈钢占1.5%、铝占1.1%，如图3.3所示。能源消耗主要是电耗，而我国发电能源主要是煤电，因此，从根本上说，我国核电链的温室气体排放的大部分仍然归结于燃煤。

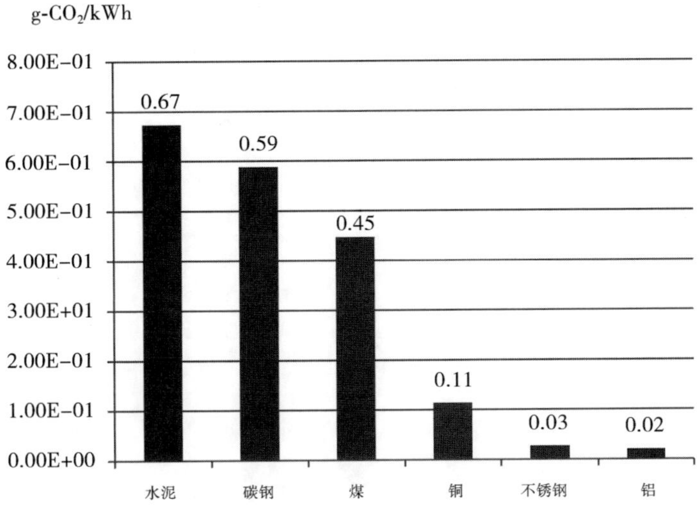

图3.3　核电链主要材料引起的温室气体排放

4.9　影响因素分析

(1)铀矿采冶的温室气体排放受矿石品位和矿等级因素的影响，例如当考虑非常低的矿等级时，采矿和冶炼过程中每公斤矿石提取所消耗的能源将增加，从而温室气体排量放将增加。铀矿冶工艺技术发展提高了能效使得每公斤矿石提取过程中的温室气体排放量降低，例如采用堆浸、地浸工艺的温室气体归一化排放量要低于常规矿山。

(2)核电站的温室气体排放结果，受电站寿期和负荷因子影响。国际上轻水堆核电站的设计寿期通常为40年，一般在延寿至60年基础上，进一步延寿至80年。寿期的延长、负荷因子的提升将使核电站单位发电的温室气体排放量降低。

(3)从反应堆卸下的乏燃料首先要被送到临时贮存设施进行一段时间的放射性衰变。核燃料循环各阶段都会产生放射性废物，不同类别放射性废物(如低放废物、中放废物、高放废物等)需要按不同的处置要求进行分类处置。乏燃料临时贮存期间所消耗能源引起的温室气体排放和放射性废物处置过程中的温室气体排放都应当加以考虑，但这是国际上同类研究中认为“分析起来最困难的阶段，因为该相关过程的能量消耗数据缺乏”[24]，这方面更详细的评估既需要对核废物设施进行更全面的研究，还涉及放射性废物管理和更长远的放射性废物处置策略等因素。

(4)退役是核电站寿期中的最后一个阶段，构筑物和设备需要拆除，由于很多物质可能被活化，还需要进行适当的去污处理。通常核设施退役有几十年不等的“安全封闭”期，这期间需要有维持设施所消耗的能源，也应当加以考虑。本研究仅考虑了铀浓缩扩散厂设施的退役，而我国核电站目前仍处于“年轻期”，尚没有相关的退役实践。参考国际上相关研究，通常“估计核电站退役阶段的能源消耗是建早核电站能源消耗的30％～50％，这取决于具体的退役方案情形和等待放射性衰变的安全封闭期的时间，有很大的不确定性。因而，这样的估计数字可能不具有代表性”[24]。因此，核电链设施退役活动中的温室气体排放仍是低估值（或者说缺乏相关的详细数据）。

第 5 章　结果分析和讨论

5.1　核电是低碳的能源

核电是密集型能源，核燃料运输量小，核电站可以在用电负荷中心附近建设。核能发电本身不排放任何温室气体。这些固有特点决定了核电是低碳的能源。核电链的间接温室气体排放主要取决于核燃料循环过程和相关材料制造加工过程的其他能源消耗，也就是说，依赖于所消耗的热能（燃料类别）和电能（发电形式）的能源载体。我国能源结构以煤为主、发电能源主要是煤电，因此，从根本上说，我国核电链的温室气体排放仍然归结于燃煤。

在对我国研究结果与国际上不同研究结果进行比较时，需要注意区分不同国家或地区的发电能源结构和能源载体（如石油、天然气、煤或是核电等），例如以煤炭为主要发电能源的国家或地区，其单位核发电量的温室气体排放要高于使用以天然气或核电为主要电源的国家或地区。

5.2　核电链的温室气体排放仍有降低的空间

核电链温室气体排放结果受调查数据的全面性、完整性，以及主要材料生命周期边界追溯范围等因素影响。同国际上应用同类方法的研究结果相比，核电链的核燃料循环前段的温室气体排放结果范围在 4.7～13.6 g-$CO_{2,eq}$/kWh，总的温室气体排放系数范围在 9～30 g-$CO_{2,eq}$/kWh，我国的结果也在这一范围内。

同 20 世纪 90 年代中期的研究评价结果（13.7 g /kWh）相比，当前我国核电链的温室气体归一化排放量（11.9 g-CO_2/kWh）有所降低，这主要是因为技术进步促进了节能降耗。一方面，近十多年来，我国核电链系统有了整体的技术进步，如地浸、堆浸工艺技术在铀矿冶领域的应用，比常规搅拌浸出工艺提高了生产效率并降低了能耗；气体离心法代替气体扩散法的铀浓缩技术工艺，使相同产量的工厂规模更小而能耗降低很多（离心法的能耗仅为扩散法的约 2%）。另一方面，火电等相关行业的整体技术水平提高和能耗水平逐年降低，如供电标准煤耗从 1995 年的 412 g/kWh 下降到 2010 年的 333 g/kWh。目前我国钢铁、水泥、不锈钢等相关行业的整体能耗水平与国际先进水平相比仍有一定的差距，如果钢铁、水泥、不锈钢等行业的整体能耗水平降低 10%，核电的温室气体排放还能够降低 1.6 g-$CO_{2,eq}$/kWh。

核电链系统中有很多材料/物料可以进行再循环再利用的机会，特别是退役活动中会产生大量的物料（主要是混凝土和金属），其中大部分未被放射性核素污染或者仅被放射性核素轻微污染而符合解控的要求。对于这些材料/物料进行再循环再利用，例如核设施退役产生的轻微污染金属废料用于制作废物容器、污染设备的零散部件经去污后可以在核工业中有限制再利用等，能够减少废物产生量和大幅度的节约能源，从而进一步降低温室气体排放量。

5.3 需要进一步研究的问题

(1)核电链温室气体排放结果受调查数据的全面性、完整性,以及生命周期边界追溯的范围等因素影响。本研究通过对核电链相关行业和单位调研获取了第一手的基础数据,其中一些数据是对企业和工序层次的数据(例如核电站建设用材料/设备,铀矿冶企业建设用原材料),一些数据是行业层次的数据(例如铀转化、浓缩及元件制造的能耗),而对于核燃料循环后端(乏燃料后处理和废物处置),由于尚未建成相关设施,则参考和使用国际上公开发布的能耗水平数据。因此,虽然计算结果可以可信的反映我国核电链系统的温室气体排放水平,但仍有必要获取各环节的更详细的企业和工序层次的基础数据,从而能够更精确的评价核电链的各类设施与工艺的温室气体排放量和关键环节。

(2)我国核电链的设施的退役实践很少(只有铀浓缩扩散厂的设施退役)。国际上同类研究对于核电站退役阶段的温室气体排放通常是基于核电站建设阶段能源消耗的30%~50%来粗略估计,并且这种估计具有很大不确定性和不具有代表性。因此,未来有必要针对核电站和核燃料循环设施的退役活动的具体案例,结合具体退役方案和对基础数据(能源、材料消耗)做出详细调查统计,从而更准确的评估退役活动的温室气体排放及其影响因素。

(3)核燃料循环的各个阶段都会产生不同类别的放射性废物,放射性废物管理会对核电链温室气体排放产生影响。一方面是在放射性废物的暂存和分类处置过程中维持设施运行和安全有能源消耗,因而产生温室气体排放;另一方面核设施的废物中有很多材料或部件可以再循环再利用,例如废金属的回收利用、轻微污染的零部件经去污后在核工业中有限制的再利用等。鼓励材料和部件的再循环再利用,既能够减少废物产生量,也能够节约能源,从而减少温室气体排放。因此,有必要进一步开展放射性废物管理和材料再循环再利用与温室气体减排相关性的研究。

第 6 章　结论和建议

6.1　主要结论

(1)现阶段我国核电链(核燃料循环前段、核电站)的温室气体归一化排放量为 6.2 g-CO_2/kWh,若考虑核燃料循环后段(乏燃料后处理和废物处置)则总的温室气体归一化排放量为 11.9 g-CO_2/kWh。

(2)核电链的总的温室气体排放中,由材料引起的排放占 16%,由能源消耗引起的排放占 84%。材料引起的排放中,水泥占 36%、碳钢占 31%、(工艺用)煤占 24%、铜占 6%、不锈钢占 1.5%、铝占 1.1%。能源消耗主要是电耗;我国发电能源主要是煤电。因此,从根本上说,我国核电链的温室气体排放的大部分仍然归结于燃煤。

(3)核电站的温室气体排放主要来自运行阶段的外购电(煤电)、其次是建设阶段的材料消耗,分别占 81%、19%;主要设备和部件(反应堆压力容器、蒸汽发生器、堆内构件等)锻造加工过程的排放仅占 0.3%。

(4)核燃料的能源强度高、运输量小,相关运输过程对总的温室气体排放的贡献很小(低于千分之一)。核电站可以在用电负荷中心附近建设,与其他发电能源需要进行长距离的电力输配相比,核电站配套的电网设施及输电过程中排放的温室气体也是相当小的,可以忽略。

6.2　建议

(1)目前对乏燃料"临时贮存"、放射性废物分类处置、核电站及其他核设施退役等活动中的能耗和温室气体排放缺乏较全面的研究,需要结合一些典型工程实践,做进一步分析研究。

(2)技术进步可以促进持续节能降耗、减少温室气体排放。我国应在保障合理安全的前提下发展先进核电技术,这不仅是先进反应堆技术,而是整个核电产业链的技术升级。应当鼓励一些通用的低碳技术在核工业中应用。

(3)可回收的有价值材料的再循环再利用,能够减少废物产生量和大幅度的节约能源,减少温室气体排放。核燃料循环活动的不同阶段都有材料的再循环再利用机会,通常从前段到后段以及退役,逐渐增多。应当鼓励核设施退役物料中材料与部件的再循环再利用,进一步提高资源利用率和减少温室气体排放。

(4)发展核电代替一定规模的煤电,对于减少温室气体排放总量具有很大潜力。核电开发应结合地区经济社会发展,优化能源、电力布局。我国已经投运和批准建设的核电厂均位于沿海地区,随着中西部地区社会经济发展,面对资源、能源及环境问题的制约,应当积极推进内陆核电站建设。

第四部分

水电的温室气体排放

摘　要

全球气候变暖是当今世界面临的重要环境问题之一，世界各国政府在工业、农业、能源与交通等各个方面提出了重要的节能减排措施。开发利用可再生能源已成为世界各国保障能源安全、加强环境保护、应对气候变化的重要措施。水电是重要的可再生能源形式，2010年我国水电供应约占能源消费总量的7%，占非化石能源消费总量的80%以上。

本研究采用生命周期评估(Life Cycle Assessment，LCA)，分析了水电生命周期各个阶段的温室气体排放。从电力密度、装机、坝型、库容、使用年限、地理位置等方面选择国内典型水电站，进行水电生命周期划分并建立详细清单，辅以温室气体通量原位监测，全生命周期计算水电站的温室气体排放系数，为能源温室气体减排提供技术对策与建议。具体从以下几个方面详述。

1. 系统边界

水电温室气体排放的生命周期的系统边界包括筑坝的建筑材料、机器、设备生产；建筑材料、机器、设备运输；电站建设与设备安装；电站运行与维护和拆除五个阶段。然而在目前生命周期的评价研究中均未考虑大坝的拆除这一阶段。本研究中水电链温室气体排放考虑了从筑坝的建筑材料、机电设备生产，建筑材料、机电设备运输，电站土建工程建设与设备安装，电站运行与维护4个阶段的温室气体排放。在电站的运行与维护阶段，除了考虑由于水电站运行和维护产生的材料、能源消耗引起的温室气体排放外，本研究还重点考虑了水库水体的温室气体的排放；因此，本研究中电站的运行与维护阶段实际分为两个阶段，即电站运行初期(正式发电的前10年，考虑水库水体温室气体排放)、电站运行稳定期(正式发电的第11年至100年，该阶段水库水体温室气体释放恢复到自然水体的释放水平，不再考虑由于建坝引起的温室气体释放)。

本研究中水电工程机械设备、各种类型建筑物的使用寿期按照水电工程设计使用年限来确定。其中，水电工程机械设备使用寿命设定为60年，而各类型建筑物、坝体、渠道等技术使用寿命暂设定为100年。

2. 数据来源

水电土建工程建设、机电设备生产、运输阶段等的耗能耗材数据主要来源于水电企业内部数据、水电工程的可行性研究报告、环境影响评价报告等；水库水体温室气体通量采用“通量箱-气相色谱法”为基本观测方法进行原位监测获得；计算水库温室气体排放量时需要用到水库的面积，而本研究中水库面积同时借助于利用DEM与遥感技术相结合计算的结果。

水电工程建设阶段的材料消耗主要根据水电行业的特点和实际调研结果，主要材料消耗包括水泥、钢铁、粉煤灰、木材、炸药、柴油、汽油、电量等。由于数据可获得性原因，没有考虑特殊材料带来的影响。

水电运输阶段的能源消耗主要来源于交通年鉴和相关文献数据，通过相关资料了解了水电材料主要运输方式即铁路、公路和水路每种运输方式的燃料结构和单位距离耗能情况，从而得到水电材料运输阶段的温室气体排放情况。

运行维护阶段温室气体排放包括两部分，耗能耗材的碳排放和水库水体的自然排放。其中，耗能耗材的碳排放量很低，通过前期研究发现其占整个生命周期的碳排放的比例也极低。因此，如果相关耗能耗材数无法得到精确数据时，此部分的碳排放可以忽略不计。水库水体的温室气体净排放等于水库水体温室气体总排放减去建库前自然河流的温室气体排放再减去非人为因素引起的排放(例如上游外源输入引起的碳排放)[129]。由于水库建库前温室气体的排放情况目前基本没有相关的数据，本研究在计算水库温室气体净排放时，保守起见，采用水库水体在100年生命周期的温室气体总排放。

本文主要研究建筑材料/机电设备生产、建筑材料/机电设备运输、土建工程建设和电站运行与维护四个阶段。其中，建筑材料/机电设备生产阶段，主要考虑水轮机、发电机、变压器等主要机电设备生产所需的钢铁、铜、铝、柴油、汽油、电力等生产过程的碳排放量；在建筑材料/机电设备运输阶段，主要是机械设备运输消耗柴油、汽油等的碳排放量；在土建工程建设阶段，主要考虑现场施工诸如开挖、浇筑、养护、采取温控措施等过程中的耗材耗能耗电量；在电站运行与维护阶段，同样要消耗原材料和机械设备，涉及能耗带来的碳排放量，另外，电站运行初期还考虑到由于水库蓄水淹没一定量的有机质引起的温室气体排放量。

3. 排放因子

本研究中，水电涉及的常规材料的碳排放因子采用项目组推荐值和参考 IPCC[129] 公布的清单详单。

4. 计算结果

将水电工程四个阶段的分析结果汇总、整合，得到了我国典型水电工程整个生命周期将排放 70.0 万～2 098.6 万 t $CO_{2,eq}$，平均排放量为 503.9 万 t $CO_{2,eq}$。温室气体排放系数在 0.90～10.12 g-$CO_{2,eq}$/kWh之间，平均为 3.51 g-$CO_{2,eq}$/kWh。

5. 主要结论

(1)本报告采用生命周期评价方法(Life Cycle Assessment，LCA)，确立了我国主要水电生命周期的四个阶段——即材料/设备生产、材料/设备运输、土建工程建设、运行维护阶段——的边界条件。

(2)通过对我国长江、乌江、海河、黄河、澜沧江、雅砻江、松花江以及金沙江、清江等流域典型水库水体温室气体通量现有观测，澜沧江流域水库水体 CO_2 和 CH_4 排放通量均较高，平均分别为 6 808.50 $mg \cdot m^{-2} \cdot d^{-1}$ 和 16.11 $mg \cdot m^{-2} \cdot d^{-1}$；$CO_2$ 通量较高的还有海河和黄河等，分别为 2 828.19 $mg \cdot m^{-2} \cdot d^{-1}$ 和 2 652.47 $mg \cdot m^{-2} \cdot d^{-1}$，金沙江下游较低为 460.30 $mg \cdot m^{-2} \cdot d^{-1}$；对于 CH_4 来说，通量较高的流域有海河、松花江和黄河等，分别为 10.23 $mg \cdot m^{-2} \cdot d^{-1}$、9.15 $mg \cdot m^{-2} \cdot d^{-1}$ 和 8.93 $mg \cdot m^{-2} \cdot d^{-1}$。

(3)以观测年(一年)为尺度对不同水库水体温室气体排放系数分析表明，其数值位于前列的水库有大黑汀、三门峡、丰满、潘家口、西霞院、故县等，其排放系数分别为 979.81 g-$CO_{2,eq}$/kWh、89.17 g-$CO_{2,eq}$/kWh、81.06 g-$CO_{2,eq}$/kWh、73.02 g-$CO_{2,eq}$/kWh、33.69 g-$CO_{2,eq}$/kWh、22.41 g-$CO_{2,eq}$/kWh。上述水库以供水或防洪等为主，发电功能次要，尤其还兼有水产养殖等水资源利用功能，因此，其排放系数较大。

(4)通过对典型工程生命周期温室气体排放研究，温室气体排放范围为70.0万～2 098.6万t $CO_{2,eq}$，平均排放量为503.9万t $CO_{2,eq}$；生命周期的排放系数在0.90～10.12 g-$CO_{2,eq}$/kWh之间，平均为3.51 g-$CO_{2,eq}$/kWh。排放系数最小值出现在金沙江的溪洛渡和向家坝两个梯级水库，排放系数最大值出现在西霞院水库。

(5)通过对典型工程不同阶段碳排放分析，土建工程建设阶段的碳排所占的比例最大，平均约为70.2%；运行阶段的碳排量所占比例次之，约为23.4%；建筑材料、机电设备生产阶段的碳排放在生命周期的比例约为4.3%；而建筑材料、机电设备运输阶段的比例约为2.1%。

(6)通过对不同流域水库、同一流域不同水库、同一水库不同位置、同一位置不同时间观测、蓄泄水不同时期方面的温室气体通量观测以及温度、气压、风速、pH值、DO、TOC、TN、TP、TA等环境因素影响分析等进一步表明，影响水库水体温室气体排放的因素众多，由建库引起的水体温室气体净排放依据有限的、片段的监测数据很难分析，需要长时间序列的观测与验证。

6. 减排建议

(1)重视建设和运行阶段阶段碳排放控制，首先通过技术提高来实现减排。

本研究通过对典型工程生命周期温室气体排放研究发现，土建工程建设阶段温室气体排放比例较高，其次是运行阶段，因此加强控制建设和运行阶段碳排放较为重要，建议首先通过提高相关技术实现碳减排。在工程建设阶段采取低碳筑坝技术，优化施工方案，鼓励材料的再循环再利用、提高资源利用效率，加强温控等措施；在运行维护阶段尽可能采用低碳的设备设施来维持。

(2)加强库区水环境管理与综合整治，提高水环境质量。

水库水体的碳排放系数由水体温室气体排放通量、水库面积和发电量等因素决定，而影响水库水体温室气体排放的因素众多，包括水体环境、水库调度方式、库区周边土地利用和库区水体利用等直接和间接因素。目前我国水库水环境质量普遍不高，水库面源污染问题仍然较为严重，水产养殖等行为造成的水体富营养化现象较为普遍。建议加强水电站库区环境专项整治，对全国水库在全面、系统开展库区污染源排查基础上，编制库区环境综合整治和发展保护规划。

(3)统筹协调流域梯级水库群的调度运行，实现生态环境保护与发电等其他功能的和谐统一。

针对流域梯级水电，建议统筹协调并推进水库群发电、生态环境保护、防洪、供水等方面的综合利用调度的工作，为流域梯级水电站联合调度和多元主体合作奠定基础。

(4)重视水库建库前碳排放问题研究与相关工作。

本研究未系统分析由于水库淹没引起的土地利用变化而产生的碳排放，但对于土地淹没面积较大的水库这一方面或许也是应该关注的方面，建议在继续做好蓄水前水库清库工作尽可能减少淹没有机质数量的同时，加强在土地利用变化等方面的碳排放问题研究，为做好建设期减排工作找到更为有效的措施和途径。

第1章 概 述

1.1 背景和意义

中国的能源消耗以煤电为主，水电次之，能源需求数量巨大且增长迅速，能源利用的温室气体排放总量已经位居世界前列，现正面临日益严峻的减排压力。2009年中国公布了“2020年中国非化石能源占一次能源消费的比重达到15％左右”以及“到2020年单位国内生产总值CO_2排放比2005年下降40％～45％的减排目标”。能源开发利用的温室气体减排问题，已经成为我国今后能源工程建设和能源技术发展面临的重大课题之一。但是，我国无论是传统化石燃料技术改良，还是清洁能源技术的发展，总体上仍处于整体动态发展、各种技术路线互相竞争的阶段。生命周期评估（LCA）可分析从原材料供应、生产、运输、能源生产到进入下一轮循环和处置阶段的全部过程的所有阶段，描述和评价某一行动对环境的全面的影响，进而帮助决策者选择对环境产生最低影响的产品或过程。在全生命周期视角下，对各种发电能源，包括一次能源、能源转化和能源储运等环节在内的温室气体排放进行客观评价和综合比较，无疑可以明晰各种发电能源技术路线的温室气体排放，为评估不同发电能源温室气体效应提供依据，为国家制定能源政策与发展战略提供支持。

以水电、风电及核电为代表的清洁能源是大量减少影响气候变化的温室气体排放的主力。其中，水电能源是目前唯一技术成熟并可大规模开发的可再生清洁能源，水电开发同时具有改善生态环境、防洪及利于航运等优势。水电清洁能源生产不需要消耗任何化石燃料，还可以通过减少化石能源的使用从而大幅度减少CO_2、CH_4等温室气体的排放。但是，水电清洁能源地位尚受到某些质疑，以少数案例的水体温室气体排放的自然现象来质疑蓄水发电的清洁能源属性，认为“水电站的温室气体释放对全球温室效应的贡献被忽略或低估”。目前有关水库温室气体源汇地位的结论均来自于加拿大和巴西等少数国家北半球寒带和南美洲热带雨林地区的案例。我国水库温室气体科学研究才刚刚开始起步，还未有完整系统的原位监测数据积累，仅在国家科技部应急气候变化项目及其他科研项目支持下开展了部分典型区域原位观测实验或个案的研究活动，积累了少量片段性的观测数据，并没有在整个区域或水库进行综合分析研究。在国家层面，亦缺乏从生命周期完整评价水电开发温室气体的相关研究与成果，缺乏能够与其他能源清洁性比较的科学基础数据。

鉴于目前水电的能源地位及其清洁能源地位受到的质疑，十分有必要进一步开展水电生命周期的温室气体排放研究。借助于生命周期评价方法，对水电能源生命周期内各环节的温室气体排放进行客观评价，一方面澄清水电清洁能源的地位，另一方面与其他能源综合比较，为国家制定能源政策与发展战略提供支持，对于水电的可持续发展无疑具有重要的意义。

1.2 目标和内容

本研究采用生命周期评价方法，对我国典型水电站的全生命周期温室气体排放系数进行评估，从而为客观评价水电能源温室气体排放提供国情条件下的第一手科学数据，澄清水电清洁能源的地位，并通过与其他能源综合比较，为政府制定能源政策提供支持，为政府制定水电开发规划（规模、方式）提供参考。主要研究内容包括：(1)从电力密度、装机、坝型、库容、使用年限、地理位置等方面综合考虑选择国内典型水电站，进行水电生命周期划分并建立详细清单；(2)开展典型水库水体温室气体排放通量监测，估算典型水库的温室气体排放情况；(3)分析水电生命周期的温室气体排放系数；(4)提出水电温室气体排放关键环节及其减排对策建议。

第2章　研究现状

水电能源是一种通过水体势能和动能转化为电能的能源形式，通常作为一种重要、成熟的可再生能源形式，截至2010年底，水电在全球电力供应中的比重达到16.1%，我国水电供应约占能源消费总量的7%，占非化石能源消费总量的80%以上。未来的一段时间内，我国仍将在做好生态保护和移民安置的前提下积极发展水电，国家能源局发布的《可再生能源发展"十二五"规划》指出，"在做好生态保护和移民安置的前提下积极发展水电，充分发挥水电在增加非化石能源供应中的主力作用"，要到2015年全国常规水电装机容量达到2.9亿kW，到2020年达到3.5亿kW。

但是水库蓄水发电将不可避免淹没一定量的土地，并在一定程度上改变原有区域温室气体的产汇特征。尤其从20世纪90年代，国际上开始出现水电站存在温室气体排放的争议[94—106]，有研究者指出水电站可能是重要的人为温室气体排放源，在现有的温室气体排放统计中水电站的负面影响可能被低估或忽略了。随着我国水电建设的迅速发展，全面、科学和定量化地评估水电项目环境影响，包括直接影响和可能存在的温室气体等潜在问题，提出减缓不利影响的措施，具有重要的现实意义和必要性。

生命周期评价是一种用于评估与产品有关的环境因素及其潜在影响的技术，目的在于比较产品或服务全范围的环境影响，其研究贯穿于产品或服务的生命全过程，即从摇篮到坟墓，从获取原材料、生产、使用直至最终处置的环境因素和潜在影响。而任何一种能源以全能源链和生命周期分析/评价方法的角度考察其温室气体排放时，均可以发现它们都有不同程度的温室气体排放问题，水电也不例外。近些年，采用生命周期评价方法，系统评价不同发电能源温室气体排放问题越来越为研究者所认可。本研究从电力生产的生命周期评价方法、水电生命周期评价、水库温室气体释放与效应等方面进行综述。

2.1　基于生命周期的碳排放评价方法

在碳排放评价计算模型方法的研究中，基本方法是由联合国气候变化组织IPCC提出的排放量=活动水平×排放因子法[107]，如下式所示：

$$Q = \sum_{i,j,k} \mathrm{AD}_{i,j,k} \cdot \mathrm{EF}_{i,j,k}$$

其中，Q代表总的碳排放量；AD代表活动水平；EF是碳排放因子，通过评价模型直接计算。现在针对能源、工业、畜牧业、种植业、土地利用、林业和废弃物七大领域[108]，IPCC已经公布了相应的评价模型，定量计算碳排放量。

目前，有关电力生产的生命周期评价方法有以下几种。

2.1.1　能量分析法

能源分析法是一种用于评价产品和服务供应的直接和间接能源需求的工具[109]。该方法根据自下而上模式，即详细评估主要生产过程的能源需求和供应厂商的重要贡献。

2.1.2 过程分析法

过程分析法在生命周期评价官方指南中被采用，由国际环境毒理学和化学学会(the Society of Environmental Toxicology and Chemistry，SETAC)创建并且目前通过发布 ISO 14044[110,111]对其进行了标准化的规定。过程分析法采用典型的自下而上的模式，特别考虑工业过程和运行的释放。

“由下至上”的基于过程分析方法的优点在于对系统价值链进行的整体评价，关注所有的重要过程。所得结果可用两种方式进行应用：首先优化产品生命周期的影响，其次比较不同选择方案的影响从而能够选出环境友好型的一种。该方法在概念上简单直接，在制定范围边界后，对评价过程进行详细的分析，在数据可获性和可靠度较高时，计算结果相对准确，但采用该方法进行生命周期评价时，重要的是系统边界的确定与比较输出时相似性的假设，并且花费较高的时间和成本，有时很难得到一手的数据资料[112,113]。

2.1.3 投入产出分析法(IOA)

基于投入产出的 LCA 方法是评价产品和服务的环境状况的另一种方法，最早由 Leontief 在 70 年代提出(1970)，在卡耐基梅隆大学(Carnegie Mellon University)的研究中得到推广[114,115]。IOA 法以国家和地区的经济为边界[116]，将产品分成若干个经济构成(例如机械、化学、服务等)，然后计算每一个经济部分的平均值。为了计算能量需求和温室气体的释放量，该平均值作为输入值使用。IOA 法的优点在于每一输入都能容易地表示成一个经济值。生命周期可以解释为一系列的经济活动，每一活动同样影响产品的货币价值，价格和能量之间的关系能够由每一次经济活动来确定。缺点在于因使用集成的数据，评价结果相对粗略，难以准确分析具体过程的排放量[113]。IOA 法是统计学上的一种由上而下的方法，它将整个经济分成若干部分。Bullard 等(1978)[94]将过程分析法和 IOA 法这两种方法的优点结合起来提出了一种混合方法。

目前，生命周期评价多采用为静态评价方法，评估参数未将时间效应纳入到评估过程中(Finnveden et al. 2009[117])。因此，在评估可再生能源时，静态生命周期评价方法精度有待进一步提高(Reap et al. 2008[118])。动态生命周期评价可通过分析生命周期评价中时间尺度的一致性提高生命周期评价精度。动态生命周期评价首先要编制动态生命周期清单，同时考虑释放的过程；其次，计算具有时间依赖性的特征参数用以评估动态生命周期清单(Pehnt 2006[119])。

目前，水电动态生命周期评价中具有时间依赖性的评价因子主要有以下几个方面：(1)基于辐射驱动力概念的增温潜力具有时间依赖性，因此对于评价的时段敏感性较高(Levasseur et al. 2010[120])；(2)未来发展情景可改变项目的环境影响：例如能源结构的改变、能源转化效率的提高、寿命的延长、释放特征的变化、生态影响优化的燃料运输系统等等都会降低项目的环境影响(Pehnt 2006[119])；(3)考虑物质的循环再利用(Pehnt 2006[119])。

2.2 水电生命周期温室气体排放研究进展

2.2.1 概述

目前专门的有关水电生命周期温室气体排放研究的文献资料较少。早前大部分有关 LCA 研究(Gagnon et al. 2002[121]；Goralczyk 2002[122]；WEC 2004[123])主要根据其对环境的污染及全球气候变暖潜力,将水电与其他各种发电能源进行对比,基本认为水电是环境友好型发电方式。但是,这些研究仅给出了研究结果,具体研究中所包含的部分、设定的假设等等方面很难得出。Coltro 等(2003)[124]、Kim 等(2004)[125]在发电系统生命周期清单研究中明确指出水电温室气体排放相对其他发电形式低;Coltro 等(2003)[124]认为在巴西发电系统中热电厂是温室气体(甲烷除外)排放的主要贡献者;Pacca 等(2002)[126]以 Colorado 河上游 Glen Canyon 大坝为例开展了水电生命周期的温室气体排放研究,该研究主要侧重于建设期水电站设备与建筑材料的温室气体排放,而未包括水电站常规运行和维护或者由于其退役所产生的温室气体排放。

近年来,为了进一步理清水电生命周期的温室气体排放问题,以便论证水电清洁能源地位,一些研究者分别从水电不同技术、不同生命周期阶段等方面分别分析其生命周期的温室气体排放,也有研究者专门研究了小水电的生命周期温室气体排放问题。总的来说,有关水电生命周期研究在考虑运行阶段的温室气体释放时,对于水库水体的释放基本还是基于某些研究数据的推算值,由于不同水库或用一水库不同时间其释放情况是不尽相同的,影响水库水体温室气体排放的影响因素众多,包括生物因素、物理因素、化学因素等,水库水体温室气体的排放是一个动态变化的复杂的生物地球化学过程。因此,采用估算或推算值存在着一定的误差。

2.2.2 水电生命周期阶段划分与清单分析

一般将水电生命周期划分为 4 个阶段如图 4.1 所示,即:①建筑材料生产、机械设备安装,包括原材料的开采阶段;②电站建设与设备安装阶段;③电站运行与维护阶段;④设备损坏与再循环阶段(Zhang 等,2007[127])。由于目前退役大坝罕见,参考数据难以获取,目前进行生命周期研究进行边界设定中通常将这一阶段排除;而在建设和运行阶段考虑机器与设备的替换与更新。

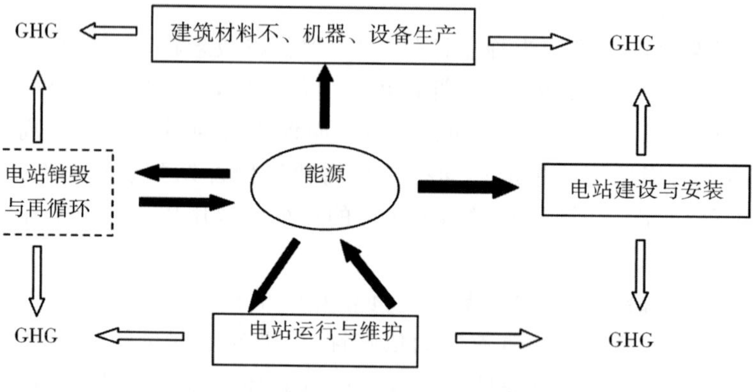

图 4.1 水电站生命周期的四个阶段

Ribeiro 等(2010)[128]以巴西 Itaipu 水电站为例,以电站大坝建设期和运行期的投资总额为核心,给出了生产系统边界、运用输入/输出法的生命周期列表、生命周期清单,客观地分析了典型的巴西水电生命周期清单并计划为巴西水电生产生命周期评价提供一套数据库。在该案例中,生命周期边界包含电站的建设期和运行期,也包含了生命周期中的重要材料和能源消费(如水泥、钢铁、铜、柴油、润滑油)、建设工地的运行、水库中气体释放、材料及工人的转运和土地工程。案例研究指出,除了本清单外,水库淹没、钢铁生命周期、水泥生命周期和建设机械的运行都将作为生命周期的热点进行关注。案例中还指出，与其他的水电研究相比而言，生命周期清单有更好的适用性。在此案例中，没有考虑环境和社会的发展产生的对生命周期清单的影响，只是对生命周期清单进行了客观的研究。

Coltro(2003)[124]等对巴西发电系统生命周期清单进行研究。清单中列举了巴西2000年各种发电行业的生命周期清单，采用输入/输出分析方法对列表中的各个参数进行了分析。巴西有418个电力公司(389个水力发电厂，29个热电厂)。这些公司构成了相互连接的系统。通过系统生产和传输的每1 000 MJ的电能，大约需要1 600 MJ加工能量、230 kg水(热电厂蒸发)，116 m^3过水流量，13 kg煤炭，5 kg生物储备物质，0.25 m^2的土地。每配电1 000 MJ，会释放18 kg不可再利用的CO_2，17 kg可再利用CO_2，540 g CH_4，575 g NO_x，116 g SO_2，149 g CO等。除一部分的CH_4和可再利用CO_2是来源于煤炭生产和水力发电厂以外，热电厂是这些排放物质的主要来源。在不考虑大坝地下发电厂排放的CO_2和CH_4的情况下，研究结果表明，占巴西发电量93.5%的水力发电是非常清洁的生产过程。这表明，每配电1 000 MJ产生约34 kg CO_2，只占巴西发电量6.5%的热发电厂排放了18 kg不可再利用CO_2(占其总量的53%)。这是在巴西第一次运用LCA对电能生产和配送进行试验性的研究。未来还需继续深入研究。

2.2.3 不同水电站生命周期温室气体排放分析

IPCC报告(2011)[129]通过相关LCA文献总结了不同水电技术(例如蓄水式、径流式、抽水蓄能式)生命周期的温室气体排放。报告分析认为，多数水电生命周期温室气体排放为4～14 g-$CO_{2,eq}$/kWh，在特定的情况下可能更高，而蓄水式水电GHG气体排放潜力显著高于径流式水电和抽水蓄能式水电，其排放可能超过150 g-$CO_{2,eq}$/kWh。但是，由于用于分析的水库的温室气体数据是总的排放量，一方面包含了水库水体由于有机质的分解都会释放GHG等方面原因，上述水库的温室气体排放潜力可能过高地估计了；另一方面，由于受装机容量、坝型、地理位置等方面影响，文中水电站代表性的问题需要进一步商榷。

根据目前发表的研究成果，水电生命周期温室气体释放研究按照不同的水电类型可分为三类：考虑水库淹没土壤引起潜在释放的蓄水式水电站释放、未考虑水库淹没土壤引起潜在释放的蓄水式水电站释放、径流式水电站释放。根据现有研究分析，水电的温室气体排放系数范围为0.2 g-$CO_{2,eq}$/kWh(Vold et al，1998[130])至152 g-$CO_{2,eq}$/kWh(PRé Consultants，Ecoinvent，2.0 Database[131])。由于目前研究中由水库淹没引起的GHG释放各不相同，蓄水式水电站温室气体释放差异非常大，Raadal等(2011)[132]通过调研文献分析认为排放系数差异可达54.5 g-$CO_{2,eq}$/kWh。

Raadal等(2011)[132]认为蓄水式水电如果不将水库淹没土地引起的潜在释放予以考虑，则平均GHG排放量和标准差都显著减小，大约为2.9 g-$CO_{2,eq}$/kWh；另外，不考虑淹没土地引起的潜在释放的蓄水式水电，基础设施阶段的贡献占水电生命周期温室气体总量的55%～99.6%，而在基础设施阶段引起GHG释放的主要因素是在筑坝和隧洞开挖中混凝土的生产和土石方的运输。

通常，径流式水电站没有大面积的水库，淹没土地引起的释放未作估算，GHG平均释放量为4.9 g-$CO_{2,eq}$/kWh，相差4.4g-$CO_{2,eq}$/kWh。基础设施建设的贡献占GHG总释放量的7%～99.4%，主要为建筑物的建造和设备的生产(Raadal等，2011)[132]，如表4.1所示。

表 4.1 调研文献水电生命周期温室气体释放统计

参数	蓄水式	径流式
研究数量	28	11
GHG 释放范围/(g-$CO_{2,eq}$/kWh)	4.2～152(包含土地淹没) 0.2～11.2(不包含土地淹没,平均 2.9)	0.3～13 (平均 4.9)
对生命周期 GHG 释放主要贡献阶段	基础设施建设和土地淹没; 基础设施建设(不包含土地淹没)	未规定
基础设施对总 GHG 释放贡献范围	56%～99%(不包括土地淹没)	7%～99%
基础设施建设中主要的贡献活动	大坝与隧道建设 (主要因子:水泥生产与砂石骨料运输)	建筑物建造与设备生产

Varun 等(2010)[133]以印度小型水电站为例,分析了能源利用生命周期评价和发电过程中的温室气体排放。Varun 等分析了 2 种形式的 6 个发电站:3 个径流式发电站和 3 个蓄水式发电站。采用生命周期评价方法中的输入/输出分析法,分别对能源回报时间和温室气体排放进行了量化。能源回报时间是指发电站的发电量达到发电站装机时所消耗的能源量所经过的时间。其中径流式发电站的能源回报时间为 1.18～1.31 年,蓄水式发电站的能源回报时间为 0.44～1.12 年。类似的,径流式发电站温室气体排放值范围为 32.23～35.35 g-$CO_{2,eq}$/kWh,径流式发电站温室气体排放范围为 11.91～31.2 g-$CO_{2,eq}$/kWh。研究还表明,发电厂的装机容量越大,能源回报时间越短、温室气体排放量越少。还指出,水电比传统发电系统释放的温室气体更少。在运行和维护阶段,其产生的能源和温室气体占整个研究过程的 50%。因此,有必要增大土建工程和机电设备数量,以减少对运行和维护阶段的需求,降低环境负荷以及对水力发电系统的能源需求量。

Zhang 等(2007)[127]以装机容量为 44 MW 和 3 600 MW 的两座中国水电站为例,分析其生命周期的温室气体排放。研究结果显示,装机容量为 44 MW 和 3 600 MW 的两座水电站生命周期 GHG 排放分别为 44 g-$CO_{2,eq}$/kWh、6 g-$CO_{2,eq}$/kWh,这与其他可再生能源或不可再生能源相比,大中型水电,尤其大型水电是生命周期 GHG 排放相对较低的一种有效的电源;同时结果还显示运行与维护阶段的温室气体排放高于建筑材料生产阶段、建设与设备安装阶段。

通过对目前水电站生命周期温室气体排放研究分析发现,有几点值得进一步探究和加强:关于电站修建引起的水库水体的净排放仍然是备受质疑重要方面,由于受到数据等方面的限制,针对电站建设引起的水体释放目前研究基本采用估算值,这与修建电站引起的"净"排放量的真实情况或许存在一定的差距。在目前研究中,针对水电生命周期具体的计算过程尤其是所采用材料清单和数量等方面介绍不清,关于对不同阶段的边界设定和考虑的重点也有待于深入研究。

2.3 水库温室气体释放与温室效应研究进展

对于水电的温室气体排放问题引起争议最大的是水库的温室气体释放。自 20 世纪 90 年代以来围绕水库温室气体释放问题或水库温室气体效应与水电清洁能源属性的问题展开了激烈的讨论,并从而开展了大量的有关水库水体温室气体排放情况的研究。

2.3.1 关于水电对全球气候变暖影响的不同观点

从最近一二十年来的情况看，关于水电温室气体排放问题，主要存在着两种观点：(1)水电具有温室气体减排、延缓气候变暖的效应；(2)水电可能是重要的大气温室气体排放源。

目前世界各国对能源性质的主流观点认为水电是可再生的清洁能源。主要依据是，从能源的利用方式看水力发电只是利用了水的势能带动机组获得电能，不需要通过燃烧任何化石燃料。因此，水电被常识性地认为是不产生 CO_2 等温室气体的清洁能源，使用水能资源可以大量替代化石能源（煤炭、石油）的使用量，从而有效减少人类向大气的温室气体排放量。

而相对于水电是清洁能源的观点持不同观点者认为，水电与其他所有人类发明和技术进步一样，在带来巨大经济效益的同时，可能也蕴藏不利影响。关于水电开发的负面影响也一直是受到学术界和公众广泛关注的问题。最早质疑水电是温室气体"零排放"的观点，是1993 年湖沼学家 Rudd 及其同事在加拿大魁北克地区开展工作时提出的一种假说，即从全球范围看所有湖泊或多或少都是大气温室气体的排放源，水电站坝后形成的"人工湖泊"应该也存在温室气体的排放问题。尽管水电不燃烧化石燃料，库区有机质分解产生的温室气体可能使水电站单位发电量的温室气体排放并不是"零"。在 Rudd 的"水库温室气体"假说提出后，Kelly（1994[96]，1997[97]）、Fearnside（2000[102]，2004[103]）、Galy－Lacaux（1997[104]，1999[105]）、Matvienko(2000)[134]、Tavares de Lima(2000)[135]、Keller 和 Stallard(1994)[136]、Soumis(2004)[137]等研究者在加拿大北温带地区、南美热带雨林地区、法属圭亚那热带雨林区部分水电站监测发现，上述地区水库存在较为显著的温室气体排放，因而推断水库可能是被忽略或严重低估的大气温室气体排放源。

长期以来，持正面影响论和持负面影响论的双方都极力坚持自己的看法，并对在其中一些关键问题上引发了激烈的争论。要对争论双方的观点做出公正评判，显然还需要未来更多的系统观测数据支持。但有一点十分重要，水电（水库）温室气体释放毋庸置疑是一个应该值得认真考虑的问题。无论是正面效应和负面效应都需要有必要的支持数据，在研究过程中一些新认识到的问题可能改变我们的整个看法。

总体上看，尽管水电能源可替代化石燃料而大量减少温室气体的人为排放，具有显著的延缓全球变暖的正效应。但是水电站运行过程中可能存在的温室气体释放，将一定程度上缩小水电原有的优点。关于水电站温室气体排放和环境影响的问题需要更为审慎的态度，需要开展更为系统和更为全面的研究。

2.3.2 我国水库温室气体监测研究概述

近年来，我国研究者逐步开展了有关河流、湖泊、水库水体水-气界面温室气体通量的研究（表 2.3）。从研究区域来看，有关湖泊温室气体通量的研究主要集中在太湖（李香华等，2005[138]；张发兵，2004[139]）、云贵高原的几个湖泊（王仕禄等，2003[140]）；有关河流的相关研究主要集中在长江（赵静等，2011[141]）、赣江（梅航远等，2011[142]）等，另外，Yao 等（2007）[143]研究了西江的 CO_2 通量特征；有关水库温室气体系统的研究主要集中在长江的三峡水库（中国长江三峡集团，2012；蒋滔等，2012[144]）、乌江流域梯级水库（喻元秀等，2008[145,146]）、清江的水布垭水库（汪朝辉等，2012[147]）、雅砻江的二滩水库（赵小杰，2009[148,149]）、赣江的万安水库（梅航远等，2011[142]），另外，吕东珂等（2009）[150]研究了以防洪除涝为主、兼顾灌溉、养鱼等综合利用功能的平原型水库——泥河水库的水-气界面 CO_2 通量。从研究方法来看，目前我国相关研究常用的监测方法仍为静态通量箱法、二氧化碳分压化学计量计算法，而近年来随着研究的深入开展，利用相对先进的仪器对水体水-气界面温室气体通量进行在线监测越来越受到研究者的青睐。

第3章　研究方法

本研究重点介绍水电链生命周期温室气体排放计算方法、典型水电扎的选取、水库水体温室气体排放通量研究方法和水库面积的计算方法等。

3.1　水电链生命周期温室气体排放计算

本研究中水电链的生命周期温室气体排放计算公式如下：

$$TE = \sum_{n}^{m}[\sum_{p}^{q}(AD_p \cdot EF_e)] + \sum_{i=1}^{j} DE_i$$

式中：TE代表温室气体排放总量；AD_p代表第 q 阶段中第 p 类能源活动水平；EF_e代表相应能源排放因子；DE_i代表第 i 阶段中第 j 类（材料/部件等）引起的排放。

同时依据《GB/T 24025—2009 环境标志和声明 Ⅲ型环境声明原则和程序》等有关标准，建立温室气体排放量与电力生产之间的关系，对水电的温室气体排放结果归一化到单位发电量，即生产单位千瓦时（kWh）电量排放的温室气体（GHG），单位表示为 g-$CO_{2,eq}$/kWh。

由于水电的温室气体排放主要来源还包括来自于水电链系统的相关能源（燃料）和材料的消耗，因此，选取适当的燃料、材料的温室气体排放因子至为重要，本研究选取排放因子的基本原则为：1. 优先选取符合我国实际情况的相关燃料、材料的温室气体排放因子。2. 在缺乏我国的数据时，其次参考国外同类研究中采用的排放因子。3. 最后，参考和采用IPCC提供的缺省排放因子值。重要排放因子的选取与总项目保持一致。

3.2　典型水电站水库的选取

中国大坝协会统计了我国大坝情况如图4.2所示，截至2007年底我国已建在建的坝高30m以上的大坝共有5191座，30m以上大坝中土石坝3278座，重力坝495座，拱坝788座，面板堆石坝190座，碾压混凝土坝126座，其他坝型314座；到2007年底，我国水电装机达到1.45亿kW，年发电量3952亿kWh（中国大坝协会，2009）。另外，我国建坝比较多的省份为云南、浙江、湖北、贵州、重庆、四川、湖南等（贾金生，2004[151]）。而在我国《可再生能源发展"十二五"规划》中明确指出要"积极发展水电"，"充分发挥水电在增加非化石能源供应中的主力作用"，根据规划，"十二五"期间，我国将实现水电建设平稳较快发展，预计建成十个千万千瓦级大型水电基地，到2015年全国水电装机容量达到2.9亿kW（其中常规水电2.6亿kW），到2020年全国水电总装机容量达到4.2亿kW（其中常规水电总装机容量达到3.5亿kW）。水电开发将在我国能源战略部署中扮演重要角色。

图 4.2 我国水电站分布示意图

图注:引自中国大坝协会网

根据我国大坝建设、分布情况以及我国水电"十二五"发展规划,本研究典型水电站的选取遵循以下原则:(1)按分区水电装机占全国比重,确定各区/能源基地的电站比例;(2)按建成年代均匀分配电站数量;(3)电站坝型涵盖大部分坝型与装机方式;(4)涵盖电站全部调节方式;(5)能反映不同气候类型。

根据以上原则,本研究选择三峡、隔河岩、高坝洲、水布垭、二滩、洪家渡、东风、索风营、乌江渡、构皮滩、潘家口、大黑汀、于桥、小湾、漫湾、糯扎渡、小浪底、西霞院、三门峡、丰满、万安水电站等作为典型水电站。后期又增加了溪洛渡和向家坝水电站。

本研究选取的典型水电站涉及长江(三峡水利枢纽工程)、清江(隔河岩、高坝洲、水布垭水电站)、雅砻江(二滩)、乌江(洪家渡、东风、索风营、乌江渡、构皮滩水电站)、海河(滦河,潘家口、大黑汀、于桥水库)、澜沧江(小湾、漫湾、糯扎渡工程)、黄河(小浪底、西霞院、三门峡、故县)、松辽(丰满)、新安江(新安江水库)、赣江(万安)、金沙江(向家坝、溪洛渡)等流域/河流的 26 座水电站,装机范围 0.5 万～2 250 万 kW,年均发电量范围 0.5 亿～882 亿 kWh,坝型涉及重力坝、拱坝、堆石坝、土坝等重要坝型,调节方式包括日调节、季调节、不完全季调节、年调节、不完全年调节、多年调节、不完全多年调节等,所选取的典型水电站包括以发电为主的、以供水为主的、以防洪为主的、以反调节为主的,还有防洪、发电、航运、补水等综合功能的水电站。典型水电站的具体特征见表 4.2。

表 4.2 典型水电站特性

流域	电站名称	装机/万 kW	年均发电量/亿 kWh	坝型	库容/亿 m^3	正常蓄水位/m	调节方式	主要功能	库龄/年
长江	三峡	2 250	882	混凝土重力坝	393	175	不完全季调节	防洪、发电、航运、补水等综合功能	8
清江	隔河岩	120	30.4	混凝土重力拱坝	34	200	年调节	主要是发电,兼有防洪、航运等	15
	高坝洲	27	8.98	混凝土重力坝	5.2	80	日调节	发电、航运	12
	水布垭	184	39.85	砼面板堆石坝	45.8	400	多年调节	发电、防洪、航运,兼顾其他	3

续表

流域	电站名称	装机/万 kW	年均发电量/亿 kWh	坝型	库容/亿 m^3	正常蓄水位/m	调节方式	主要功能	库龄/年
雅砻江	二滩	330	198.8	抛物线型砼双曲拱坝	58	1 200	季节性调节	发电	11
乌江	洪家渡	60	15.94	混凝土面板堆石坝	49.47	1 140	多年调节	发电	7
	东风	69.5	29.58	混凝土双曲拱坝	8.63	970	季调节	发电	17
	索风营	60	20.11	混凝土重力坝	1.98	837	日调节	以发电为主，兼有养殖、旅游等	6
	乌江渡	125	40.56	抛物线型混凝土拱形重力坝	21.4	760	季调节	以发电为主，兼有防洪、航运等	32
	构皮滩	300	96.67	抛物线型砼双曲拱坝	55.62	630	年调节	以发电为主，兼有航运、防洪和水产养殖	2
海河（滦河）	潘家口	45	5.7	混凝土宽缝重力坝	29.3	222	多年调节	以供水为主，结合供水发电，兼顾防洪和水产养殖	30
	大黑汀	2.16	0.468	混凝土宽缝重力坝	3.37	133	年调节	以供水为主，结合供水发电，兼顾防洪和水产养殖	28
	于桥	0.5		均质土坝	15.59	21.16		以城市供水、防洪为主，兼顾灌溉、发电等	51
澜沧江	小湾	420	190.6	抛物线型变厚度砼双曲拱坝	151.3	1 240	多年调节	以发电为主，兼顾防洪、灌溉、拦沙及航运	2
	漫湾	165.5	78.8	混凝土重力坝	9.2	994	季节性调节	发电	16
	糯扎渡	585	239.12	粘土心墙堆石坝	227.41	812	多年调节	发电、防洪	1
黄河	小浪底	180	58.51	壤土斜心墙堆石坝	126.5	275	不完全年调节	以防洪、防凌、减淤为主，兼顾供水、灌溉和发电	12
	西霞院	14	5.83	土石坝/砼重力坝	1.62	134	日调节	以反调节为主，结合发电，兼顾灌溉、供水等	4
	三门峡	40	12	混凝土重力坝	96.4			发电、灌溉、防洪等	54
	故县		1.76	混凝土重力坝		534.8		以防洪为主，兼顾灌溉、发电和工业供水等	19
松辽	丰满	100.4	19.41	混凝土重力坝	107.8	261	不完全多年调节	发电与防洪并重，兼有灌溉、城市及工业用水、养殖和旅游等	69

续表

流域	电站名称	装机/万 kW	年均发电量/亿 kWh	坝型	库容/亿 m^3	正常蓄水位/m	调节方式	主要功能	库龄/年
新安江	新安江	66.25	18.6	混凝土宽缝重力坝	216.26	108	多年调节	发电、防洪、灌溉	51
赣江	万安	60	15.16	混凝土重力坝	22.16	96	多年调节	以发电为主，兼有防洪、航运、灌溉和养殖等	21
金沙江	溪洛渡	1 260	571.2	混凝土双曲拱坝	129.1	600	不完全年调节	以发电为主，兼有拦沙、防洪和改善下游航运条件	1
	向家坝	600	308.8	重力坝	51.63	380	季调节	发电、防洪、航运、灌溉等	1

（注：1）部分信息来源于中国水力发电工程学会，2009；彭程，2006[152]。2）库龄计算至观测年即 2011 年，而溪洛渡、向家坝分别于 2012 年 10 月初和 2013 年 5 月初开始初步蓄水，监测数据为 2012—2013 年）

3.3 水库水体 GHG 排放研究方法

3.3.1 水库采样点布设

水库采样点按照“T”型或“十”字型设置，由于一般水库都较大，在全库区设置采样点存在较大的困难。有研究表明坝前温室气体的排放通量最大（Abril，2005[153]），而我国大部分水库坝址处均具有相似的地质条件。所以为便于水库间温室气体排放的比较，将样点设置在大坝前 4 km 范围内。在中泓线上设置 4～5 个采样点，在横断面上与两岸垂直的方向上设置 4～6 个采样点，靠近大坝前的水位最深，这样设点可以涵盖水库不同水深地区的温室气体排放，如图 4.3 所示。

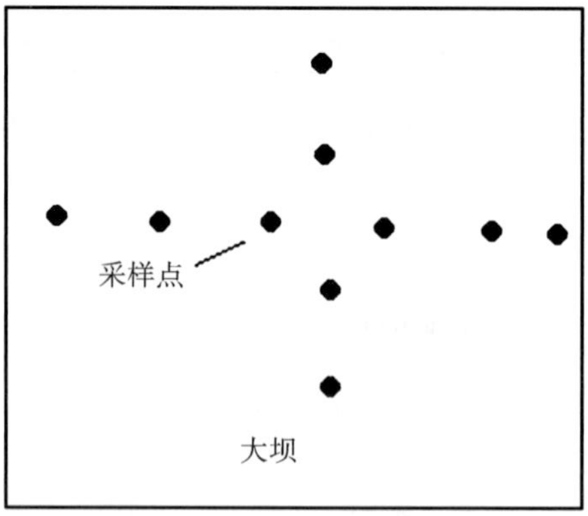

图 4.3　采样点设置示意

3.3.2 采样与分析设备、监测指标

本研究所用的重要的温室气体采样工具为通量箱。通量箱为内部抛光的不锈钢圆桶，由顶部密封的箱体和中通的底座两部分组成，箱体规格：高 50 cm，直径 30 cm，箱体顶部开有两个小孔，分别是聚四氟乙烯管联通的采气孔、风扇接线口，箱体内顶部边缘安装一个电

脑散热风扇。在箱体外四周粘贴保温膜和反光膜，以保证箱体内部在采样时温度不会过快升高。同时设计有底座，其上部外缘加密封槽，密封槽下缘装有充气轮胎的浮圈。此外还需要一次性塑料注射器、500 ml 气体采样袋等。用于气体监测分析的设备为 Agilent 7890A 型气相色谱仪等。

监测指标包括：CO_2和 CH_4为主的温室气体通量，同时监测相应的环境因素指标例如水质（总碱度、总氮、总磷、总有机碳、溶解氧、pH 值等）、温度（水温、气温）、风速、风向、气压等。

3.3.3 气体样品采集与分析

本研究在典型水库水域重点开展以 CO_2和 CH_4为主的温室气体通量观测。目前，水域生态系统通量观测包括清查法（包括化学计量法）、通量箱法、涡度相关法和遥感反演法等几类方法。而现有的研究表明，水库水域生态系统温室气体释放通量存在巨大差异，这种差异不仅表现在不同水库之间，也反映在同一水库的时空差异上，为在课题研究中尽可能降低由于观测方法不同造成的不确定性，课题组在资料调研和广泛讨论的基础上，从方法的技术成熟程度和可行性出发，以“通量箱-气相色谱法”为基本观测方法，开展水库水域温室气体通量监测的原位研究。

采样前将通量箱连同底座和充满气的轮胎安装好，将通量箱箱口朝上呈 45°放置，并开启电脑风扇运转约 5～10 min，以便箱体内外空气充分混匀。采样时将整个装置缓慢放置到水面上，箱口侵入水面下，保证箱体内外空气隔绝，并记下侵入深度。放置好后立刻采集水面上方空气作为背景空气浓度，然后每隔 5～8 min 抽取 100 ml 箱内气体，至少连续采集 5 次。气样尽快送回实验室分析。室内分析时将气相色谱仪开机稳定后，先测定标准气体得出其标准峰面积，然后按照编号顺序从气袋中抽出一定量气体注入色谱仪分析，每一气样重复三次，最后得出其三个气体色谱峰面积。待每一采样点所有气样分析完成后再进行下一采样点气样分析。

将每一气体样品的三个气体色谱峰面积进行平均，得出平均值，然后按照以下公式计算气体样品浓度：

样品浓度＝（气体样品峰面积/标准气体峰面积）×标准气体浓度

得出每个气袋的气体浓度后再进行时间和气体样品浓度的回归分析，当曲线回归系数达到 0.95 左右时，记录曲线的斜率 K。

温室气体的释放通量是指单位时间内单位面积上温室气体浓度的变化量，正值表示气体从水体向大气排放，负值表示水体吸收大气中该气体。气体通量采用如下公式进行计算（Lambert，2005[154]）：

$$F = \frac{K \times F_1 \times F_2 \times V}{S \times F_3}$$

式中：F 为气体通量，$mg \cdot m^{-2} \cdot d^{-1}$；$K$ 为时间浓度关系图中的浓度斜率，$mg \cdot kg^{-1} \cdot min^{-1}$；$F_1$为 $mg \cdot kg^{-1}$与 $\mu g \cdot m^{-3}$的转换系数（CH_4：655.47；CO_2：1 798.45）；F_2为分钟与天的转换系数（1 440）；V 为进入浮箱的空气体积，m^3；S 为水上部分浮箱的表面积，m^2；F_3为 μg 与 mg 的转换系数（1 000）。

3.4 监测时间

本研究针对于选取的典型水库于 2011 年至 2012 年开展了两期现场监测，即夏季（7 月至 9 月)和冬季(11 月至次年 3 月)。

3.5 水库面积的计算

受降水和调度影响,水库面积一年之中处于不断变化之中,温室气体释放计算时所用面积应为采样时水库面积。水库面积准确与否,直接关系到水库温室气体释放计算的精确度。最早水库面积主要利用设计时正常蓄水位时水库面积,但由于气候异常导致的运行水位往往达不到设计水位。几十年来,随着遥感技术应用的快速发展,并且遥感具有客观、准确等特点。此处利用 DEM 与遥感技术相结合计算水库水面面积。

3.5.1 水库水面面积的遥感提取

(1)遥感图像几何精纠正

卫星资料在使用之前必须对其进行一系列的计算机图像处理。遥感影像畸变主要源于卫星飞行姿态、飞行高度、速度、地球自转、扫描速度等因素。通过建立地面控制点文件进行几何精校正,从而将遥感卫星图像纠正到同一大地坐标网格上。本研究所用影像为经过几何校正的 Landsat 4、5 TM 以及 Landsat7 ETM 影像,影像精度为 30 m ×30 m,每幅影像分 7 个波段,所用影像数据信息如表 4.3 所示。

表 4.3 遥感提取所用影像数据

水库名称	行列号	图名	日期
丰满	117—30	LE7117032003151EDC00_WIE	20030531
		LT51170302006279IKR00_WIE	20061006
		LT51170302007266MGR01_WIE	20070923
		LT51170302009175IKR01_WIE	20090624
		LT51170302010210IKR00_WIE	20100729
于桥	122—32	LE712203222002343EDC00	20021209
		LE712203222001340SGS00	20011206
		LT51220322006202IKR00_WIE	20060721
		LT51220322009258IKR00_WIE	20090915
潘家口	122—32	LE712203222002343EDC00	20021209
		LE712203222001340SGS00	20011206
		LT51220322006202IKR00_WIE	20060721
		LT51220322009258IKR00_WIE	20090915
大黑汀	122—32	LE712203222002343EDC00	20021209
		LE712203222001340SGS00	20011206
		LT51220322006202IKR00_WIE	20060721
		LT51220322009258IKR00_WIE	20090915
西霞院	125—36	LT51250362006143BJC00_WIE	20060523
		LT51250362007258IKR00_WIE	20070915
		LT51250362009183IKR00_WIE	20090702

续表

水库名称	行列号	图名	日期
小浪底	125－36	LT51250362006143BJC00_WIE	20060523
		LT51250362007258IKR00_WIE	20070915
		LT51250362009183IKR00_WIE	20090702
故县	125－36	LT51250362006143BJC00_WIE	20060523
		LT51250362007258IKR00_WIE	20070915
		LT51250362009183IKR00_WIE	20090702
洪家渡	128－41	LT51280412007263BKT00	20070920
		LT51280412004223BKT00	20040810
		LE71280412010295SGS00	20101022
东风	127－42	LT51270422007128BKT00	20070508
		LT51270422005282BJC00	20051009
		le71270412007120	20070329－20070430
索风营	127－41	LT51270412007128BKT00	20070508
乌江渡	127－41	LT51270412007128BKT00	20070508
		le71270412007120	20070329－20070430
构皮滩	127－41	le71270412007120	20070329－20070430
二滩	130－41	LT51300412004029BJC01_WIE	20040129
		LT51300412006322BJC00_WIE	20061118
小湾	131－43	LT51310432006345BJC00	20061211
漫湾	131－43	LT51310432006345BJC00_WIE	20061211

(2)图像增强与水体识别

遥感为了获得精确的水库水面面积，识别图像中的水体是一个重要环节。陆地卫星所接收的地物波谱是各种地物的一个综合信息，为了突出水体，就要采用图像增强技术。近红外波段的遥感信息是确定水体的一种可信的和有效的技术，该波段的水体辐射率明显的单一并低于其他地物。因此，选用合适的近红外波段，定出其水体阈值，将低于该值的像元定为水体，高于该值的像元则为非水体。这样就把水体和其他地物分开了。

水体的亮度值在 TM 及 ETM 影像的 2、3 波段上，与滩涂、山体阴影有较大区别，而与居民地、水体、林地区别不明显；在 4、5 波段上，水体亮度值最小，与其他地物区别明显。利用这种反射特性，选择一定的波段组合方式，可以有效地将水体和其他地物区分。另外，通过阈值的设置，来排除山地阴影、积雪的干扰。模型如下：

水体提取模型：$(TM_2+TM_3)/(TM_4+TM_5)>k_1$

选择云量较少遥感图像，计算不同栅格 k_1 值，k_1 值大于 1.5 的即为水体。对于每一幅卫星资料上的库区水面面积量算，全部由计算机自动完成，在经过水体识别后的每幅图像上由计算机对图像中的水体像元逐个进行统计，就可以获得不同水位时的库区水面面积值。对计算机自动解译的结果再辅以人工校核，这种方法统计面积可以避免误判，能够提高精度。丰满水库面积提取结果如图 4.4 所示。

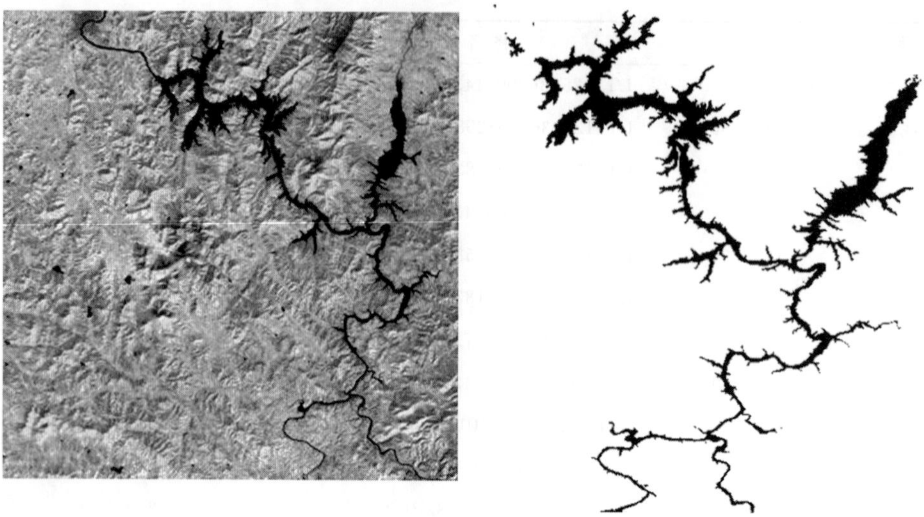

图 4.4　丰满水库面积提取结果

3.5.2　DEM 提取水库面积

由于遥感影像获取水面面积有限，且在一些地区遥感影像受云量、过境频率等影像较大，因此辅助 DEM 数据提取水库面积，如图 4.5 所示。首先，要获取水库在不同运行时期的水位。其次，在 Arcgis 下提取不同水位对应的水库面积。由于目前可获得 DEM 精度较小（一般为 30 m 或 90 m），因此在水库面积较小区域会出现水库水面被截断、或水库面积不能提取的现象。

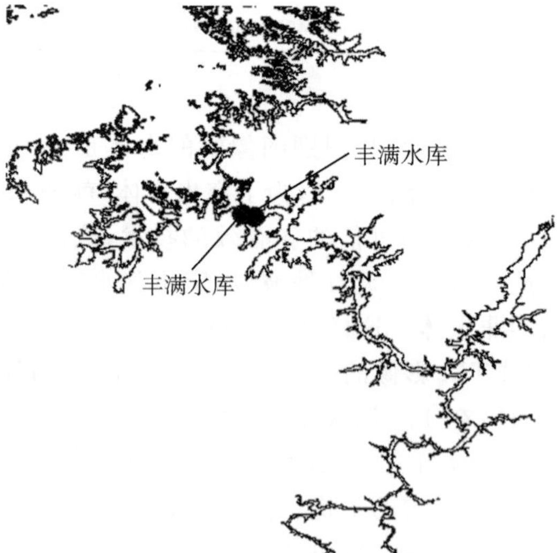

图 4.5　丰满水库 DEM 提取水库面积结果

3.5.3 典型水库面积计算和提取

DEM与遥感相结合的水库面积提取方法避免了由于遥感影像数据的不足而不能获得完整的实际水库面积的问题，且弥补了DEM精度不足造成的误差，具有可操作性，在实际运用中可根据实际需求选取水库面积。同时，如果能够取得遥感影像获取当天水库面积还可以通过建立水库水位面积曲线对计算结果进行检验。

第 4 章　水电链生命周期与系统边界确定

4.1　水电的生命周期与系统边界

根据 ISO 2006 最新版发布的生命周期评价方法学，生命周期评价的框架分为四个部分，包括确定目标和范围定义、清单分析、影响评价、结果解释(ISO，2006[110,111])。

本研究的目标是研究水电生命周期的温室气体排放量，通过对不同阶段的温室气体排放情况研究，为水电的减排环节提供相关建议。水电站生命周期的范围如图 4.6 所示。

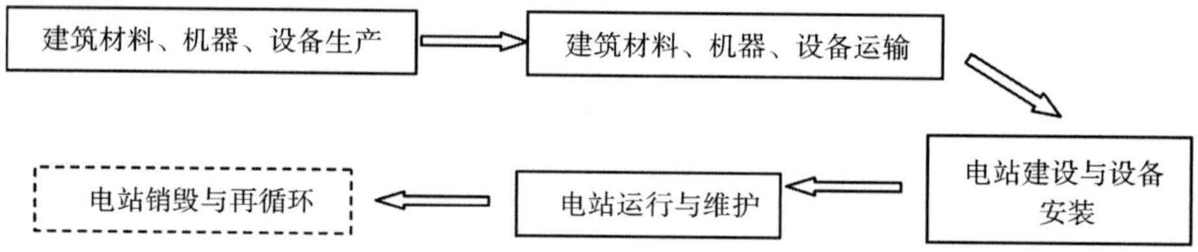

图 4.6　水电站生命周期的范围

水电链的系统边界如图 4.7 所示，包括筑坝的建筑材料、机电设备生产，建筑材料、机电设备运输，电站土建工程建设与设备安装，电站运行与维护和拆除五个阶段。然而在实际情况中，当一座水电站运行了几十年之后，当地的生态环境已经通过自身改变适应了大坝的存在，如果将大坝突然拆除，会很大程度地改变周围的环境；为保护当地的生态系统，大多数大坝都会留在原处，作为旅游景观或者历史遗迹保存，在目前生命周期的评价研究中可以暂不考虑大坝的拆除这个阶段(Zhang，2007[127])。在电站的运行与维护阶段，除考虑由于水电站运行和维护产生的材料、能源消耗引起的温室气体排放外，本研究还重点考虑水库水体的温室气体的源汇；因此，本研究中电站的运行与维护阶段实际分为两个阶段，即电站运行初期(正式发电的前 10 年，考虑水库水体温室气体排放)、电站运行稳定期(正式发电的第 11 年至 100 年，该阶段水库水体温室气体释放恢复到自然水体的释放水平，不再考虑由于建坝引起的温室气体释放)。

本研究中水电工程机械设备、各种类型建筑物的使用寿期按照水电工程设计使用年限来确定。其中，水电工程机械设备使用寿命设定为 60 年，而各类型建筑物、坝体、渠道等技术使用寿命暂设定为 100 年。

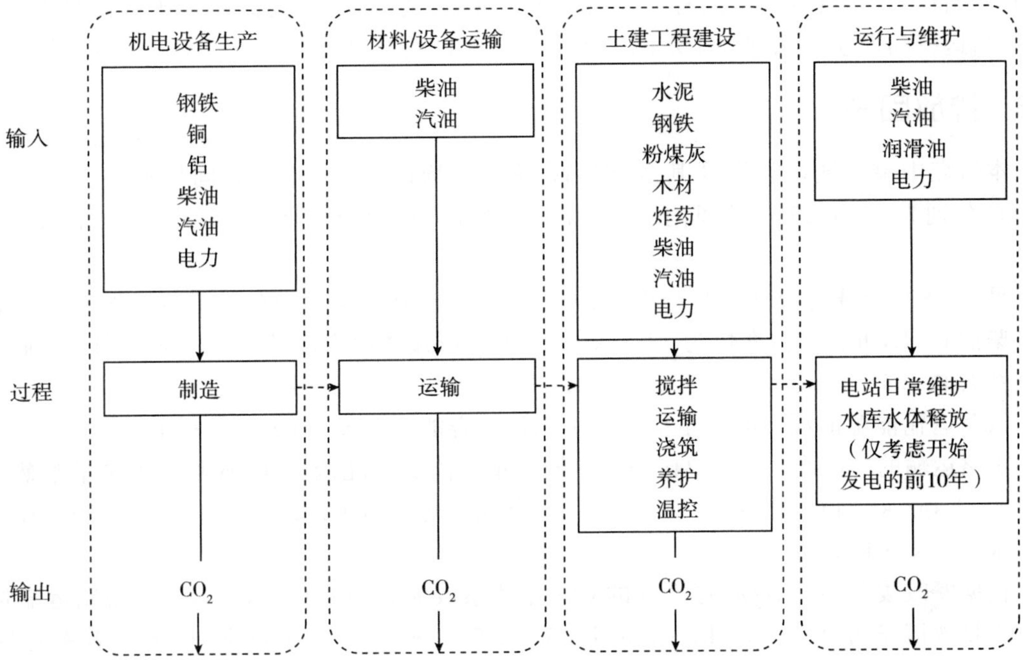

图 4.7　水电链的系统边界

4.2　数据来源

水电土建工程建设、机电设备生产、运输阶段等的耗能耗材数据主要来源于水电企业内部数据、水电工程的可行性研究报告、环境影响评价报告等；水库水体温室气体通量采用“通量箱-气相色谱法”为基本观测方法进行原位监测获得；计算水库温室气体排放量时需要用到水库的面积，而本研究中水库面积同时借助于利用 DEM 与遥感技术相结合计算的结果。

水电工程建设阶段的材料消耗主要根据水电行业的特点和实际调研结果，主要材料消耗包括水泥、钢铁、粉煤灰、木材、炸药、柴油、汽油、电量等。由于数据可获得性原因，没有考虑特殊材料带来的影响。

运行维护阶段温室气体排放包括两部分，耗能耗材的碳排放和水库水体的自然排放。其中，耗能耗材的碳排放量很低，通过前期研究发现其占整个生命周期的碳排放的比例也极低。因此，如果相关耗能耗材数无法得到精确数据时，此部分的碳排放可以忽略不计。水库水体的温室气体净排放等于水库水体温室气体总排放减去建库前自然河流的温室气体排放再减去非人为因素引起的排放（例如上游外源输入引起的碳排放）[129]。由于水库建库前温室气体的排放情况目前基本没有相关的数据，本研究在计算水库温室气体净排放时，保守起见，采用水库水体在 100 年生命周期的温室气体总排放。

本文主要研究建筑材料/机电设备生产、建筑材料/机电设备运输、土建工程建设和电站运行与维护四个阶段。其中，建筑材料/机电设备生产阶段，主要考虑水轮机、发电机、变压器等主要机电设备生产所需的钢铁、铜、铝、柴油、汽油、电力等生产过程的碳排放量；在建筑材料/机电设备运输阶段，主要是机械设备运输消耗柴油、汽油等的碳排放量；在土建工程建设阶段，主要考虑现场施工诸如开挖、浇筑、养护、采取温控措施等过程中的耗材耗能耗电量；在电站运行与维护阶段，同样要消耗原材料和机械设备，涉及能耗带来的碳排放量，另外，电站运行初期还考虑到由于水库蓄水淹没一定量的有机质引起的温室气体排放量。

4.3 排放因子

本研究中温室气体类别及其全球增暖潜势（GWP），取 100 年时间周期的 CO_2、CH_4、N_2O 的分别为 1、25、298。详见附录 1。本研究使用项目组推荐的温室气体排放因子，详见附录 2。

另外，根据交通部统计资料分析，以 2005 年为准，公路运输货车能源消耗强度为每千吨公里柴油 60 L，折合成标准煤为 73.6 kg ce/ kt · km（柴油密度按 0.84 kg/L 计，柴油标煤折算系数取 1.46 kgce/kg）（60×0.84×1.46＝73.6 kgce/ kt · km）。

铁路运输能源消耗强度为单位运输工作量综合能耗 8.86 kgce/ kt · km。

水路运输的单位能源消耗要比公路运输的单位能源消耗低，水路营业性运输船舶燃油消耗为 6.59 kg/ kt · km（杨洪年，2007[155]），折合成标煤为 9.62 kgce/ kt · km（6.59×1.46＝9.62 kgce/ kt · km）。

根据发改委公布的数据，标准煤的 CO_2 排放系数为 2.5（tCO_2/tce），因此：公路运输货车的 CO_2 排放因子为 0.184 t/ kt · km（73.6×2.5/1 000＝0.184 t/ kt · km），铁路运输的 CO_2 排放因子为 0.022 15 t/ kt · km（8.86×2.5/1 000＝0.022 15 t/ kt · km），水路运输的 CO_2 排放因子为 0.024 t/kt · km（9.62×2.5/1 000＝0.024 t/kt · km）。

第5章　基于生命周期的典型水电工程碳排放研究

本研究将我国水电工程的生命周期分成了四个阶段，并初步确立了其研究边界：(1)建筑材料/机电设备生产阶段；(2)建筑材料/机电设备运输阶段；(3)电站土建工程建设与设备安装阶段；(4)电站运行与维护阶段。本报告将从水电生命周期(100年尺度)的四个发展阶段来详述我国典型水电工程的温室气体排放情况。为避免生命周期四个相关阶段温室气体排放估算重叠现象发生，本研究将各阶段侧重点做了一定调整，第一阶段主要侧重于机电设备生产所产生的碳排放，第二阶段侧重于重要材料和机电设备运输过程中所产生的碳排放，第三阶段侧重于工程建设所需的原材料、耗能、耗电等方面，第四阶段除考虑运行和维护过程中所需的能耗，重点侧重于水库水体排放研究。计算方法采用排放系数法与实地观测的排放通量等。

5.1　生命周期不同阶段的碳排放

5.1.1　机电设备生产阶段的碳排放

水电工程的主要机电设备包括水轮机、发电机组成的水轮发电机组，变压器，输电线路一般采用铜质导线。主要机电设备生产过程中消耗钢铁、不锈钢、铜、铝、电力等。本报告选取的典型水电站包括位于长江流域的三峡，乌江流域的洪家渡、索风营，澜沧江的小湾、糯扎渡电站，黄河流域的西霞院，清江流域的水布垭水电站等。收集以上典型水电工程的典型机电设备生产所消耗的钢铁、铜、铝、柴油、汽油、天然气和用电量等，采用因子法确定温室气体的排放总量(万 t $CO_{2,eq}$)；根据排放总量和60年设备使用寿命计算的发电量，得到 CO_2 排放系数 (g-$CO_{2,eq}$/kWh)。

以三峡工程为例说明统计与计算过程，其余电站的统计与计算与三峡一致，不做赘述。表4.4为三峡电站安装的单台水轮机、发电机、变压器、输电线路的统计情况。

表4.4　机电设备生产的碳排放

材料/能源		单位	统计量	排放因子/(t/T)	CO_2排放量/t	平均 CO_2 排放量/(t/kW)
单台700 MW水轮机(包括底环、顶盖、导叶、接力器、转轮、轴等)	钢铁	t	4 000	2.2	8 800	0.027
	不锈钢	t	1 000	4.6	4 600	
	电量	万 kWh	500	0.93 kg/kWh	4 650	
	天然气	万 m^3	20	3.68 kg/m^3	736	
	钢铁	t	4 500	2.2	9 900	

续表

材料/能源		单位	统计量	排放因子/(t/T)	CO_2排放量/t	平均 CO_2 排放量/(t/kW)
单台 700 MW 发电机(包括定子、转子、轴、上机架、下机架)	不锈钢	t	40	4.6	184	0.022
	铜	t	280	3.5	980	
	电量	万 kWh	400	0.93	3 720	
	天然气	万 m^3	10	3.68 kg/m^3	368	
单台 840 MVA 的变压器	钢铁	t	350	2.2	770	1.323 t/MVA
	铜	t	60	3.5	210	
	铝	t	3	22	66	
	电量	万 kWh	7	0.93	65.1	
每千米输电线路(每回出线)	铜	t	50	3.5	175	0.580 t/m
	铝	t	13	22	286	
	塑料	t	40	2.4	96	
	电量	万 kWh	2.5	0.93	23.25	

典型水电工程一般会安装多组水轮发电机组,包括若干组水轮机+发动机+变压器。根据单套设备的 CO_2 排放情况和装备的机电设备的数量可以计算电站安装的所有相同类型设备的排放总量。表 4.5 计算了三峡、水布垭、洪家渡、小湾、糯扎渡、西霞院、溪洛渡、向家坝等水电站重要机电设备生产阶段的温室气体排放总量和排放系数。选取的典型水电站的温室气体排放范围为 1.80~74.79 万 t $CO_{2,eq}$,平均为 19.8 万 t $CO_{2,eq}$,碳排放系数 0.034~0.734 g-$CO_{2,eq}$/kWh,平均为 0.158 g-$CO_{2,eq}$/kWh,即电站每生产 1 kWh 的电量的碳排量为 0.158 g-$CO_{2,eq}$。

表 4.5　典型水电站机电设备生产阶段温室气体排放总量和排放系数

水电站名	CO_2排放量/万 t $CO_{2,eq}$	碳排放系数/(g-$CO_{2,eq}$/kWh)
三峡	74.79	0.085
水布垭	4.66	0.117
洪家渡	1.81	0.113
小湾	6.49	0.034
糯扎渡	15.7	0.066
西霞院	4.28	0.734
溪洛渡	34.36	0.060
向家坝	16.36	0.053

备注:机电设备数据来源于文献[152],碳排放量和排放系数由因子法计算得来。

5.1.2　建筑材料/机电设备运输阶段的碳排放

对于水电工程来说,各种用于工程建设、机电设备生产的原材料、水轮发电机组、变压器的运输主要通过水路、公路和铁路等方式运送到施工场地。

根据彭程主编的《21 世纪中国水电工程》公布的对外交通(km)和运量(万 t),采用如下公式计算出第二阶段温室气体的排放总量(万 t $CO_{2,eq}$)和平均温室气体排放量(t $CO_{2,eq}$/kW)。

$$E(CO_{2,eq}) = EF_t \times D \times W$$

其中，$E(CO_{2,eq})$为折算成 CO_2 当量的总温室气体排放量，EF_t为运输过程中的排放因子，D 指的是运输距离(km)，W 指运量(万 t)。

以三峡水电站为例，700 MW 水轮机大件总重量约为 1 327.4 t/台，发电机组总重量约为 3 333.5 t/台，每台水轮发电机组的总重量为 4 660.9 t。具体情况见表 4.6、表 4.7。

表 4.6　700 MW 水轮机大件及重量

名称	外形尺寸/mm	分件(瓣)数	单件(瓣)重/t	重量/t
底环	ϕ13 270×700	4	28	112
顶盖	ϕ13 670×2 275	4	95	380
导叶	1 724×436×5 710	24	9.5	230.4
接力器	4 750×1 460×1 660	2	25	50
转轮	ϕ10 600×5 110	1	445	445
水轮机轴	ϕ4 000×6 680	1	110	110
水轮机总重				1 327.4 t/台

表 4.7　700 MW 发电机大件重量与尺寸

序号	部件名称	部件尺寸/mm	重量/t
1	定子机座(5 瓣)	ϕ 22 028×6 035	206
	定子铁芯	ϕ 19 720/ϕ 18 800×2 954	508
	定子绕组(1080 根)	单根周向宽 790，高 4 080.7	90
	整体定子	ϕ 22 028×6 050	804
2	转子中心体和支臂(17 块)	中心体：ϕ 5 997×2 690 支臂：R 8 305/R 3 900×3 255	394
	磁轭	ϕ 18 086/ϕ 16 650×3 190	975
	磁极(80 个)	685×3 480×326	410
	整体转子	ϕ 18 738×3 420	1 779
3	发电机轴	ϕ 4 000×4 910	106
4	推力头及镜板	推力头：ϕ 5 200×1 100	44.0
5	推力轴承及支架、下盖板	下机架：ϕ 15 100×4 880	392
6	发电机上端轴	ϕ 2 710×2 215	68
7	上导轴承及支架、上盖板	上机架：ϕ 23 200×1 855	140
8	空气冷却器(20 个)		7.5
9	发电机总重(每台)		3 333.5

备注：数据来源于中国三峡集团内部材料。

通过对典型电站的计算，确定公路、铁路、水路的 CO_2 排放因子分别为：0.184 t $CO_{2,eq}$/kt · km、0.024 t $CO_{2,eq}$/ kt · km 和 0.221 5 t $CO_{2,eq}$/ kt · km。公路运输的 CO_2 排放因子最高。根据保守原则，如果不能得到公路、铁路和水路运输的分项数据，则按照公路运输计算，这样得到的 CO_2 排放量最大。

选取三峡、水布垭、洪家渡、小湾、糯扎渡、西霞院等典型水电站为对象，计算得出典型水电站在运输阶段排放的温室气体范围区间为 0.45～31.1 万 t $CO_{2,eq}$，平均为 11.6 万 t $CO_{2,eq}$，低于在设备生产阶段排放的量。其温室气体排放系数为 0.006～0.157 g-$CO_{2,eq}$/kWh，平均为 0.077 g-$CO_{2,eq}$/kWh。结果列于表 4.8。

表 4.8　代表性水电站运输阶段温室气体排放总量和排放

电站名	对外交通/km	运量/万 t	CO_2 排放量/万 t $CO_{2,eq}$	碳排放系数/(g-$CO_{2,eq}$/kWh)
三峡	28.66	5072	26.8	0.030
水布垭	178	191.45	6.3	0.157
洪家渡	108	106.69	2.1	0.133
小湾	456	130	10.9	0.057
糯扎渡	521	324.08	31.1	0.130
西霞院	42	58.37	0.45	0.077
溪洛渡	132	554.86	13.5	0.024
向家坝	16	658	1.9	0.006

备注：机电设备重量及运输里程数据来源于文献[152]或企业内部材料。

5.1.3　土建工程建设和机电设备安装阶段的碳排放

典型水电工程建设和安装阶段主要消耗有水泥、钢铁、粉煤灰、木材、炸药、柴油、汽油和电力等。选取三峡、糯扎渡、索风营、洪家渡等水电站，针对其建设期间消耗的水泥、钢筋、木材、炸药、柴油、汽油等原材料和机电设备生产所消耗的钢铁、铜、柴油、汽油、天然气和用电量，采用排放系数法进行计算。

以三峡工程建设和安装阶段清单法计算为例，如表 4.9。

表 4.9　典型水电工程建设排放清单

<table>
<tr><th></th><th>材料/能源</th><th>单位</th><th>统计量</th><th>排放因子/(t/T)</th><th>CO_2 排放量/万 t</th></tr>
<tr><td rowspan="10">工程建设（1993－2011 年）</td><td>水泥</td><td>万 t</td><td>613.49</td><td>0.64</td><td>392.633 6</td></tr>
<tr><td>钢铁</td><td>万 t</td><td rowspan="2">92.07</td><td>2.2</td><td>—</td></tr>
<tr><td>不锈钢</td><td>万 t</td><td>4.6</td><td>423.522</td></tr>
<tr><td>粉煤灰</td><td>万 t</td><td>175.42</td><td>0.001 5[1]</td><td>0.2631</td></tr>
<tr><td>木材</td><td>万 m^3</td><td>4.53</td><td>1.85[2]</td><td>6.7044</td></tr>
<tr><td>炸药</td><td>万 t</td><td>3.79</td><td>0.2[1]</td><td>0.758</td></tr>
<tr><td>柴油</td><td>万 t</td><td rowspan="2">39.8</td><td>4.32</td><td>171.936</td></tr>
<tr><td>汽油</td><td>万 t</td><td>3.95</td><td>—</td></tr>
<tr><td>电力</td><td>kWh</td><td>—</td><td>0.93</td><td></td></tr>
</table>

备注：数据来源于企业内部资料，其中耗电数量未能统计到，可能使得该阶段温室气体排放偏低。

通过计算，三峡工程建设期 CO_2 排放量约为 995.8 万 t。按照同样方法计算，得出其他典型水电站建设阶段碳排放总量和排放系数，如表 4.10。典型水电站在土建工程建设和机电设备安装阶段过程的温室气体排放量在 17.0～997.5 万 t $CO_{2,eq}$之间，平均排放量为 220.8 万 t $CO_{2,eq}$，其温室气体排放系数范围是 0.58～36.24 g-$CO_{2,eq}$/kWh，平均为 5.43 g-$CO_{2,eq}$/kWh。不同水电站的排放量及排放系数之间变异较大。

表 4.10 典型水电站建设阶段温室气体排放总量和排放系数

电站名	CO_2排放量/万 t $CO_{2,eq}$	碳排放系数/(g-$CO_{2,eq}$/kWh)
三峡	997.5	1.13
隔河岩	36.9	1.21
高坝洲	36.6	4.08
水布垭	122.8	3.08
洪家渡	67.4	4.23
大黑汀	17.0	36.24
小湾	110.4	0.58
糯扎渡	356.9	1.49
小浪底	106.9	1.83
西霞院	45.7	7.84
万安	101.2	6.68
溪洛渡	459.1	0.80
向家坝	411.4	1.34

备注:计算所需的基础数据来源于公开发表的出版物[152]、内部数据等。

5.1.4 电站运行与维护阶段温室气体的排放

水电站运行阶段,不仅涉及电站的运行与维护中耗能耗材的碳排放,也涉及运行期水库水体的温室气体直接排放。运行与维护过程耗能耗材引起的碳排放,涉及常规故障处理,机电设备正常运行时所需化学物品的生产,运行废弃物的焚烧与处置过程,燃料残渣的处理,输电、配电等过程等采用的材料、所消耗的柴油、汽油、润滑油和电力等,根据 IPCC (2007[156],2011[129])排放清单可计算其温室气体排放;水库水体的温室气体的排放情况则可由实地监测获得。

首先需要进一步说明的是,该研究所采用三峡水库温室气体通量数据来源于 973 项目"推动中国绿色发展的重大战略及技术问题研究"课题"三峡水库水体温室气体监测与减排效益评估",从 2010 年 6 月到 2011 年 5 月针对三峡水库水体温室气体通量,开展了为期一周年的温室气体监测,同时开展了水库水体水-气界面温室气体通量昼夜变化规律等特征研究。水布垭和隔河岩水库数据来源于中国三峡集团科研项目研究结果,清江流域水布垭水库水-气界面 CO_2平均通量为(653.29±1 599.24)mg·m^{-2}·d^{-1},CH_4平均通量为(1.78±1.78)mg·m^{-2}·d^{-1};隔河岩水库水气界面 CO_2平均通量为(1 863.86±1 162.30)mg·m^{-2}·d^{-1},CH_4平均通量为(2.74±1.07)mg·m^{-2}·d^{-1}。根据调研,水布垭水电站水库面积约为 64 km^2,隔河岩水电站水库为 72 km^2。向家坝、溪洛渡水库温室气体通量数据来源于中国三峡集团项目"向家坝、溪洛渡水库温室气体通量观测"研究,蓄水后向家坝水库 CO_2、CH_4平均通量分别为(143.33 ±477.31)mg·m^{-2}·d^{-1}和(1.51±1.06)mg·m^{-2}·d^{-1},溪洛渡水库 CO_2、CH_4平均通量分别为(777.26 ±522.24)mg·m^{-2}·d^{-1}和(1.68±1.42)mg·m^{-2}·d^{-1}。图 4.8、图 4.9 分别列出了本研究所选取的典型水库的温室气体平均通量情况。

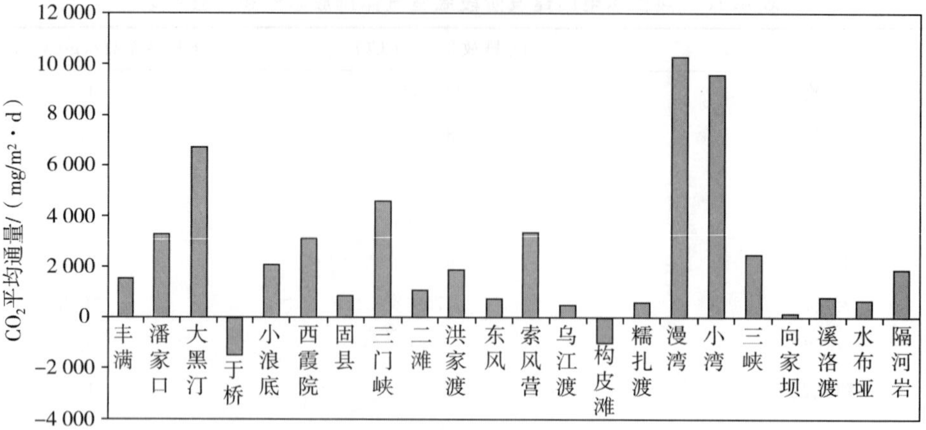

图 4.8　典型水库水体水气界面 CO_2 通量

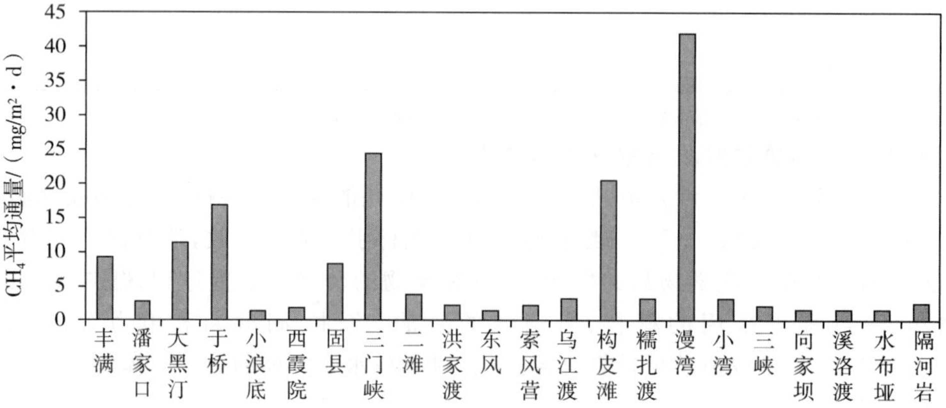

图 4.9　典型水库水体水气界面 CH_4 通量

通过对典型水库温室气体排放通量的监测，根据水库面积(见表 4.12 运用 DEM 和遥感技术提取的水库面积)计算其 CO_2、CH_4 的年排放总量，然后根据各水电站的年均发电量，计算了一年尺度的观测当年的水库水体的排放系数，表 4.13 统计了各典型水电站的年均排放量和一年尺度的观测当年的排放系数。图 4.10 列出了典型水库水体 GHG 排效系数顺序。

表 4.12　典型水库 DEM 和遥感提取水库面积

水库名称	正常蓄水位/m	DEM 提取正常蓄水位面积/km²	遥感校核水库面积/km²	官方发布水库面积/km²
丰满水库	261	392	193(20030531)、279(20061006)、270(20070923)	550
于桥	21.16	113	65(20090915)、79(20021209)、90(20011206)	135
潘家口	222	59	28(20021209)、40(20011206)、34(20090915)	72(max)
大黑汀	133	19	18(20021209)、20(20011206)、16(20090915)	16
小浪底	275	263	120(20070915)	272(水位 275 m)
西霞院	134	22	17(20070915)	21.5/30

续表

水库名称	正常蓄水位/m	DEM 提取正常蓄水位面积/km^2	遥感校核水库面积/km^2	官方发布水库面积/km^2
故县	534.8	13	12(20070915)	22.6
洪家渡	1140	51	25(20040810)、39(20101022)	80.5(水位 1 140 m)
东风	970	7	10(20070329－20070430)	19.1(水位 970 m)
索风营	837	5	5(20070329－20070430)	很小
乌江渡	760	26	36(20070329－20070430)	47.5
构皮滩	630	85	16(20070329－20070430)	97/178
二滩	1200	81	83(20061118)、83(20040129)	101
漫湾	994	/	16(20061211)	23.9
小湾	1240	182	8(20061211)	189

备注:从计算结果来看,运行时水库一般都不能达到设计水位,因而水库面积一般要小于设计时水库面积。

表 4.13　典型水库水体温室气体排放量统计与观测年排放系数(一年尺度)计算

流域	水电站名称	CO_2,eq 排放量/(万 t/年)	年均发电量/亿 kWh	GHG 观测年排放系数/(gCO_{2eq}/kWh)
长江	三峡	99.96	882*	11.33
清江	水布垭	1.63	39.85	4.09
	隔河岩	5.08	32.17	16.70
雅砻江	二滩	3.42	198.8	1.72
	洪家渡	2.23	15.94	14.01
	东风	0.28	29.58	0.97
乌江	索风营	0.63	20.11	3.12
	乌江渡	0.73	40.56	1.80
	构皮滩	－0.05	96.67	－0.05
	潘家口	4.16	5.7	73.02
海河	大黑汀	4.59	0.468	979.81
	于桥	－3.08		
	小湾	2.82	189.9	1.48
澜沧江	漫湾	6.62	78	8.40
	糯扎渡	7.65	239.12	3.20
	小浪底	9.25	58.51	15.81
	西霞院	1.96	5.83	33.69
黄河	三门峡	10.70	12	89.15

续表

流域	水电站名称	CO_2,eq 排放量/(万 t/年)	年均发电量/亿 kWh	GHG 观测年排放系数/(gCO_{2eq}/kWh)
	故县	0.39	1.76	22.41
松花江	丰满	15.73	19.41	81.06
珠江	万安	2.20	15.16	14.51
金沙江	向家坝	0.63	308.8*	0.20
	溪洛渡	4.0	571.2*	0.70

注:三峡年均发电量数据来源于中国长江三峡集团《环境保护年报 2012》,为观测期内年发电量;向家坝、溪洛渡多年平均发电量数据来源于中国长江三峡集团公司官方网站,为机组全部投产后的数值,向家坝水电站 2012 年 11 月实现首批两台机组发电目标,2013 年底共有 6 台机组投入发电;溪洛渡水电站 2013 年蓄水至 540 m,共有 12 台机组投产发电。

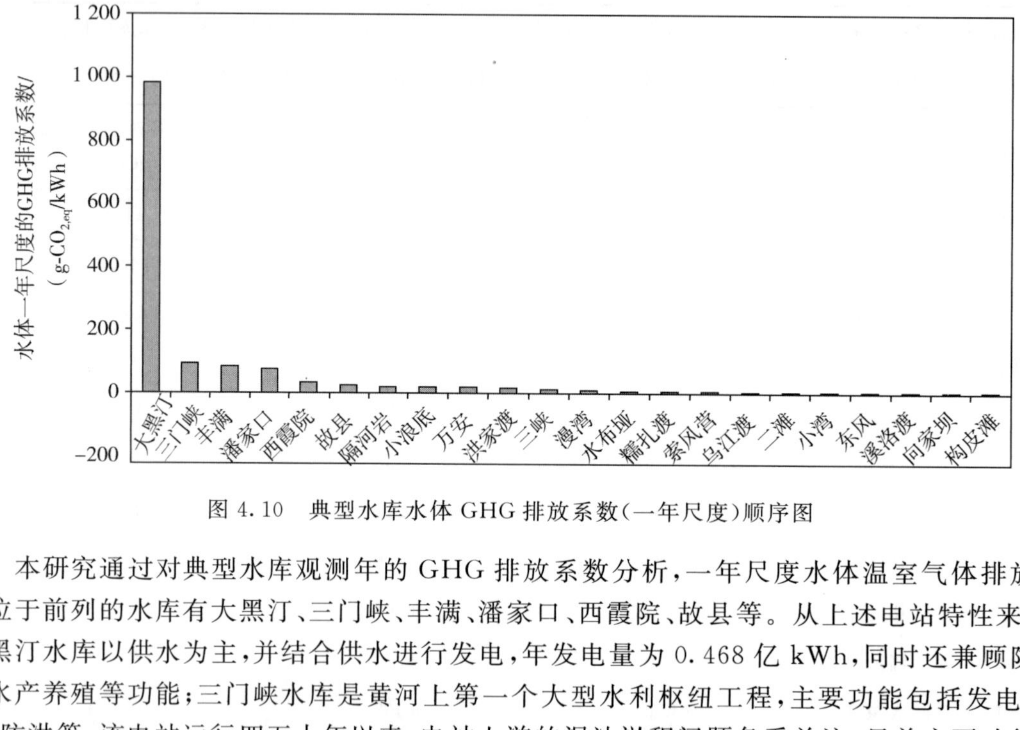

图 4.10　典型水库水体 GHG 排放系数(一年尺度)顺序图

本研究通过对典型水库观测年的 GHG 排放系数分析,一年尺度水体温室气体排放系数位于前列的水库有大黑汀、三门峡、丰满、潘家口、西霞院、故县等。从上述电站特性来看,大黑汀水库以供水为主,并结合供水进行发电,年发电量为 0.468 亿 kWh,同时还兼顾防洪和水产养殖等功能;三门峡水库是黄河上第一个大型水利枢纽工程,主要功能包括发电、灌溉、防洪等,该电站运行四五十年以来,电站上游的泥沙淤积问题备受关注,目前主要功能为防洪、防凌、蓄水和发电,另外,其旅游观光功能日益凸显;丰满水库是库龄超过 70 年的老水库,发电与防洪并重,同时兼有灌溉、城市及工业用水、养殖和旅游等功能;潘家口水库以供水为主,结合供水进行发电,同时还兼顾防洪、水产养殖等,库龄已经 30 年;西霞院水库是小浪底水利枢纽的配套工程,主要任务是以反调节为主,结合发电,兼顾灌溉、供水等综合利用;故县水库是黄河支流洛河上的一座水库,以防洪为主,兼有灌溉、发电、供水等功能。总体来说,以供水或防洪等为主,发电功能次要,尤其还兼有水产养殖等利用功能的水库排放系数相对较高。

从生命周期的角度来看,有研究表明(UNESCO/IHA,2010[157])对于温带水库来说,水电站建成后在最初 10 年温室气体释放通量较高,之后的碳排放可以认为恢复到天然水体的释放水平。因此,本研究中仅在前10年考虑水库水体的温室气体排放,水电站寿命的后90年不再考虑水库水体引起的温室气体排放。根据前期在三峡的研究结果,耗能耗材的碳排放量很低,占整个生命周期的碳排放的比例也极低。因此,如果相关耗能耗材数无法得到精确数据时,此部分的碳排放可以忽略不计。本报告中,水库水体的温室气体排放量可以算作是工程运行阶段的排放量。运行阶段的碳排量按建成最初10年的累积量计算。由本报告第四章可知各个水电站的$CO_{2,eq}$年排放量,除以各电站的年均发电量,即可得碳排放系数如表4.14所示。

表4.14 典型水电工程运行阶段温室气体排放总量和排放系数

水电站名称	年均发电量/亿kWh	$CO_{2,eq}$排放总量/万t	碳排放系数/(g-$CO_{2,eq}$/kWh)
三峡	882	999.6	1.13
水布垭	39.85	16.3	0.41
隔河岩	32.17	50.8	1.67
二滩	198.8	34.2	0.17
洪家渡	15.94	22.5	1.40
东风	29.58	2.8	0.10
索风营	20.11	6.2	0.31
乌江渡	40.56	7.4	0.18
构皮滩	96.67	−0.05	−0.01
潘家口	5.7	42.1	7.30
大黑汀	0.468	45.9	98.0
小湾	190.6	28.2	0.15
漫湾	78.8	64.8	0.85
糯扎渡	239.12	76	0.32
小浪底	58.51	92.4	1.58
西霞院	5.83	19.6	3.37
三门峡	12	107.0	8.92
故县	1.76	4.6	2.24
丰满	19.41	157.3	8.11
万安	15.16	22.0	1.45
溪洛渡	571.2	40.0	0.07
向家坝	308.8	6.3	0.02

对典型水电工程在电站运行和维护阶段排放温室气体进行估算可得,其平均温室气体量范围在−0.05～999.6万t $CO_{2,eq}$之间,平均排放量为83.9万t $CO_{2,eq}$,其温室气体排放系数在−0.01～98.0 g-$CO_{2,eq}$/kWh之间,平均为6.26 g-$CO_{2,eq}$/kWh。不同水电站间的排放量及排放系数存在较大变异。对典型水电工程在电站运行和维护阶段排放温室气体进行估算可得,其平均温室气体量范围在−2.8～1 928.0万t $CO_{2,eq}$之间平均排放量为348.5万t $CO_{2,eq}$,其温室气体排放系数在−0.03～363.4 g-$CO_{2,eq}$/kWh之间,平均为1.31 g-$CO_{2,eq}$/kWh。不同水电站间的排放量及排放系数存在较大变异。

5.2 全生命周期的碳排放

将上述四个阶段的估算结果汇总、整合，得到了典型水电工程生命周期四个阶段的碳排放总量和碳排放系数总量，列于表 4.15 和表 4.16。这些水电工程生命周期排放范围为 70.0～2 098.6 万 t $CO_{2,eq}$，平均排放量为 503.9 万 t $CO_{2,eq}$。总排放系数在 0.90～10.12 g-$CO_{2,eq}$/kWh 之间，平均为 3.51 g-$CO_{2,eq}$/kWh。排放系数最小值出现在金沙江的溪洛渡和向家坝两个梯级水库，因为这两个水库水能丰富，发电量大，所以生产单位电量而产生的 GHG 排放相对较小。排放系数最大值出现在西霞院水库，因为该水库是黄河小浪底水库的反调节水库，发电量小，因此生产单位电量而排放的 GHG 就相对大，即其排放系数越大。

表 4.15　典型水电站生命周期的碳排放总量万(t $CO_{2,eq}$)

电站	生产阶段	运输阶段	建设阶段	运行阶段	总和
三峡	74.49	26.75	997.5	999.6	2098.6
水布垭	4.66	6.27	122.8	16.3	150.0
洪家渡	1.81	2.12	67.4	22.5	93.9
小湾	6.49	10.91	110.4	28.2	155.9
糯扎渡	15.7	31.1	356.9	76	479.7
西霞院	4.28	0.45	45.7	19.6	70.0
溪洛渡	34.36	13.48	459.1	39.97	546.9
向家坝	16.36	1.94	411.4	6.30	436.0

表 4.16　典型水电站生命周期的碳排放系数(g-$CO_{2,eq}$/kWh)

电站名	生产阶段	运输阶段	建设阶段	运行阶段	排放系数
三峡	0.085	0.030	1.13	1.13	2.29
水布垭	0.117	0.157	3.08	0.41	3.65
洪家渡	0.113	0.133	4.23	1.40	5.76
小湾	0.034	0.057	1.49	0.15	1.70
糯扎渡	0.066	0.130	1.83	0.32	2.28
西霞院	0.734	0.077	6.68	3.37	10.12
溪洛渡	0.060	0.024	0.80	0.07	0.90
向家坝	0.053	0.006	1.34	0.02	1.36

IPCC 报告(2011)通过相关 LCA 文献(11 篇)总结了不同水电技术(例如蓄水式水电、径流式水电、抽水蓄能式水电)生命周期的温室气体排放，大多数水电生命周期温室气体的排放系数为 4～14 g-$CO_{2,eq}$/kWh，本研究结果与之相当。

Barros 等(2011)[158]通过对全球 85 座水库(面积为 3.4×10^5 km^2，约占全球水库面积的 20%)温室气体排放的数据进行分析，得出：水库 CO_2 排放为 48 TgC、CH_4 排放为 3 TgC，仅相当于内陆水体碳排放的 4%。该研究结果远远低于以前有限的数据，水库温室气体释放并不严重。

本研究中，水电全生命周期的温室气体排放系数平均为 3.51 g-$CO_{2,eq}$/kWh 。由于我国地处温带，发电水库又多处于水位落差较大的峡谷地区，且多为深水型水库，本身释放的温室气体较少。另外，我国在水电开发前期，清库工作完成较好，造成温室气体产生的底物从源头上得以减少。本研究中，由于水电企业提供的直接数据有限，仅几个典型大型电站有全生命周期碳排放核算的完整数据，加上大型电站发电量大，功率密度也大，使得所得的排放系数相对较小。因此，通过对典型水电工程生命周期温室气体排放系数研究，我国水电温室气体的排放低于世界平均水平。

图 4.11 是典型水电站在生命周期不同阶段的分配比例饼图。土建工程建设阶段的碳排所占的比例最大，平均约为 70.2%；运行阶段的碳排量所占比例次之，约为 23.4%；建筑材料、机电设备生产阶段的碳排放在生命周期的比例约为 4.3%，而建筑材料、机电设备运输阶段的比例约为 2.1%。

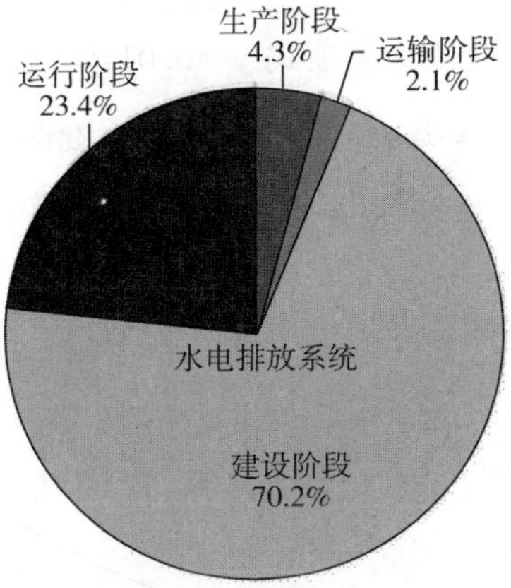

图 4.11　典型水电站生命周期碳排放的分配

5.3　水电生命周期不同阶段温室气体排放的影响因素

为了解水电工程生命周期中，影响温室气体总量的因素，本研究对机电设备生产阶段、运输阶段、土建工程建设阶段和水电站运行阶段排放的温室气体总量，与水库的几个关键参数，如库龄、蓄水位、库容、装机等做了相关分析，如图 4.12～图 4.15 所示。

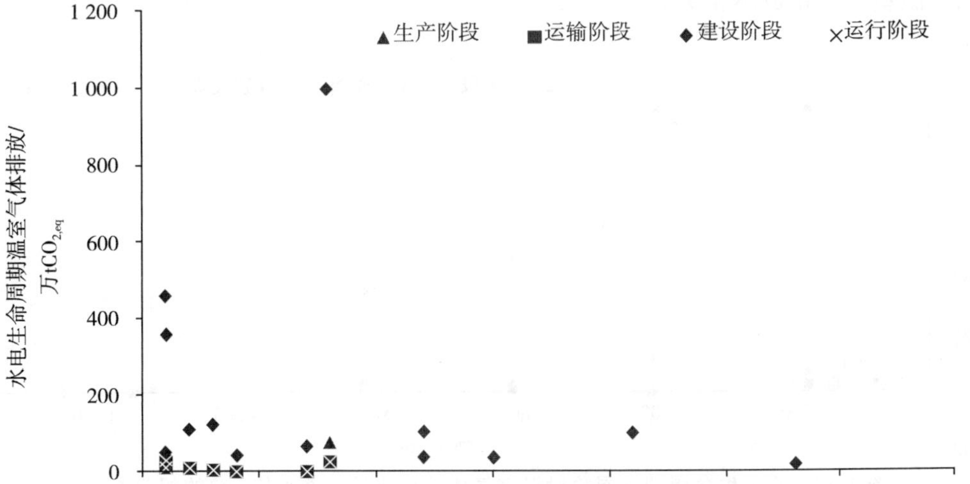

图 4.12　水电生命周期不同阶段温室气体总排放量与库龄的相关关系

初步得出，库龄与生命周期各个阶段的温室气体总排放量都呈负相关的趋势，即在研究的库龄范围内（1～32 年），库龄越大，温室气体排放量越少。然而虽然生产、运输、建设和运行四个阶段的温室气体排放量与库龄负相关，却没有达到显著水平（$p>0.05$）。

库容与生命周期四个阶段温室气体排放总量也有正相关性，这是因为库容越大，所需投入的材料和设备就越多，需要运输能耗也越大，同时建设过程耗能、耗物增多，因此排放总量上升。回归方程表明，生命周期各个阶段的排放量与库容都呈直线相关、指数相关或多项式相关，温室气体排放量相对于库容的回归方程，在生产阶段为直线 $y=0.16x-1.48$（$R^2=0.719\ 1$），运输阶段为直线 $y=0.080\ 3x+1.096$（$R^2=0.784\ 6$），建设阶段为指数 $y=53.3e^{0.0082x}$（$R^2=0.600\ 6$），运行阶段为多项式 $y=0.01x^2-1.713\ 8x+62.81$（$R^2=0.963\ 3$）。

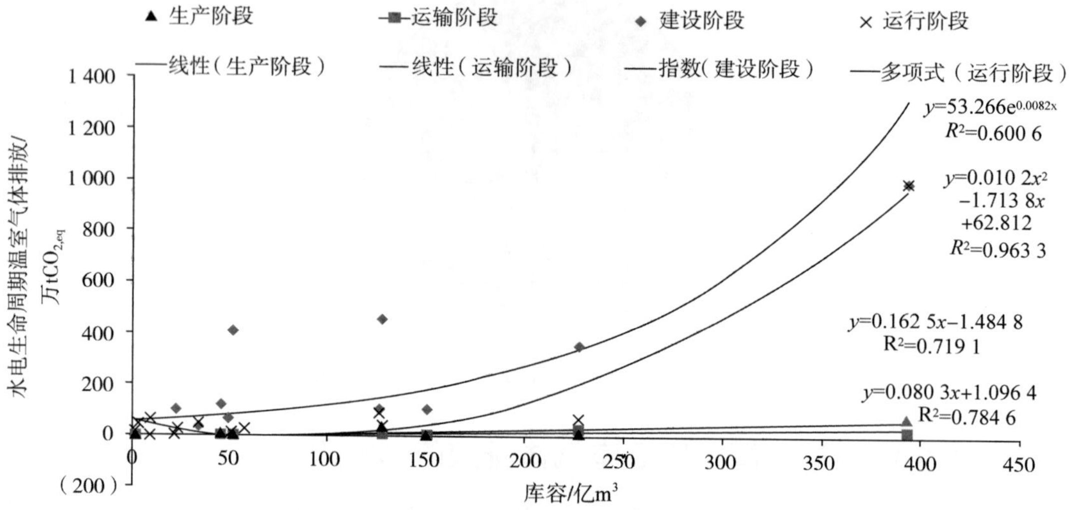

图 4.13　水电生命周期不同阶段温室气体总排放量与库容（亿 m^3）的相关关系

图 4.14 是对蓄水位与四个阶段温室气体排放做相关分析，各点杂乱起伏，说明蓄水位的高低与温室气体排放不相关。

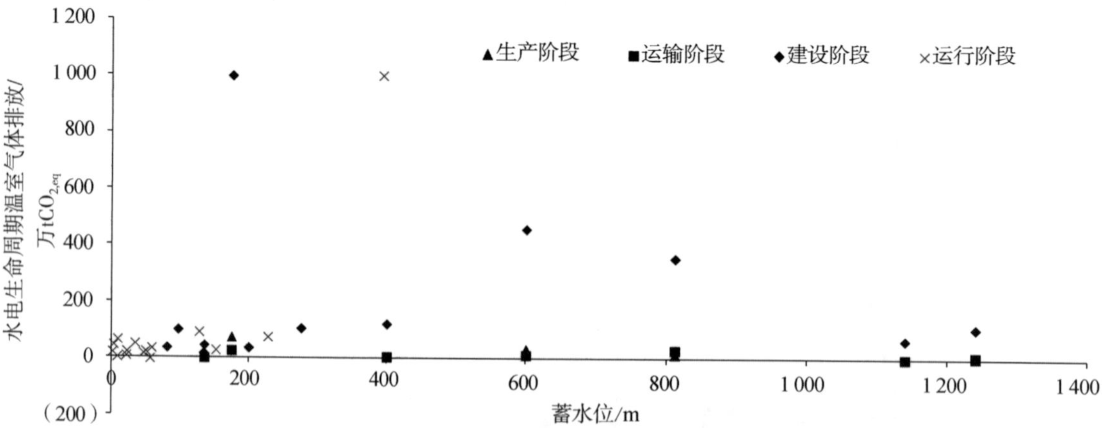

图 4.14　水电生命周期不同阶段温室气体总排放量与蓄水位（m）的相关关系

通过相关性分析，装机与各阶段的碳排放量有显著的线性相关关系。装机越大，这些阶段的碳排放量也越大。其在生产、运输、建设、运行阶段的回归方程分别为 $y=0.032\ 3x-$

1.89($R^2=0.976$)、$y=0.010\ 1x+4.85$($R^2=0.424\ 7$)、$y=0.416\ 9x+35.98$($R^2=0.948\ 8$)和 $y=0.347x-47.6$($R^2=0.704\ 5$)。

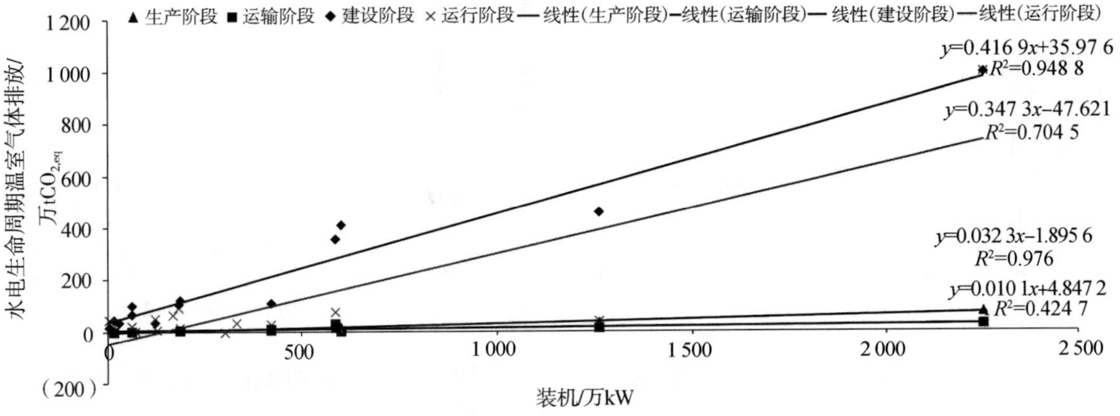

图 4.15 水电生命周期不同阶段温室气体总排放量与装机(m)的相关关系

水电工程的温室气体排放总量的影响因素众多,但是只了解影响排放总量的因素是不够的。作为为公众提供电力、水资源等功能的枢纽工程,其单位发电量的碳排放,即排放系数能更好地说明电力生产的能耗和碳排放问题。因此本研究还对水电生命周期各阶段的温室气体排放系数与功率密度做了相关分析,如图 4.16 所示。各阶段温室气体排放系数与功率密度都呈乘幂负相关趋势,说明水电工程的功率密度越大,则其排放系数随之越小。其在生产、运输、建设阶段相关性达到显著水平($p<0.05$),乘幂回归方程分别为:$y=0.802\ 8x^{-0.645}$($R^2=0.508\ 2$)、$y=0.656\ 5x^{-0.786}$($R^2=0.480\ 9$)和 $y=11.647x^{-0.562}$($R^2=0.405\ 9$)。而运行阶段根据目前的有限数据分析虽然没有达到显著水平,但此阶段的排放系数仍有随功率密度增大而变小的趋势,其回归关系如方程 $y=1.333\ 4x^{-0.43}$($R^2=0.107\ 1$)。

5.4 水库水体温室气体排放特征及影响因素

5.4.1 我国不同地区水库温室气体排放特征

本研究按照典型水库所在的流域进行了数据分析,所有地区水库呈现温室气体释放源的状态,图 4.17、图 4.18 分别列出了不同流域水库水体 CO_2、CH_4 通量情况。通过对有限数据的初步分析,澜沧江流域水库水体 CO_2 和 CH_4 排放通量均较高,平均分别为 6 808.50 mg·m^{-2}·d^{-1}和 16.11 mg·m^{-2}·d^{-1};CO_2通量较高的还有海河和黄河等,分别为 2 828.19 mg·m^{-2}·d^{-1}和 2 652.47 mg·m^{-2}·d^{-1},金沙江下游较低为 460.30 mg·m^{-2}·d^{-1};对于 CH_4来说,通量较高的流域还有海河、松花江和黄河等,分别为 10.23 mg·m^{-2}·d^{-1}、9.15 mg·m^{-2}·d^{-1}和 8.93 mg·m^{-2}·d^{-1}。根据对不同水库现场观测并结合相关数据发现,水环境问题可能是引起水库水体温室气体通量变化的一个重要因素。本研究期间,澜沧江流域各水库库区周边大部分为农田,且坡度较陡,需要提到的是在夏季进行观测前几天刚下完雨,农田面源污染引起的水库水质问题可能是引起该流域水体水气界面温室气体通量较高的一个较为重要的原因。海河流域观测的三座水库水产养殖较为普遍,水环境较差。而黄河流域几座水库比较显著的特点是平原型水库,总体来说功率密度较低,小浪底、西霞院和三门峡分别为 15 kW/m^2、8.2 kW/m^{2}和 7.3 kW/m^2。

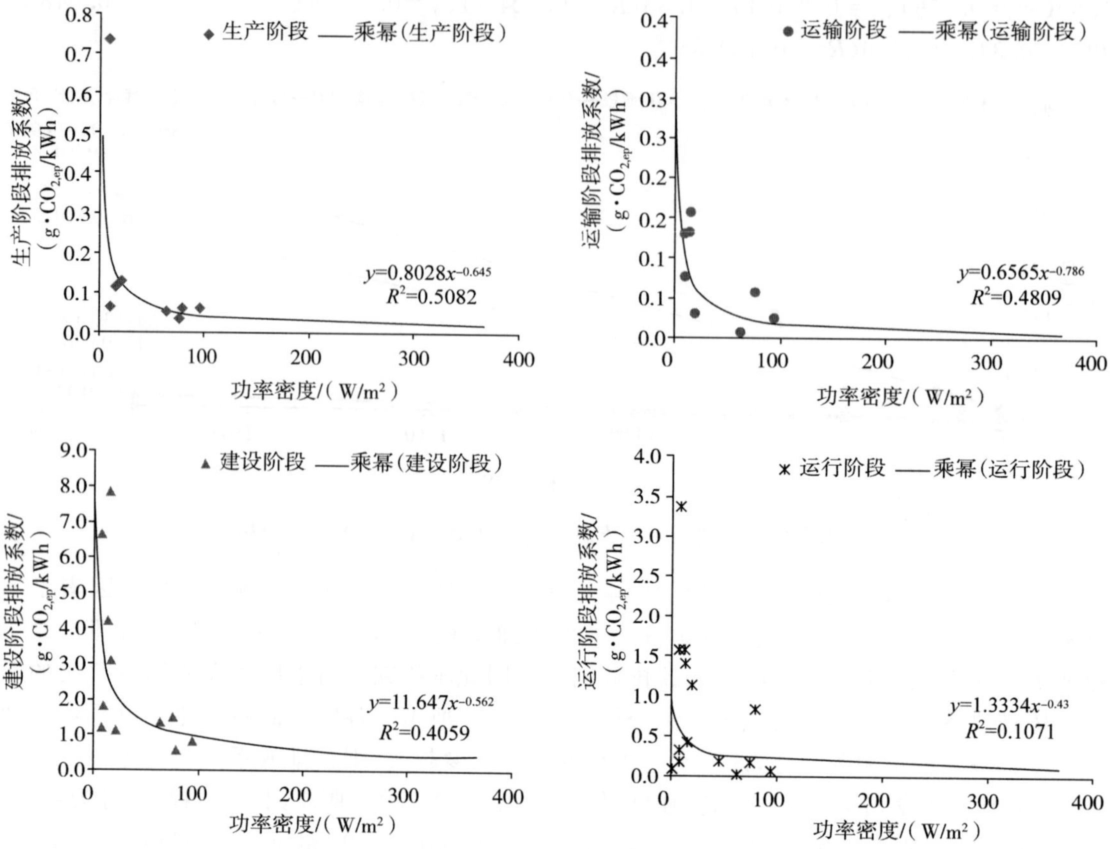

图 4.16 水电生命周期不同阶段温室气体排放系数与功率密度的相关关系

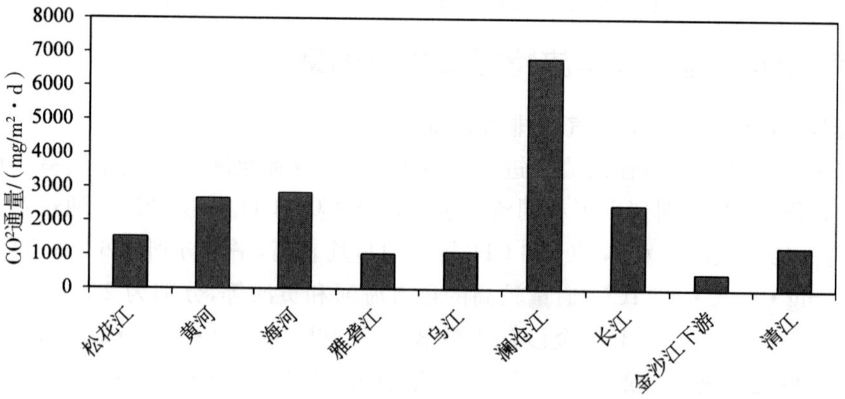

图 4.17 不同流域水库水体 CO_2 通量比较

5.4.2 同流域水库 GHG 排放比较

观测过程中对于同一流域上的水库，采样时间、采样频次以及观测点设置均一致，在对同流域水库水体温室气体通量分析过程中，按照从上游到下游的顺序进行排列，本研究具体分析了海河、澜沧江、乌江、黄河流域情况（如图 4.19～图 4.22 所示）。

总的来说，对于 CO_2，海河流域、澜沧江、乌江流域上位于流域中间的水库水-气界面

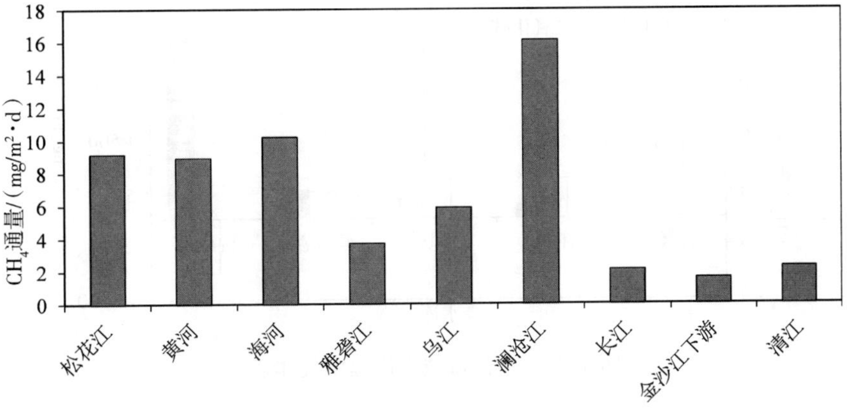

图 4.18　不同流域水库水体 CH_4通量比较

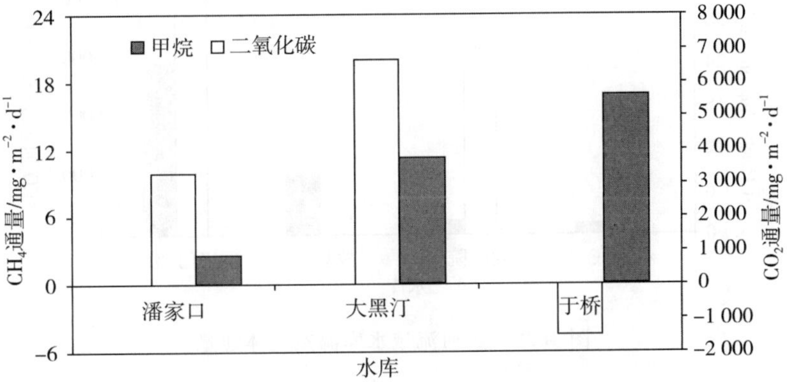

图 4.19　海河流域水库温室气体通量

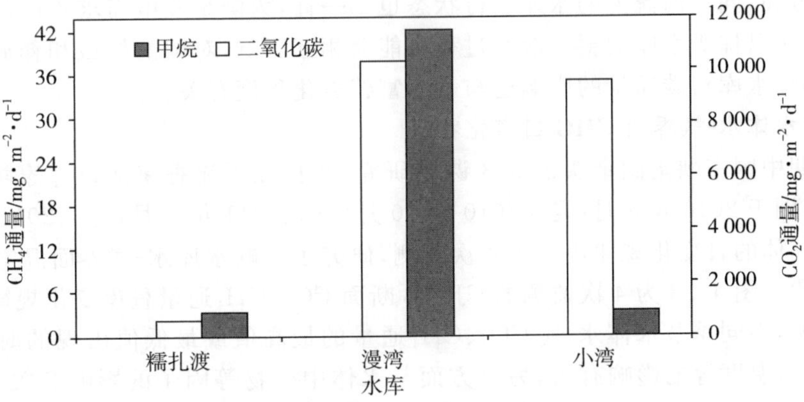

图 4.20　澜沧江流域水库温室气体通量

CO_2释放通量要高于上下游的水库，黄河流域干流上位于中间的水库具有较低水平，而支流上的故县水库 CO_2通量较干流低。对于 CH_4，乌江、海河的水库呈增加趋势，澜沧江上水库的 CH_4通量与 CO_2的通量具有相同的变化趋势。

通过对同一流域水库温室气体通量变化多样性原因分析，也可能是各流域修建梯级水

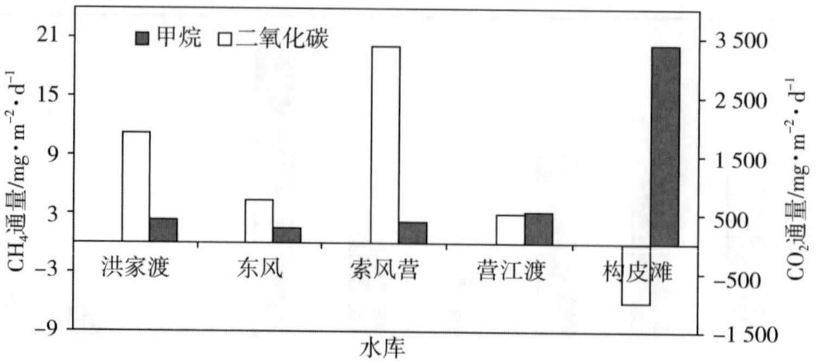

图 4.21　乌江流域水库温室气体通量

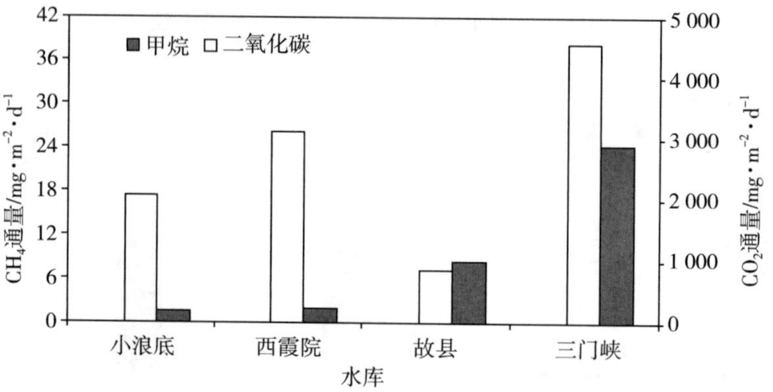

图 4.22　黄河流域水库温室气体通量

库后，河流水体的连续性消失，而连通性的消失使得各种形态的碳通量都会受到影响，水库拦截蓄流作用使得水体中溶解无机碳增加，对溶解有机碳和颗粒有机碳也具有明显的拦截作用。另一方面，同一河流上的水库运行状态也不一样，为满足发电需求水库的运行都要进行优化调度，所以梯级水库的蓄—泄水过程可能会相互影响，对碳的拦截和释放效用也不一样。同时，梯级水库对碳通量的影响还与水库富营养化程度有关。

5.4.3　水库水体水-气界面 GHG 日变化特征

通过前期中国三峡集团牵头的 973 课题研究，在长江干流香溪河口郭家坝(CJGJB)设置采样点，分别于 2010 年 8 月(夏)、2010 年 10 月(秋)、2011 年 2 月(冬)、2011 年 4 月(春)对水体温室气体的日变化规律进行了 4 次观测，研究了三峡水库水-气界面温室气体通量的昼夜变化规律。图 4.23 为 4 次监测的 CJGJB 断面 CO_2、CH_4通量昼夜变化规律图。

总的来说，不同季节水体水-气 CO_2、CH_4 通量的最高值或最低值出现的时间并不完全一致，一方面与温度等的影响有关，另一方面与水体中生物等因子的影响有关，但仍有一定的规律可循。一方面，CO_2、CH_4 通量变化趋势呈现显著的正相关性；另一方面，呈现的大体规律基本为：从零点开始温室气体通量值逐渐降低，然后维持在较平稳的波动状态，到中午左右又开始升高，到了下午又逐渐降低到一定的程度之后又升高；另外，CO_2、CH_4 通量一般在中午左右(10:00～15:00)、晚上(21:00～次日 1:00)监测通量值较高，其他时段值较低。

5.4.4　水库蓄、泄水对坝下江段水体水-气界面温室气体通量的影响

在研究同流域水库的温室气体通量变化时发现，所选取的几个流域，每个流域水库温室

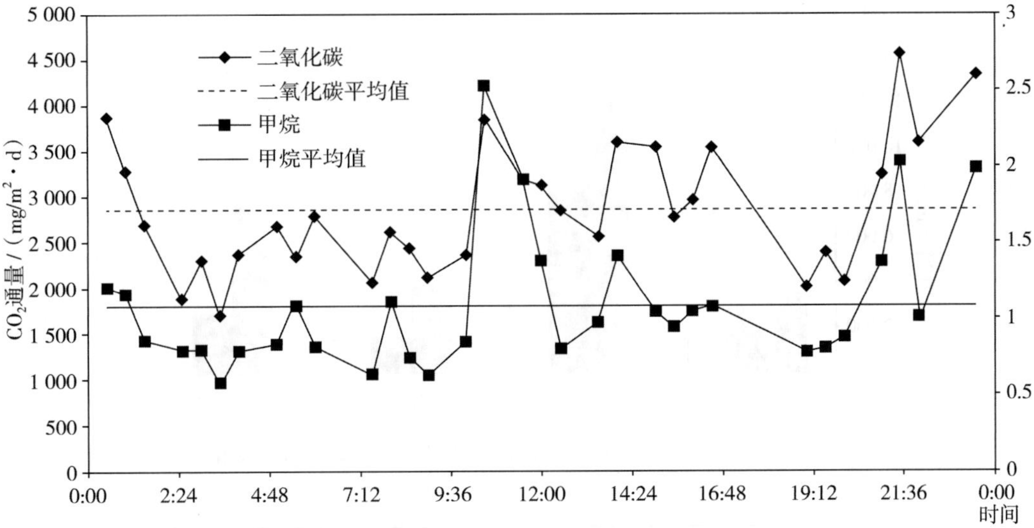

图 4.23　三峡水库温室气体通量日变化均值

气体通量变化呈现多样性,分析原因可能与梯级水库修建及其运行调度有关。通过在三峡水库开展的蓄泄水过程对坝下江段温室气体通量的影响,其结果可以进一步佐证该分析。

在三峡库区干流选取了从长江干流茅坪到宜昌水文站之间的典型区域(分别设置监测断面 CJMP,CJHLM、CJSWTY、CJYCSWZ)研究三峡水库蓄、泄水过程对坝下河段水体温室气体通量的变化特征。其中,CJMP 和 CJHLM 分别为三峡大坝坝上和坝下监测断面,CJSWTY 和 CJYCSWZ 分别为葛洲坝坝上和坝下监测断面。本研究大致将蓄、泄水的整个过程分为三个阶段:蓄水前期(2010 年 5 月到 8 月,该段时间三峡入库水量小于出库水量)、蓄水期(2010 年 9 月到 11 月,该段时间入库流量大于出库流量)、稳定期(2010 年 12 月至 2011 年 4 月,入库流量与出库流量基本相当)。

图 4.24、图 4.25 为四个监测断面从蓄水前期、蓄水期到稳定期的 CO_2、CH_4 通量变化。通过对 4 个采样断面在蓄水前期、蓄水期、稳定期 3 个阶段的 CO_2 通量分析发现,基本趋势为蓄水前期>蓄水期>稳定期。其中,位于三峡工程坝下的 CJHLM 断面和位于葛洲坝工程坝下的 CJYCSWZ 断面的各阶段之间的通量变化较为明显;而位于三峡工程坝上的 CJMP 断面、位于葛洲坝工程坝上的 CJSWTY 断面虽然每个断面从蓄水前到稳定期有下降的趋势,但变化幅度不是很大,尤其对于 CJSWTY 断面来说三峡工程蓄水期间 CO_2 通量与稳定期通量相当。另外,还可以看出,对于 CJMP 和 CJSWTY 两个断面来说,每一阶段两断面 CO_2 通量相差不是很大。因而,通过对 CJMP、CJHLM、CJSWTY、CJYCSWZ 四个断面蓄水前期、蓄水期、稳定期三个阶段的 CO_2 通量变化分析可见,泄水、蓄水过程可能对于坝下某段区域水体 CO_2 通量有一定的影响,其影响程度或大小视具体位置而定。

对于 CJPM 断面,蓄水前期、蓄水期、稳定期的 CH_4 通量变化不大;对于 CJHLM 断面来说,从蓄水前期到稳定期 CH_4 通量有增高的趋势,而对于 CJSWTY 断面,先略微升高然后下降,对于 CJYCSWZ 断面,先降低然后有升高趋势。总的来说,三峡工程泄水、蓄水过程对坝上区域水体水-气界面 CH_4 通量的影响不大,但对于坝下区域的影响及其程度视具体位置和该断面所处具体环境而定。

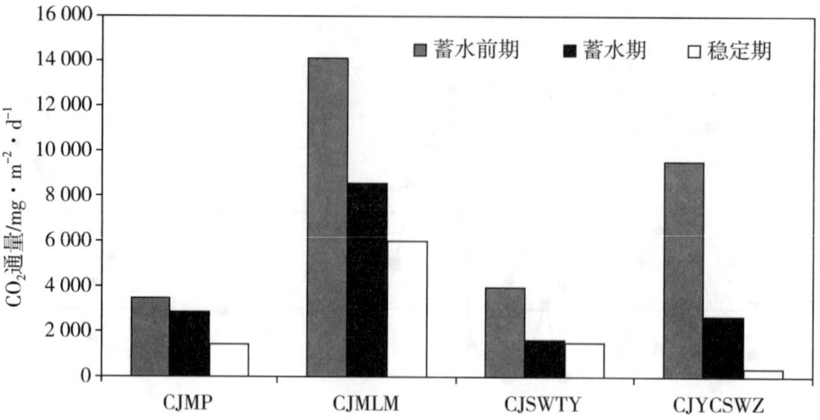

图 4.24　水库蓄放过程坝下河段水体水-气界面 CO_2 通量变化

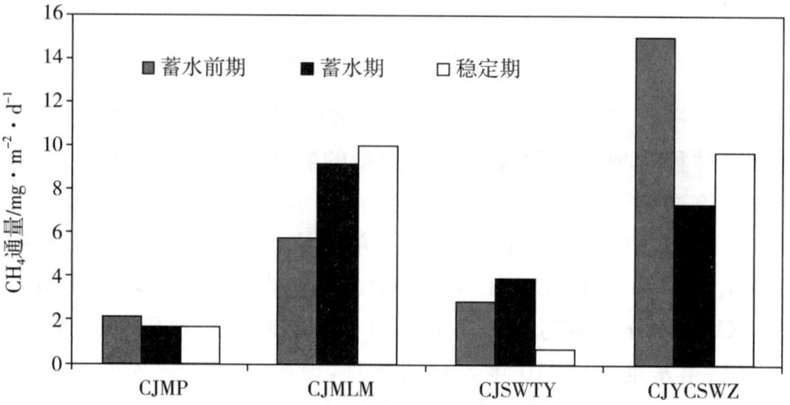

图 4.25　水库蓄放过程坝下河段水体水-气界面 CH_4 通量变化

5.4.5　网箱养鱼对水体 GHG 释放通量的影响

通过在夏季对潘家口、大黑汀水库的研究，发现网箱养鱼对于水库水体 GHG 释放有一定的影响，如图 4.26，图 4.27 所示。潘家口水库，对于 CO_2 通量来说，由于水体富营养化程度较高，整个水体呈现碳汇状态，但网箱养鱼处吸收 CO_2 较其他位置低，对于 CH_4 通量来说，岸边位置释放通量最高，中泓位置次之，网箱养鱼处最低。而大黑汀水库，对于 CO_2 通量来说，网箱养鱼处释放通量最高，其次为岸边，中泓位置最低，对于 CH_4 通量来说，仍然呈现出岸边位置释放通量最高，其次为中泓位置，网箱养鱼位置最低。

总的来说，网箱养鱼能增加水体 CO_2 的排放通量或降低水体对 CO_2 的吸收；而对于 CH_4 来说，可能由于鱼类的活动改变了水体溶解氧水平，呈现较低的趋势。

5.4.6　环境因素对水库 GHG 释放通量的影响

本项目还研究了温度、气压、风速、pH 值、DO、TOC、TN、TP、TA 对水体温室气体通量的影响。总的来说，影响水体温室气体释放通量的影响因素众多，包括生物因素、物理因素、化学因素等，水库水体温室气体释放是一个动态变化的复杂的生物地球化学过程，包括气体的产生、运输和排放等，而影响这些过程的因素也非常多，从而导致了水库温室气体释放的差异性和不确定性。

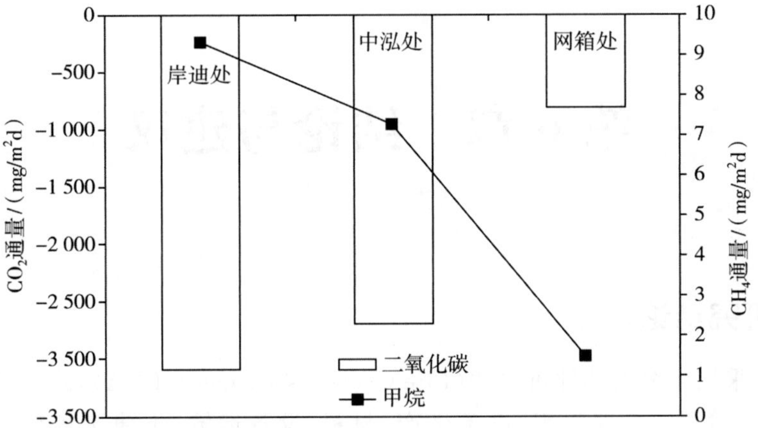

图 4.26　潘家口水库网箱处与其他位置水-气界面 GHG 通量比较(8 月)

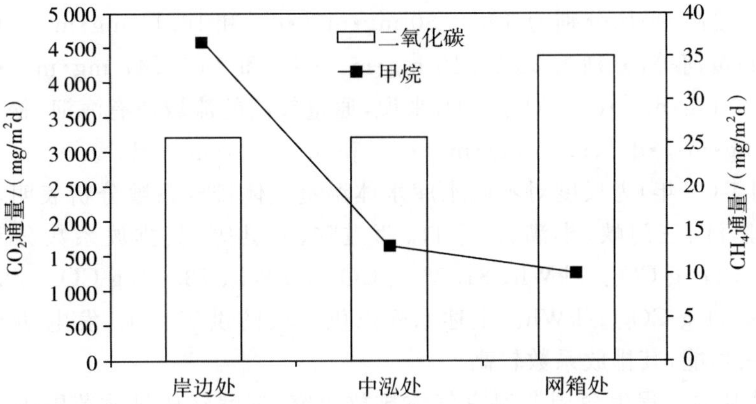

图 4.27　大黑汀水库网箱处与其他位置水-气界面 GHG 通量比较(8 月)

第6章　结论与建议

6.1　主要研究结论

(1)本报告采用生命周期评价方法(Life Cycle Assessment,LCA),确立了我国主要水电生命周期的四个阶段——即材料/设备生产、材料/设备运输、土建工程建设、运行维护阶段——的边界条件。

(2)通过对我国多个流域水库水体温室气体通量现有观测,澜沧江流域水库水体 CO_2 和 CH_4 排放通量均较高,平均分别为 6 808.50 $mg \cdot m^{-2} \cdot d^{-1}$ 和 16.11 $mg \cdot m^{-2} \cdot d^{-1}$;$CO_2$ 通量较高的还有海河和黄河等,分别为 2 828.19 $mg \cdot m^{-2} \cdot d^{-1}$ 和 2 652.47 $mg \cdot m^{-2} \cdot d^{-1}$,金沙江下游较低为 460.30 $mg \cdot m^{-2} \cdot d^{-1}$;对于 CH_4 来说,通量较高的流域还有海河、松花江和黄河等,分别为 10.23 $mg \cdot m^{-2} \cdot d^{-1}$、9.15 $mg \cdot m^{-2} \cdot d^{-1}$ 和 8.93 $mg \cdot m^{-2} \cdot d^{-1}$。

(3)以观测年(一年)为尺度对不同水库水体温室气体排放系数分析表明,其数值位于前列的水库有大黑汀、三门峡、丰满、潘家口、西霞院、故县等,其排放系数分别为 979.81 g-$CO_{2,eq}$/kWh、89.17 g-$CO_{2,eq}$/kWh、81.06 g-$CO_{2,eq}$/kWh、73.02 g-$CO_{2,eq}$/kWh、33.69 g-$CO_{2,eq}$/kWh、22.41 g-$CO_{2,eq}$/kWh。上述水库以供水或防洪等为主,发电功能次要,还兼有水产养殖等利用功能,其排放系数较高。

(4)通过对典型工程生命周期温室气体排放研究,温室气体排放范围为 70.0～2 098.6 万 t $CO_{2,eq}$,平均排放量为 503.9 万 t $CO_{2,eq}$;主要水电站生命周期的排放系数在 0.90～10.12 g-$CO_{2,eq}$/kWh 之间,平均为 3.51 g-$CO_{2,eq}$/kWh。排放系数最小值出现在金沙江的溪洛渡和向家坝两个梯级水库,排放系数最大值出现在西霞院水库。

(5)通过对典型工程不同阶段碳排放分析,土建工程建设阶段的碳排所占的比例最大,平均约为 70.2%;运行阶段的碳排量所占比例次之,约为 23.4%;建筑材料、机电设备生产阶段的碳排放在生命周期的比例约为 4.3%;而建筑材料、机电设备运输阶段的比例约为 2.1%。

(6)通过对不同流域水库、同一流域不同水库、同一水库不同位置、同一位置不同时间观测、蓄泄水不同时期方面的温室气体通量观测以及温度、气压、风速、pH 值、DO、TOC、TN、TP、TA 等环境因素影响分析等进一步表明,影响水库水体温室气体排放的因素众多,由建库引起的水体温室气体净排放依据有限的、片段的监测数据很难分析,需要长时间序列的观测与验证。

6.2　基于生命周期实现水电碳减排的相关建议

(1)重视建设和运行阶段阶段碳排放控制,首先通过技术提高来实现减排。

本研究通过对典型工程生命周期温室气体排放研究发现,土建工程建设阶段温室气体排放比例较高，其次是运行阶段，因此加强控制建设和运行阶段碳排放较为重要，建议首先通过提高相关技术实现碳减排。在工程建设阶段采取低碳筑坝技术，优化施工方案，鼓励材料的再循环再利用、提高资源利用效率，加强温控等措施；在运行维护阶段尽可能采用低碳的设备设施来维持。

(2)加强库区水环境管理与综合整治，提高水环境质量。

水库水体的碳排放系数由水体温室气体排放通量、水库面积和发电量等因素决定，而影响水库水体温室气体排放的因素又众多，包括水体环境、水库调度方式、库区周边土地利用和库区水体利用等直接和间接因素。目前我国水库水环境质量普遍不高，水库面源污染问题仍然较为严重，水产养殖等行为造成的水体富营养化现象较为普遍。建议加强水电站库区环境专项整治，对全国水库在全面、系统开展库区污染源排查基础上，编制库区环境综合整治和发展保护规划。

(3)统筹协调流域梯级水库群的调度运行，实现生态环境保护与发电等其他功能的和谐统一。

针对流域梯级水电，建议统筹协调并推进水库群发电、生态环境保护、防洪、供水等方面的综合利用调度的工作，为流域梯级水电站联合调度和多元主体合作奠定基础。

(4)重视水库建库前碳排放问题研究与相关工作。

本研究未系统分析由于水库淹没引起的土地利用变化而产生的碳排放，但对于土地淹没面积较大的水库这一方面或许也是应该关注的方面，建议在继续做好蓄水前水库清库工作尽可能减少淹没有机质数量的同时，加强在土地利用变化等方面的碳排放问题研究，为做好建设期减排工作找到更为有效的措施和途径。

6.3 需要进一步研究的问题

目前，针对水电生命周期温室气体排放的系统的研究案例仍然较少，对于其边界设定、生命周期界定、相关数据的采用等方面争议依然较大；尤其是对于水库温室气体释放问题的研究仍然处于初级阶段，虽然近几年开展了有关水库温室气体释放通量、特征与影响因素的研究，但仍然缺乏系统性和长期性，尤其对其机理仍不能定量的进行说明；另外，由于对于河流建库前的有关温室气体释放的数据匮乏，从而对于评价目前水库温室气体净排放问题非常困难。因此，针对上述问题，有必要进一步开展如下研究：

6.3.1 关注水库温室气体排放系数研究

关于水库温室气体排放，在今后的工作中建议重点关注排放系数的影响研究，而不仅仅用总量来衡量，因此，对水库而言不是控制库容和装机规模，而是如何发挥规模效益(例如电力密度问题)，这就需要前期做好水电规划，尽可能提高发电效益。

6.3.2 扩大水电温室气体研究的范围

据统计，我国共有大小水库 8.6 万余座。截至 2007 年底我国已建在建的坝高 30 m 以上的大坝共有 5 191 座；而小水电站超过 4.5 万座，水电站遍布全国各地。

本研究仅选用了少量水电站进行了研究，样本数量有限，研究数据存在误差较大的可能。为了研究结果更具代表性和适用性，希望接下来能进一步增加研究的样本数，科学抽样，选取不同规模的水电站进行研究。

6.3.3 加强水电建设阶段相关资料的获取

对全国水电温室气体排放总量和排放系数的估算，涉及许多大坝建设、原材料和机电设备的生产、运输、维护、运营等各方面的相关资料。希望接下来能得到相关单位的配合，取得更详细的资料。

6.3.4 系统开展水电温室气体排放的原位监测

缺乏监测数据是制约我们目前对此问题做出定量评价的主要制约因素，可以有效利用数据的缺乏，实际上我们在这个问题上失去了发言权。迫切需要通过建立我国水库温室气体排放的监测体系，对重点（典型）水电站（水库）的系统开展气体排放的原位监测，通过实测数据，以事实说话，定量评价水库温室气体排放的强度和影响。

6.3.5 加强水库水体温室气体产生和排放的机理研究

从目前关于水库温室气体的研究看，机理方面的研究显然是不完备的。由于现有工作主要在南美热带雨林地区和北温带加拿大地区的水电站开展的，这些水电站的共同特点就是存在大量淹没有机质，淹没的残留有机质分解往往被解释为水电站（水库）唯一的产气途径。如前节所述，根据湖沼学理论，水库中碳循环可能有多种产气方式，有机质来源也可以是库区生物的残留有机质、流域输入外源有机质以及水库初级生产力（藻类）的自生有机质。不同的情况下水库的温室气体产生和释放的机制可能差异显著。

我国水电站（水库）显然没有严重的有机质淹没问题，但这是否意味着我国水库就没有温室气体的产生，并没有理论解释的支持。而根据湖沼学理论，我国水库中碳转化过程可能形成温室气体的产生和释放，因此需要阐明如下问题：水库中碳循环的其他过程是否会扮演意料之外的重要角色？水库严重的水体富营养是否可能伴生温室气体排放问题？污染物在水库的累积是否可能形成潜在的温室气体释放可能？不同地区水库中上述过程的时空变异如何？流域过程在水库过程中扮演的角色是什么？等等。总体上来看，我国水库温室气体产生的基础理论还是空白，而地理时空的巨大差异无疑增加了问题的复杂性。

系统的机理研究显然是必要的，除了碳循环引起的二氧化碳和甲烷释放外，水库系统中的硫循环可能产生 H_2S 释放，氮循环可能产生 N_2O 释放（一种重要的温室气体，其增温效应是二氧化碳 296 倍）。相关的工作，在我国几乎还是空白。

6.3.6 建立和完善绿色水电核算的理论和方法体系

目前国际上推行的绿色水电认证中，一个重要的基本前提是“水电排放的 CO_2 很低，从全球变化和生态的角度考虑水电是最有价值的能源”，总体看，这样的说法也许是正确的，但即便如此也还是需要可信的证据。显然，需要发展一套可行的表征水库温室气体产生和释放的指标体系，在现有的以淹没有机质数量为主的基础上，引入更多的、有说服力的评价参数来，支持衡量绿色水电的技术体系。在评价的空间尺度上，需要考虑流域系统对水库产气过程的影响。而在时间尺度上，需要从水电站的生命周期进行全过程分析和评价。根据区域特点制定水电站温室气体排放影响的评价标准和方法导则。

6.3.7 制定水电生命周期温室气体监测与评价技术导则

从技术层面上说，我国没有水库温室气体评价的相关依据和技术导则。为应对气候变化，解决“碳足迹”具体计算方法，国际标准化组织（ISO）于 2008 年 4 月开始制定有关产品碳足迹国际标准，2012 年发布了 ISO/DIS 14067《产品碳足迹—关于量化和通报的要求和指南》国际标准的草案版，该标准适用于商品和服务（统称产品，服务中特别提出了电力），阐述了有关产品生命周期碳足迹量化和通报的各项原则、要求和指南。ISO/DIS 14067 草案的提出，表明有关产品碳足迹标准的框架已经基本确立。为了适应国际需求，针对生命周期产品碳足迹量化的方法我国也应该加强该方面的研究并制定相关的标准。特别指出的是我国制定的“十二五规划纲要”明确提出要“建立和完善温室气体排放统计核算制度”。水电作为我国重要的可再生能源，有其自身的特性，尤其需要开展有关水电运行中温室气体释放和产生、监测、生命周期温室气体排放核算等方面相关技术导则或标准的制定。

第五部分

风电的温室气体排放

摘 要

风电温室气体排放关键问题研究子课题，以国内外风电开发利用及其发展现状为基本背景，论述了国内外针对风电温室气体排放问题的研究情况；重点对我国目前主流风电系统在其生命周期内，温室气体排放问题进行了系统的深入分析与研究。

伴随着世界能源需求增加与生态环境不断恶化的深刻矛盾，风能作为一种可再生清洁能源由于在其特定的生命周期内几乎没有温室气体排放，相对于其他能源形式，对环境影响相对较小，被世界各国所高度重视，成为世界上发展最迅速的电力来源。未来5年，世界风电市场依然由亚洲、欧洲和美洲主导，全球风电市场年装机容量将有望从2012年年底的44 GW增长到2016年的59.24 GW。

中国风电在经历了多年快速增长后，进入了稳健发展期，风电产品开始走出国门进入国际市场；装备制造水平不断提高，已经初步形成了适合我国国情的风电产品，产业链趋于完整。然而，“弃风限电严重”、“消纳困难”、“并网受阻”、“产能过剩”、“海上风电发展缓慢”以及“自主创新能力薄弱”等瓶颈问题日益凸显。结合《风电发展“十二五”规划》设定的发展目标，求真务实地解决好风电发展的瓶颈问题，是当前的首要任务。

作为世界主要经济体的欧盟，针对风电在全生命周期内温室气排放的问题，在欧洲各国，政府、相关机构和企业各界均有较为广泛和深入的研究。以丹麦维斯塔斯（Vestas）风力技术集团为典型代表的企业首先采用碳足迹生命周期评估方法学，依据ISO 14040标准，开展了大规模的温室气体碳盘查研究与实践工作。国内对风电在全生命周期内温室气体排放的研究相对较少。然而，一些认证机构、风电产品制造企业以及科研院所针对国内主流1.5 MW和2.0 MW叶片、齿轮箱以及典型风电场进行了制造过程温室气体排放的研究。

课题参考目前国际与国内基于生命周期和碳足迹相关标准系统地对典型风电系统生命周期内生产阶段进行了研究与分析，并给出了估算结果。课题以《2006年IPCC国家温室气体清单指南》中第1层级核算方法为根本依据，为建立二氧化碳排放量与风电电力生产之间的关系，在综合考虑后续不同能源发电技术温室气体排放量之间的对比需求，依据《GB/T 24025—2009 环境标志和声明Ⅲ型环境声明原则和程序》标准确定风电能源温室气体估算功能单位为：千瓦时（kWh）电量，估算结果表示为g-$CO_{2,eq}$/kWh。

鉴于风电系统的复杂性，课题对生命周期内的系统边界进行了划分，主要考虑的生命周期阶段包括：风电机组组件制造/装配阶段、机组总装阶段、机组调试运行阶段、机组运输阶段、机组运行使用阶段、机组维护保养阶段和机组报废回收阶段。

课题分别对1.5 MW和2.0 MW风力发电机组的叶片、轮毂和头锥、齿轮箱、发电机、塔架（1.5 MW包括80 m和65 m高度两种）、基础的生产制造阶段进行系统深入的研究并估算出了温室气体排放量。同时，课题以装配有33台1.5 MW风电机组的风电场和装配有50台2.0 MW风电机组的风电场为研究对象分别估算了其建设制造阶段、保养维护阶段的温室气体排放量，每台机组每年工作 2 000 小时，寿命为 20 年，则 1.5 MW 风电机组的风电场施工建设期间温室气体排放量为 1.83 g-$CO_{2,eq}$/kWh。2.0 MW 风电机组的风电场施工建设温室气体排放量为 6.13 g-$CO_{2,eq}$/kWh。

课题对 1.5 MW 80 m 高塔架风力发电系统的温室气体排放估算量的不确定性，使用 Crystal ball 水晶球分析软件，采用蒙特卡洛模拟的方法进行分析，在 95%置信区间内，温室气体排放值范围为 22.39～24.75 g-$CO_{2,eq}$。经 5 000 次模拟后，得到标准误差均值(SEM)为 0.01。敏感性分析显示在 1.5 MW 80 m 高度塔架风力发电系统中，以钢材制造为主要排放源的塔架、基础、齿轮箱和发电机制造过程的温室气体排放量占到了主要的显著份额。

课题最后就我国风电系统温室气体排放核算过程中显现出来实际问题进行了阐述，并对风电温室气体核算系统边界确定和风电减排途径关键问题进行了讨论。

第1章 概 述

近年来，随着社会经济的发展，全球能源消费也在快速增长。我国 2012 年一次能源消费总量已达到 36.2 亿吨标准煤，约占世界能源消费总量的 20%。传统的化石能源大规模开发利用造成全球气候变化，生态环境恶化。目前，我国空气污染物（CO_2，SO_2，PM2.5）的排放量已居全球首位。

在全球气候变化的背景下，以低能耗、低污染为基础的“低碳经济”已成为全球热点。发展低碳经济是应对气候变化、实现社会可持续发展的重要手段。

“风能温室气体排放关键问题研究”是中国工程院院士科技咨询研究项目“不同发电能源温室气体排放关键问题研究”的子课题，根据项目组提出的要求，对风力发电在开发利用过程中涉及温室气体排放的关键问题进行研究。研究内容主要是对温室气体排放量进行估算和分析，在此基础上对风电温室气体减排提出建议。

目前国外少数大型风电企业针对其产品开展了全生命周期内温室气体排放的研究，国内则鲜有报道。课题研究过程中，依据国际推荐的温室气体排放评价标准与核算方法学，对固定型号的风力发电机组及其关键部件进行纵向的生命周期，特别是在风电设备制造过程中的温室气体排放估算研究，同时还对不同型号的风力发电机组及其关键部件如叶片、发电机、齿轮箱和塔架等进行了横向的温室气体排放对比研究。通过研究，给出了风力发电机组在其生命周期内的温室气体排放估算值，并对风电自身减少温室气体排放提出建议。

本子课题在潘自强院士的指导下，由中国可再生能源学会风能专业委员会组织进行，参加研究的单位有北京鉴衡认证中心有限公司、中国船级社质量认证公司、中材科技风电叶片股份有限公司、国网能源研究院等。此外，国电联合动力技术有限公司、南京高精齿轮集团有限公司、国电联合动力技术（宜兴）有限公司、金风科技股份有限公司、西安盾安电气有限公司、宁波东力传动设备股份有限公司、华电福新能源股份有限公司、内蒙古国华通辽风电场和华电灌云风电场为本课题研究提供了研究所用的信息。参加本课题研究的主要人员由贺德馨、马照东、邱桂杰、王海珍、姚小芹、庞卓卉、石扬、张燕红、周伟忠、白建华和金艳鸣等，最终报告由马照东、贺德馨执笔完成。

第 2 章　国内外研究现状

2.1　国内外风电开发利用现状

近年来，随着社会经济的发展，全球能源消费也在快速增长。传统的化石能源大规模开发利用造成全球气候变化，生态环境恶化。目前，世界各国能源转型的基本趋势是实现由化石能源为主向新能源和可再生能源等低碳能源为主的可持续能源体系转型。

2.1.1　国外风电开发利用现状

国外风电发展情况，世界上已有 100 多个国家发展风能，尽管经济持续低迷，2012 年全球风电新增装机容量仍达到 44.799 GW，累计装机达到 282.587 GW。相较于 2010 年全球风电增长速度进一步放缓(见图 5.1)[159]。

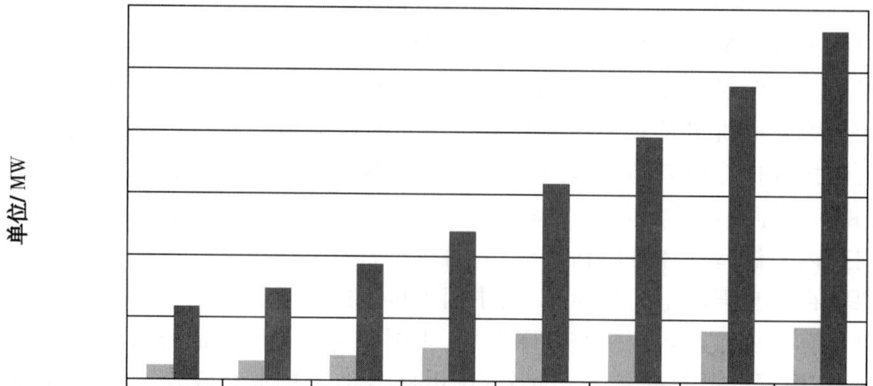

	2005	2006	2007	2008	2009	2010	2011	2012
■ 新增装机	11531	15245	19866	26560	38793	38265	41236	44799
■ 累计装机	59091	74052	93820	120291	158908	197039	238351	282587

图 5.1　全球风电装机容量

拉丁美洲、非洲和亚洲正在成为拉动全球风电市场发展的主要动力。中国和印度仍是亚洲风电装机容量增长的主要驱动力，两个国家新增装机容量总和相当于 2012 年全球新增总装机量的 50%。

欧洲的发展相对平稳。发展重点仍是海上风电，2012 年全球海上风电新增装机容量约 1 292 MW，其中 90%以上的装机容量发生在欧洲，特别集中在北海、波罗的海、英吉利海峡等地。2012 年，欧洲海上风电累计装机容量达到 5 410 MW，新增装机容量的 46%以上发生在英国，德国在弃核政策的影响下也表现出发展海上风电等可再生能源的更强决心。

未来 5 年，世界风电市场依然由亚洲、欧洲和美洲主导，但市场份额有所下降，其他新兴市场开始稳步发展，非经合组织成员国连续两年风电新增装机容量超过经合组织成员国，这种趋势有望在未来几年加强。虽然世界各主要国家都出台了风电激励扶持政策，加之技术进步和成本下降，这都为风电发展提供了巨大的动力，但碳市低迷、欧债危机等因素使得未来风电发展的环境更加复杂。

根据全球风能理事会预测，未来 5 年间，全球风电市场年装机容量将有望从 2012 年年底的 44 GW 增长到 2016 年的 59.24 GW。在这 5 年间，全球风电市场年新增装机容量将以 8%的平均速度增长，在 2012—2016 年的 5 年间，总的市场增量有望突破 255 GW，全球累计装机容量将达到 493 GW。累计市场在 5 年间的增长水平约为 16%，相较于过去 15 年的平均 28%的增长速度，未来 5 年的累积市场增长速度明显下滑(见图 5.2)[160]。

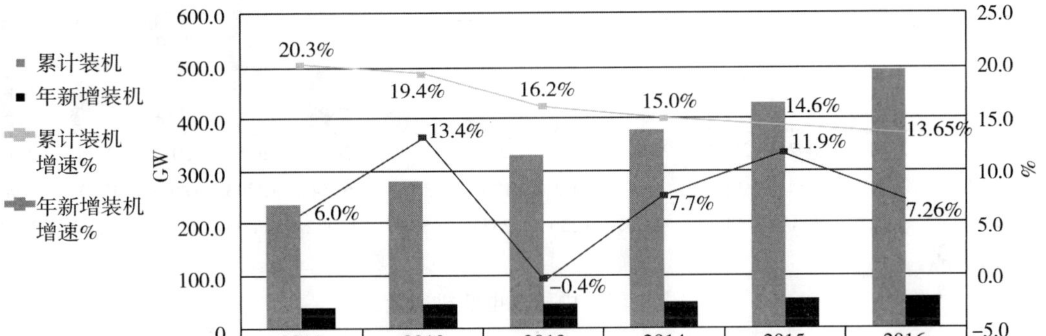

	2011	2012	2013	2014	2015	2016
年新增装机/GW	40.6	46.0	45.8	49.4	55.2	59.24
累计装机/GW	237.7	283.7	329.5	378.9	434.1	493.33
累计装机增速/%	20.3	19.4	16.2	15.0	14.6	13.65
年新增装机增速/%	6.0	13.4	-0.4	7.7	11.9	7.26

图 5.2　全球累计和新增装机容量预测(2012—2016 年)

2.1.2　国内风电开发利用现状

中国风电市场在历经多年的快速增长后步入稳健发展期。2012 年中国(不含港、澳、台)全年新增风电装机容量 13 GW，低于 2011 年 5.2 GW，全国累计装机容量 75.32 GW，继续保持全球风电装机容量第一的地位。至 2012 年年底，中国有 30 个省、市、自治区(不含港、澳、台)有了自己的风电场，主要分布在华北、华东、西北和华东(见图 5.3、图 5.4)。2012 年风电并网容量全年发电量达到 1 004 亿千瓦时，占全国总电量 2.03%[161]。

2012 年，中国风电市场的稳定发展，使风电产业在困难的情况下继续保持了良好的态势，在全球前十位的风电设备供应商中，中国仍占有 4 家，它们分别是金风科技股份有限公司、国电联合动力技术有限公司、华锐风电科技(集团)股份有限公司和广东明阳风电技术有限公司。另外，许多企业的产品已开始进入国际市场。在中国风电市场中，主流风电机组的单机容量逐年提高，平均单机容量已超过 1.5 兆瓦，3 兆瓦级风电机组开始批量生产，5 兆瓦和 6 兆瓦的风电机组也已投入运行。针对我国特殊的气候环境条件，研发了低风速、抗风沙、耐低温、抗台风和高原性的风力发电机组系列，满足了各类地区，尤其是分布式风电场开发的需求。与整机配套的关键零部件已基本上可以在国内制造(包括合资企业和外资企业)，形成了较完整的产业链。

风电产业的稳步发展给风电技术进步带来机遇，一些企业在产能减少的情况下，仍然坚持科研先行。国家科技部下发了《风力发电科技发展“十二五”专项规划》，提出了中国风电

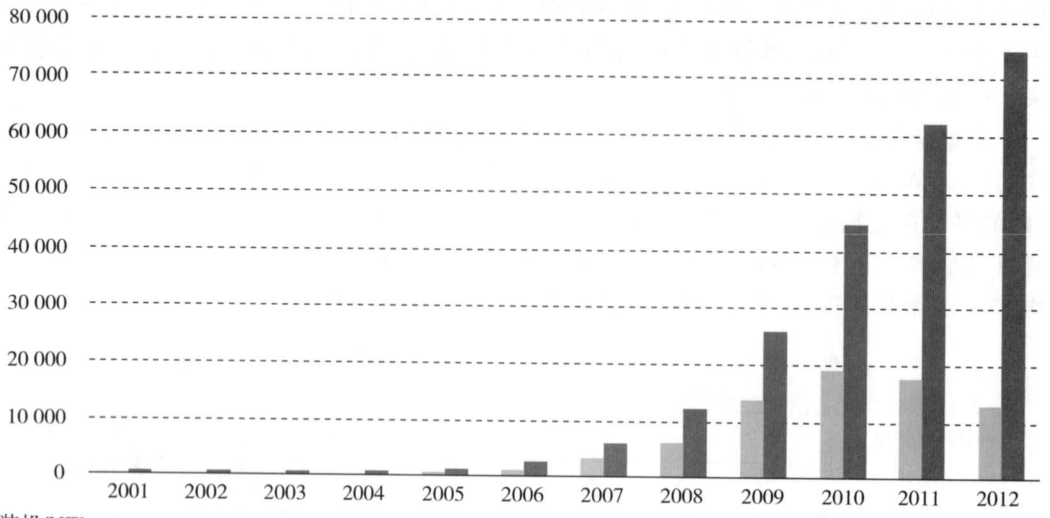

	2001	2002	2003	2004	2005	2006	2007	2008	2009	2010	2011	2012
新增装机/MW	42	66	98	197	507	1288	3311	6154	13803	18928	17631	12960
累计装机/MW	381	448	546	743	1250	2537	5848	12002	25805	44733	62364	75324

数据来源:CWEA

图 5.3　中国风电装机容量

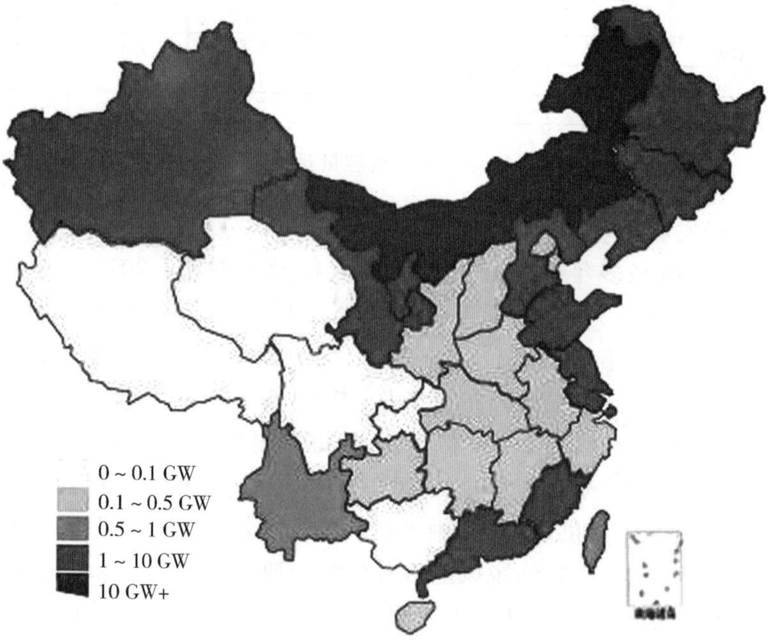

图 5.4　中国各省区风电累计装机量

图注:引自中国风电产业地图

科技发展的总体目标是突破风力机翼型设计关键技术;攻克风电机组整机和关键零部件设计制造前沿技术;建立国家级公共测试系统;掌握大型风电场设计、建设及运营关键技术,提高风电消纳水平,推动风电应用示范,全面提升我国风电行业的整体水平。2012 年设置了"7 MW 级风电机组及关键部件设计及产业化技术"和"分布式中小型风电机组设计制造关键技术”2个风电科技支撑项目，还在“863计划”中设置了6个风电科技研发项目。另外，国家能源局也安排了4个应用技术研究及工程示范项目，国家在风电科技上的投资近亿元。

在风电发展的同时，瓶颈问题也开始凸显，主要表现在：

(1)弃风限电严重。2012年全国弃风电量约200亿千瓦小时，而2011年只有100亿千瓦小时。弃风电量占2012年风力发电量的1/5。

(2)消纳困难。风电消纳是世界性的难题，我国更为突出。原因主要是我国风能资源丰富的三北地区远离负荷中心，电源结构单一，缺乏调峰能力。另外，跨区输电能力不足也是一个原因。大量弃风限电现象暴露出了我国能源管理上存在的问题。

(3)并网受阻。2012年，我国风电总装机容量达到7 532万千瓦，但是并网容量是6 083万千瓦。有20%的风电机组当年不能并入电网，反映了风电场建设和电网建设还没有完全协调发展。

(4)产业过剩。在新兴产业快速发展过程中出现产能过剩是可以理解的。但是，如果是盲目扩张，将造成资源浪费，资金周转困难，也助长了不公平竞争，影响质量。

(5)海上风电发展缓慢。2012年底海上风电装机容量仅约39万千瓦，离2015年500万千瓦目标的要求差得很远。

(6)自主创新能力薄弱。中国风电技术发展走的是一条从买许可证、技术引进、消化吸收、联合研发到自主创新的路径。这几年我国风电技术通过与国际合作和自身努力，确实有了长足的进步，但是我们在总体设计和关键零部件的核心技术方面仍存在差距，特别是自主创新能力亟待加强。

2012年，在中共第十八次代表大会上将“要大力推进生态文明建设，努力建设美丽中国，推动能源生产和消费革命，支持节能低碳产业和新能源、可再生能源发展、确保国家能源安全”写入了党中央的报告中。2013年，在十二届全国人大会议上，又将“要顺应人民群众对美好生活环境的期待，大力加强生态文明建设和环境保护，生态环境关系人民福祉，关系子孙后代和民族未来，要坚持节约资源和保护环境的基本国策，着力推进绿色发展，循环发展，低碳发展”写入了国务院的报告中。这充分体现了将发展绿色低碳的新能源和可再生能源提高到了基本国策的高度。

为了实现这一目标，对风能而言，当前首要任务是求真务实地解决好风电发展的瓶颈问题。

“十二五”是我国风电发展的重要转型时期。2012年，在能源局发布的《可再生能源发展“十二五”规划》中提出：要加快发展风电，按照集中与分散开发并重的原则，继续推进风电的规模化发展，统筹风能资源分布、电力输送和市场消纳，优化开发布局，建立适应风电发展的电力调度和运行机制，提高风电利用效率，增强风电装备制造产业的创新能力和国际竞争力，完善风电标准及产业服务体系，使风电获得越来越大的发展空间。同时要求有序推进大型风电基地建设、加快内陆资源丰富区风电开发、鼓励分散式并网风电开发建设以及积极稳妥推进海上风电基地建设。提出要建设一批风能等公共测试试验基地或平台，为可再生能源装备和产品认证以及国内自主研制设备提供试验检测条件。

《风电发展“十二五”规划》提出：要实现风电规模化开发利用，提高在电力结构中的比重，使其成为可以作为能源结构调整和应对气候变化的新能源，并明确到2015年并网装机容量达到1亿千瓦，年发电量达到1 900亿千瓦时，在全部发电量中的比重超过3%；到2020

年装机容量达到2亿千瓦，力争风电发电量在全国发电量的比例超过5%。

2012年，经国家能源局核准的风电项目容量共2 528万千瓦，与2011年2 683万千瓦基本持平。在2012年风电项目核准计划中，东北地区适当放缓，华东、华中、南方地区规模增加，各地区分布更加趋于均衡。如将目前已并网容量、核准在建的容量和2011～2012年被核准的容量加在一起，全国风电并网容量将会超过国家规划的2015年风电累计并网容量1亿千瓦的目标。

2.2 国内外风电温室气体排放研究现状

2.2.1 国外风电温室气体排放研究现状

欧盟是世界主要经济体之一，但其能源对外依存度很高，为了保障能源安全，实现能源结构多元化，应对气候变化，欧盟积极发展可再生能源，大幅度提高能源利用率。2005年以来，风电产业持续发展，目前风电在欧盟可再生能源中已经占据了主导地位。

针对风电在全生命周期内温室气体排放的问题，在欧洲各国，政府、相关机构和企业各界均有较为广泛和深入的研究。丹麦维斯塔斯(Vestas)风力技术集团率先开始针对社会上出现的关于风电项目环境保护，特别是与全球变暖密切相关的温室气体排放问题的质疑，采用碳足迹生命周期评估方法学，依据ISO 14040标准[110]，开展了大规模的温室气体碳足迹研究与实践工作。针对其主流风电机组(1.65 MW和3.0 MW)分别进行了细致全面的研究，研究显示，对于1.65 MW和3.0 MW风力发电机组来说，生产环节对温室气体的排放具有十分重要的影响[162]。同时，设备的回收利用程度越高，则对环境的影响越小。3.0 MW风力发电机组对于环境产生较大影响的环节是原材料的开发制造以及风电机组及其他零部件的生产制造。一台V90-3.0 MW海上风电机组在其整个生命周期中会产生超过35倍自身价值的效益；如果选址适宜，20年内生产284 600 MWh的电能，相当于84 000个普通丹麦家庭的年均用电量；安装在80米高塔架上的V90-3.0 MW风电机组的80%都可以回收利用。另外，海上V90-3.0 MW风电机组的能量平衡时限是6.8个月，陆地V90-3.0 MW风机的能量平衡时限是6.6个月；一台V90-3.0 MW风电机组每生产1 kWh电能排放约5 $gCO_{2,eq}$。

欧洲风能协会在其出版的《风能-事实》的研究报告中指出[163]：相比其他化石能源，可再生能源中的风能对环境产生的不利影响相当微小。在欧洲，基于风电生命周期内温室气体排放的问题一直在进行，已经取得的研究成果认为，主要的温室气体排放来自陆地与海上风电场在其生命周期内的电力生产过程；相比利用其他化石能源的发电过程，如何避免风电产生的温室气体的排放，正在不断地进行着深入的研究。2007年，E. Martinez和F. Sanz等人，根据ISO 14040标准，采用生命周期方法学全面系统地研究了西班牙北部拉里奥哈自治区内的G8X型2.0 MW陆地风力发电机组生命周期内的环境影响问题。该研究不仅包含风电机组在风电场内运行阶段的温室气体排放及其他环境污染的问题，同时还系统地对其全生命周期内的关键组件生产、运输、安装调试、启动试车、日常维护、最终处置(拆卸)和废弃物处理等环节进行较为详细的分析与研究。

随着京都议定书的签订与灵活机制的建立，国际碳交易市场初步建立；以欧盟排放交易体系(ETS)为代表区域碳交易计划的推出与减排力度不断加大，可再生能源技术正在不断地得到高效开发与持续发展，特别是在风电领域，体现得尤为突出。毫无疑问，风能作为一种清洁能源在扮演温室气体排放角色的同时，本身应该在全生命周期内将温室气体排放量控制在最小的范围内。

2.2.2 国内风电温室气体排放研究现状

国内对风电在全生命周期内温室气体排放的研究相对较少。中材科技风电叶片股份有限公司和北京鉴衡认证中心有限公司合作，开展了针对 1.5 MW 和 2.0 MW 的风电机组叶片进行了生产阶段的温室气体排放研究。中国船级社认证公司与南京高精齿轮集团有限公司合作，开展了针对 1.5 MW 和 2.0 MW 的风电机组发电机和齿轮箱在生产阶段的温室气体排放研究。

清华大学大气污染与控制研究所王聿绚等人针对风电场全生命周期内二氧化碳排放的方法学与案例进行研究[164]，研究开发了一种新的直接而简单的方法来评估四个具有代表性的风电场在其生命周期内每千瓦时二氧化碳排放量（三个在发达国家，一个在中国）。该研究着眼于风电场，而不是单一的风力发电机组。研究显示，当前风电场每千瓦时二氧化碳排放量在 5.0～8.2 g 之间，低于先前的研究结果。研究还显示，风电机组在制造过程中产生最多的是 CO_2 排放，但是在退役后的回收阶段也能减少近一半的二氧化碳排放量，凸显了风电在 CO_2 减排上的优势。研究中针对中国风电场的案例研究显示，在运输阶段，通过合理规划运输路线，可以大量减少和控制 CO_2 排放。伴随着世界对风电需求快速增长的趋势，中国通过优化其风电发展目标，可以在 2030 年实现每年减少 780 Mt CO_2 排放的目标；而且，中国具有很大的风能发展空间，为将来的 CO_2 减排创造了很好的契机。

国家发改委宏观经济研究院对国华通辽二期 49.5 MW 风电场进行了风电全生命周期环境评价研究工作[165]。研究对所选 1.5 MW 风电机组的原材料生产、运输、施工建设和报废等 4 个阶段进行分析，分别计算了 4 个阶段的能量和对环境的影响。与传统的 300 MW 的蒸汽轮发电机组进行对比，每 MWh 能耗约为传统火电厂的 3.5%，变暖潜力为煤电的 1.5%，酸化潜力为煤电的 0.8%。

第3章 风电温室气体排放量估算方法

3.1 估算标准

本课题研究时，采用以下标准和指南，如表5.1所示。

表5.1 风电温室气体排放计算参考标准

标准号	标准名称
PAS 2050:2008	商品和服务在生命周期内的温室气体排放评价规范 PAS 2050:2008 规范使用指南
GB/T 24025—2009	环境标志和声明Ⅲ型环境声明原则和程序
GB/T 24040—2008	环境管理生命周期评价原则与框架
IPCC2006	2006年IPCC国家温室气体清单指南

3.2 估算方法

本课题研究时，温室气体排放(以下简称GHG)估算采用生命周期评价(Life Cycle Assessment,LCA)方法，估算公式如下：

$$TE = \sum_{n}^{m}\left[\sum_{p}^{q}(AD_p \cdot EF_e)\right] + \sum_{i=1}^{j} DE_i$$

式中：

TE：温室气体排放总量；

AD_p：第 q 阶段中第 p 类能源活动水平；

EF_e：相应能源排放因子；

DE_i：第 i 阶段中第 j 类GHG直接排放 CO_2 当量。

估算时以《2006年IPCC国家温室气体清单指南》中第1层级核算方法为根本依据，综合考虑我国风电制造行业温室气体清单建立实际情况，将风力发电机组全生命周期各阶段内所有能源消耗活动水平数据，进行相应能量转换，结合国内外公布的能源排放因子，应用上述公式进行核算得到，如果此阶段有直接排放最后加上该阶段直接产生的温室气体排放量，得到最终结果，并以功能单位表示。

第1层级估算方法是最常用，且对所有国家均切实可行的估算方法。虽然使用较高层级的估算方法，进行估算得到的结果相对准确。但是，这需要更广泛和精准的数据与信息来源。鉴于实际情况，操作时往往无法收集到足以进行估算的相关数据与信息，故本课题中未使用较高层级方法进行估算。

3.3 功能单位

结合《GB/T 24025—2009 环境标志和声明Ⅲ型环境声明原则和程序》标准，为了建立

CO_2排放量与风电电力生产之间的关系，综合考虑后续不同能源发电技术温室气体排放量之间的对比需求，本课题功能单位定为：

风电能源发出的单位千瓦时(kWh)电量。

温室气体排放量结果表示为 g-$CO_{2,eq}$/kWh。

3.4 系统边界

本次研究确定的系统边界见图 5.5 所示。由图可知包括：风电机组组件制造、组件装配、机组总装、机组调试、机组运输、机组运行维护和机组报废回收等环节。重点对风电机组制造和风电场建设两个生命周期阶段中的温室气体排放量进行评价。根据目前国际上对风电温室气体排放的研究方法，系统边界仅考虑到风电场与公共电网的接入点处。本次研究风电温室气体排放量计算时，生命周期的时间边界取 20 年。

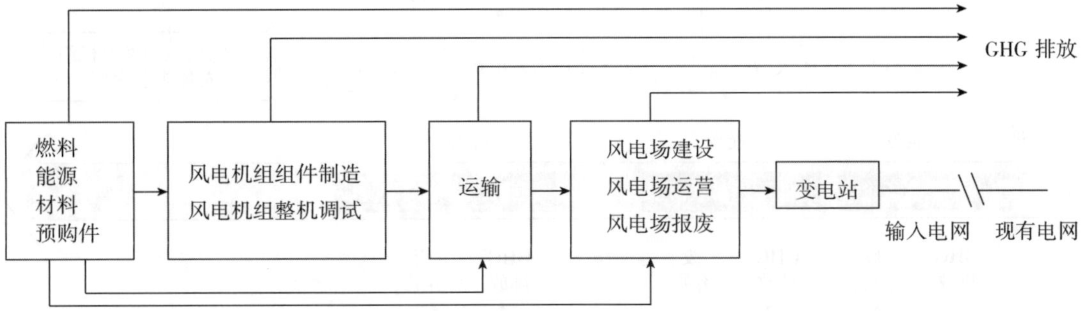

图 5.5 风电链的生命周期分析系统边界

风电机组制造环节包括：组件制造、厂内运输、厂内装配、厂内调试和出厂运输等。风电场建设环节包括：风电场土建施工、风电场接网、风电机组组件运输、风电机组组件吊装、风电机组整机调试运行等见表 5.2。

表 5.2 生命周期各阶段关键环节汇总表

模块类别	生命周期各阶段关键环节
上游模块	A 主要组件/构件原材料的生产制造
	B 原材料的运输
	C 主要组件/构件的制造/装配
核心模块	A 各组件/构件的运输
	B 车间内和场外组件/构件的运输
	C 各组件/构件车间内与风电场装配
	D 车间内与风电场装配完成后运行试验
下游模块	A 生命周期内的运行
	B 生命周期内的维护保养，包括耗材使用
	C 可回收组件/构件的再利用

风电机组的组件大部分是由次级组件装配而来，还有一部分是不用装配的成型组件。为此将机组组件/构件分为，机组成型组件和机组装配组件两类，分别进行分析。风力发电

机组系统边界总图如图 5.6 所示。

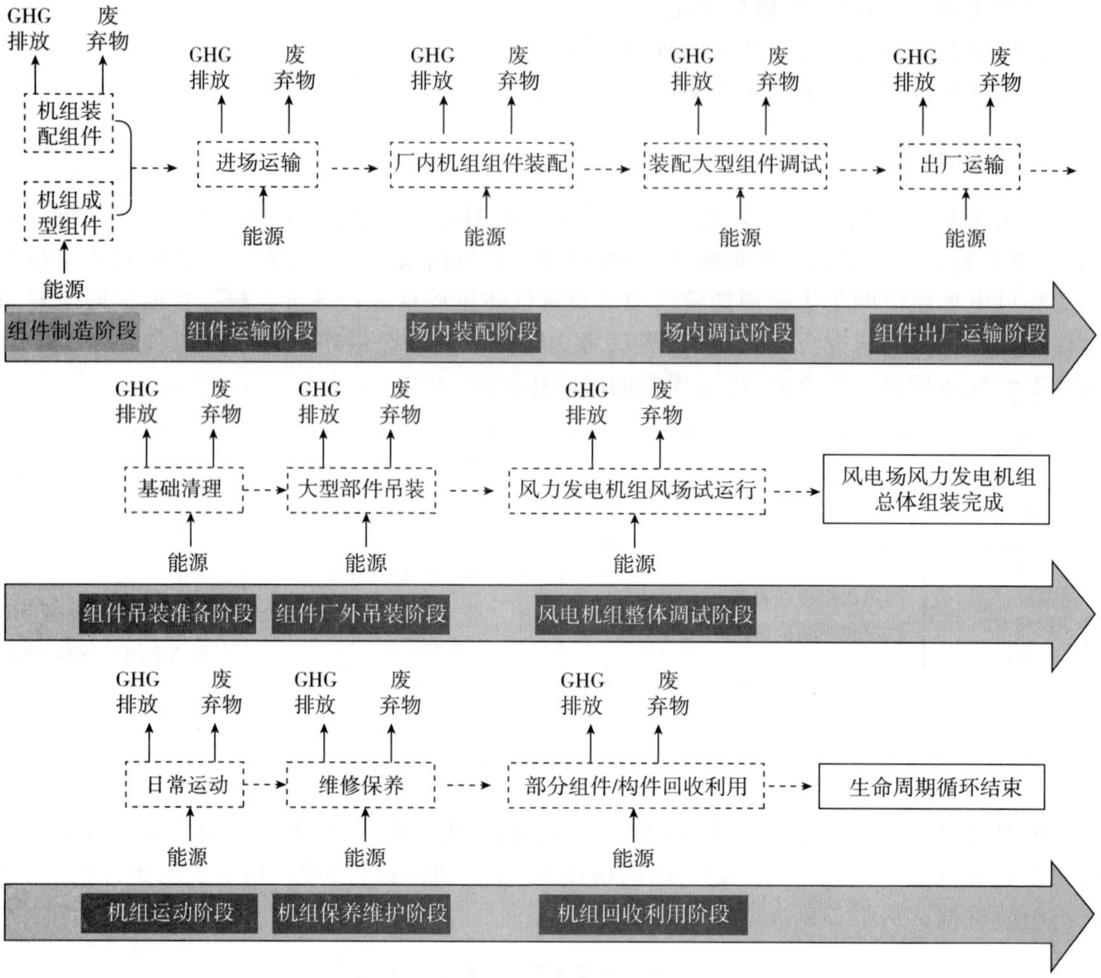

图 5.6　风力发电机组系统边界总图

第 4 章　风电温室气体排放量估算结果

4.1　叶片温室气体排放估算

4.1.1　叶片选取

目前我国风电机组主流机型是 1.5～2.5 MW。为了保证案例的代表性，选取 1.5 MW 和 2.0 MW 两种风力发电机组叶片进行研究与分析风电机组叶片，如图 5.7 所示。

图 5.7　风电机组叶片

4.1.2　叶片基本信息

1.5 MW 叶片长度 40.2 m，叶片重量 6 251 kg；2.0 MW 叶片长度 39 m，叶片重量 6 500 kg。1.5 MW 叶片基本信息如表 5.3 所示。

表 5.3　1.5 MW 叶片基本信息

原材料与构件名称		基本平均用量		
材料	构件	面积/m^2	数量（个/套/加仑）	质量/kg
轻木		33.41	1	86.8
PVC		119.02	1	150.1
避雷系统			1	45.5
树脂体系				2 143
粘接胶体系				399
纤维布				4 173
白炭黑				1.8

续表

原材料与构件名称		基本平均用量		
材料	构件	面积/m^2	数量（个/套/加仑）	质量/kg
表面涂料				130
铅粉 200 目				3
铁粉				5
	防泄漏球阀		20	4
	格林头		100	3.6
	三通		20	1.6
	吸胶毡	153		22.17
	多孔膜	328		7.61
	导流网	330		52.8
	脱膜布	489		41.56
	真空膜	1123		67.38
	真空胶带		1 400	826
	螺旋管		26	7.71
	钢丝螺		80	21.78
	旋软管			
	喷胶		12	6
	脱模剂		1	2.5
根挡板	模压叶		1	31.5
圆螺母			54	113.4
法兰			1	40
双头螺栓			54	97.2
铝叶尖			1	1
使用原材料质量总计				8485.01

注：1. 原材料用量以质量表示。2. 部件要统计数量。

4.1.3 叶片系统边界

叶片既定生命周期阶段系统边界如图 5.8 所示。考虑材料生产、叶片制造和报废处置三个阶段的温室气体排放。

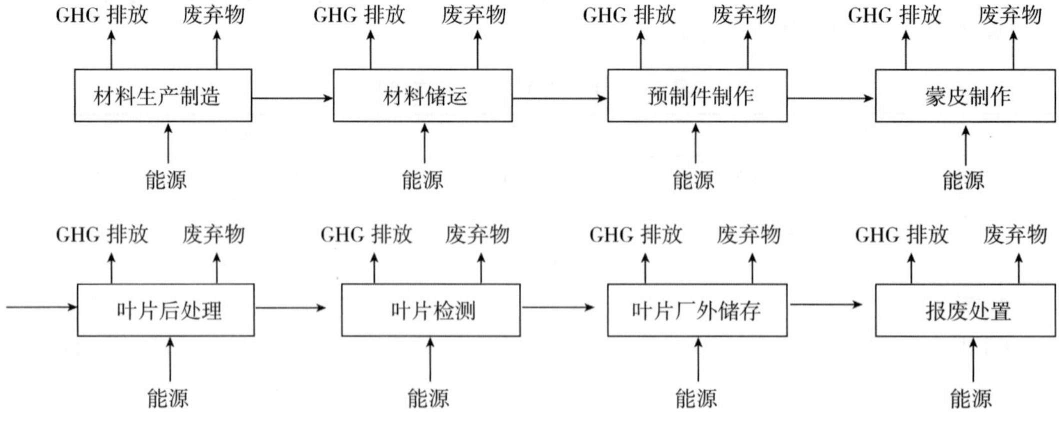

图 5.8 叶片既定生命周期阶段系统边界图

4.1.4 叶片温室气体排放清单

叶片温室气体排放清单如表 5.4、表 5.5 所示。

表 5.4 一副 1.5MW 叶片(3 枚)温室气体排放清单

序号	阶段	能耗/kWh	排放量/g-$CO_{2,eq}$
1	原材料生产	13 074.12	10 433 801.5
2	叶片制造	6 669.49	5 322 586.4
3	报废处置	1 974.361	1 575 638.8
总计		21 717.971	17 332 026.7

表 5.5 一副 2.0 MW 叶片(3 枚)温室气体排放清单

序号	阶段	能耗/kWh	排放量/g-$CO_{2,eq}$
1	原材料生产	13 455	10 737 762.8
2	叶片制造	6 695	5 342 944.8
3	报废处置	2 015	1 608 070.8
总计		22 165	17 688 778.3

4.1.5 叶片温室气体排放核算

由表 5.4 可知，一副 1.5 MW 叶片，在材料生产、叶片制造和报废处置三个阶段的总能耗为 21 717.970 9 kWh。以华北电网排放因子折算，一副 1.5 MW 风电叶片温室气体排放量为 17 332 026.7 g-$CO_{2,eq}$。按照风电机组使用年限为 20 年，每年工作时间为 2 000 小时计算，一副 1.5 MW 风电叶片温室气体排放量以功能单位表示为 0.289 g-$CO_{2,eq}$/kWh。

由表 5.5 可知，一副 2.0 MW 风电叶片，在材料生产、叶片和报废处理三个阶段的总能耗为 22 165 kWh。以华北电网排放因子折算，一副 2.0 MW 风电叶片温室气体排放量为 17 688 778.3 g-$CO_{2,eq}$。按照风电机组设计使用年限为 20 年，每年工作时间为 2 000 小时计算，一副 2.0 MW 风电叶片温室气体排放量为 0.222 g-$CO_{2,eq}$/kWh。

4.2 轮毂和头锥温室气体排放估算

4.2.1 轮毂和头锥选取

选取 1.5 MW 和 2.0 MW 风电机组轮毂和头锥进行研究与分析。根据供应商提供的数据，虽然两种风电机组单机容量不同，但其轮毂和头锥型号与重量相似，加工材料分别为铸铁、玻璃纤维和树脂，如图 5.9 所示。

图 5.9 风电机组轮毂和头锥

4.2.2 轮毂和头锥基本信息

轮毂和头锥基本信息如表 5.6 所示。

表 5.6 风电机组轮毂和头锥信息

部件名称	材料	用量/t
轮毂	铸铁	14
头锥	树脂和玻璃纤维	0.31

注：以上数据为随机取样后的平均数据。

4.2.3 轮毂和头锥系统边界

系统边界如图 5.10 所示。风电机组的轮毂和头锥部分只考虑原材料生产与生产制造两个阶段的温室气体排放。

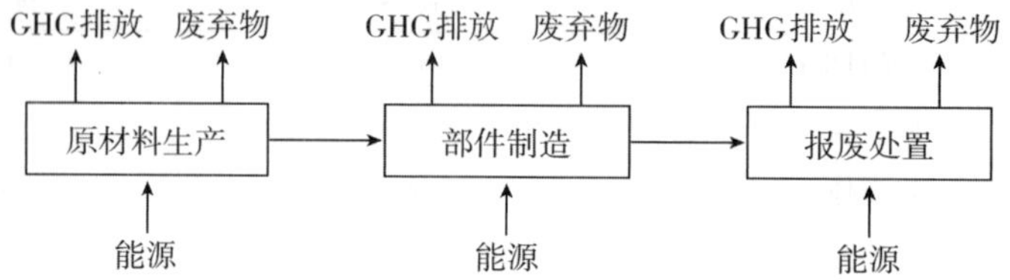

图 5.10 轮毂和头锥温室气体排放系统边界图

4.2.4 轮毂和头锥温室气体排放清单

轮毂和头锥温室气体排放清单如表 5.7 所示。

表 5.7 轮毂和头锥既定各阶段排放清单

部件名称	铸铁用量/t	树脂玻纤用量/t	排放量/g-$CO_{2,eq}$
轮毂	14		9 576 600
头锥		0.31	758 147.5
报废处置			1 033 475
总计			11 368 220

注：报废处置按照 10%能耗进行排放核算

4.2.5 轮毂和头锥温室气体排放核算

由表 5.7 可知，1.5 MW 和 2.0 MW 风电机组轮毂和头锥，在材料生产、轮毂和头锥制造和报废处置三个阶段的温室气体排放量分别为 9 576 600 g-$CO_{2,eq}$、758 147.5 g-$CO_{2,eq}$和 1 033 475 g-$CO_{2,eq}$。按照风电机组使用年限为 20 年，每年工作时间为 2 000 小时计算，1.5 MW 和 2.0 MW 风电机组轮毂、头锥的温室气体排放量以功能单位表示分别为 0.189 g-$CO_{2,eq}$/kWh 和 0.142 g-$CO_{2,eq}$/kWh。

4.3 齿轮箱温室气体排放估算

4.3.1 齿轮箱选取

选取 1.5 MW 和 2.0 MW 风电机组齿轮箱进行研究与分析。风电机组齿轮箱如图 5.11 所示。

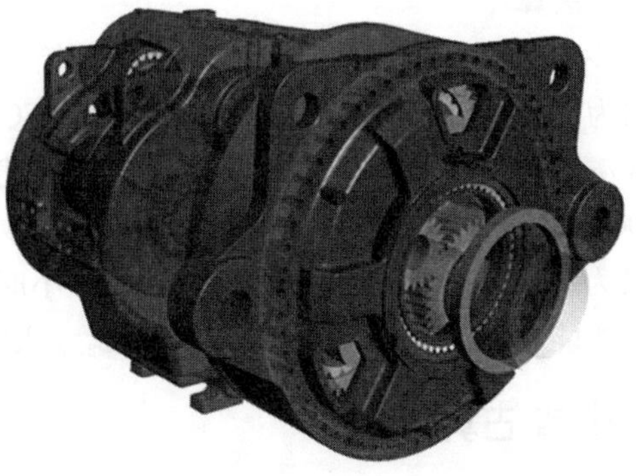

图 5.11 风电机组齿轮箱

4.3.2 齿轮箱基本信息

齿轮箱基本信息如表 5.8 所示。

表 5.8 齿轮箱基本信息

齿轮箱类型	材料	用量/t
1.5 MW	铸铁	9.3
	合金钢	8.1
2.0.MW	铸铁	11.5
	合金钢	10.1

注:以上数据为随机取样后的平均数据。

4.3.3 齿轮箱系统边界

齿轮箱既定生命周期阶段系统边界如图 5.12 所示。

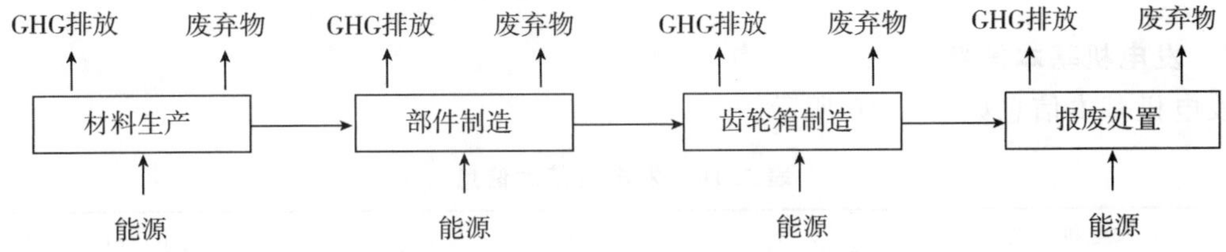

图 5.12 齿轮箱温室气体排放系统边界图

4.3.4 齿轮箱温室气体排放清单

齿轮箱温室气体排放清单如表 5.9 所示。风电机组齿轮箱涉及部件较多,数据收集难度较大。本研究中只考虑主要材料生产、齿轮箱制造和报废处置三个阶段的温室气体排放。

表 5.9 齿轮箱既定各阶段排放清单

齿轮箱类型	铸铁/t	合金钢/t	材料生产阶段排放量/g-$CO_{2,eq}$	齿轮箱制造阶段排放量/g-$CO_{2,eq}$	报废处置阶段排放量/g-$CO_{2,eq}$	总排放量/g-$CO_{2,eq}$
1.5 MW	9.3	8.1	57 720 000	39 740 000	9 746 000	107 206 000
2.0 MW	11.5	10.1	71 760 000	39 740 000	11 150 000	122 650 000

注:报废处置按照前期能耗的 10%进行排放核算。

4.3.5 齿轮箱温室气体排放核算

由表 5.9 可知,1.5 MW 风电机组齿轮箱在材料生产、齿轮箱制造和报废处置三个阶段,折算得到排放温室气体量分别为 57 720 000 g-$CO_{2,eq}$、39 740 000 g-$CO_{2,eq}$和 9 746 000 g-$CO_{2,eq}$,总排放量为 107 206 000 g-$CO_{2,eq}$。2.0 MW 风电机组齿轮箱在上述三个阶段的排放量分别为 71 760 000 g-$CO_{2,eq}$、39 740 000 g-$CO_{2,eq}$和 11 150 000 g-$CO_{2,eq}$,总排放量为 122 650 000 g-$CO_{2,eq}$。

按照风电机组使用年限为 20 年,每年工作时间约为 2 000 小时计算,1.5 MW 和 2.0 MW 风电机组齿轮箱排放总量以功能单位表示分别为 1.787 g-$CO_{2,eq}$/kWh 和 1.533 g-$CO_{2,eq}$/kWh。

4.4 发电机温室气体排放估算

4.4.1 发电机选取

选取 1.5 MW 和 2.0 MW 风电机组发电机进行研究与分析。风电机组发电机如图 5.13 所示。

图 5.13 风电机组发电机

4.4.2 发电机基本信息

发电机基本信息如表 5.10 所示。

表 5.10 发电机基本信息

发电机类型	材料	用量/t
1.5 MW	硅钢	3.04
	合金钢	2.22
	铜	0.51
2.0 MW	硅钢	4.05
	合金钢	2.50
	铜	0.68

注:以上数据为随机取样后的平均数据。

4.4.3 发电机系统边界

发电机既定生命周期阶段系统边界如图 5.14 所示。

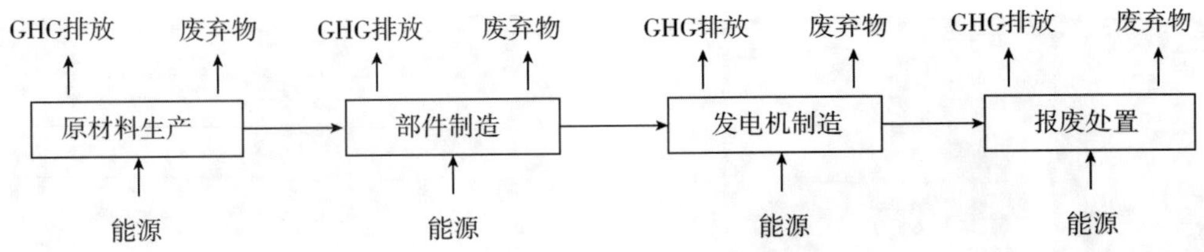

图 5.14　发电机温室气体排放系统边界图

4.4.4　发电机温室气体排放清单[163]

发电机温室气体排放清单如表 5.11 所示。风电机组发电机涉及部件较多，数据收集难度较大。本研究中只考虑主要材料生产、发电机制造和报废处置三个阶段的温室气体排放。

表 5.11　发电机既定各阶段排放清单

发电机类型	硅钢/t	铜/t	合金钢/t	材料生产阶段排放量/g-$CO_{2,eq}$	发电机制造阶段排放量/g-$CO_{2,eq}$	报废处置阶段排放量/g-$CO_{2,eq}$	总排放量/g-$CO_{2,eq}$
1.5 MW	3.04	0.51	2.22	25 981 000	34 125 400	6 010 640	66 117 040
2.0 MW	4.05	0.68	2.50	32 510 000	34 125 400	6 663 540	73 298 940

注：报废处置按照前期能耗的 10%进行排放核算

4.4.5　发电机温室气体排放核算

由表 5.11 可知，1.5 MW 风电机组发电机，在材料生产、发电机制造和报废处置三个阶段，折算得到排放温室气体量分别为 25 981 000 g-$CO_{2,eq}$、34 125 400 g-$CO_{2,eq}$和 6 010 640 g-$CO_{2,eq}$，总排放量为 66 117 040 g-$CO_{2,eq}$。2.0 MW 风电机组发电机在上述三阶段的排放量分别为：32 510 000 g-$CO_{2,eq}$、34 125 400 g-$CO_{2,eq}$和 6 663 540 g-$CO_{2,eq}$，总排放量为 73 298 940 g-$CO_{2,eq}$。

按照风电机组使用年限为 20 年，每年工作时间约为 2 000 小时计算，1.5 MW 和 2.0 MW 风电机组发电机排放总量以功能单位表示分别为 1.1 g-$CO_{2,eq}$/kWh 和 0.9 g-$CO_{2,eq}$/kWh。

4.5　塔架温室气体排放估算

4.5.1　塔架选取

选取 1.5 MW 和 2.0 MW 两种风力发电机组 3 种不同高度的塔架进行研究与分析。风电机组塔架如图 5.15 和图 5.16 所示。

4.5.2　塔架基本信息

塔架基本信息如表 5.12 所示。

表 5.12　塔架基本信息

风电机组型号	塔架高度/m	钢材型号	重量/t
1.5 MW	80	Q345E-Z25	170
	65	Q345E-Z25	115
2.0 MW	67	Q345E-Z25	143

注：以上数据为随机取样后的平均数据。

图 5.15　1.5 MW 风电机组塔架图

图 5.16　2.0 MW 风电机组塔架

4.5.3　塔架系统边界

塔架既定生命周期阶段系统边界如图 5.17 所示。考虑材料生产、塔架制造和报废处置三个阶段的温室气体排放。

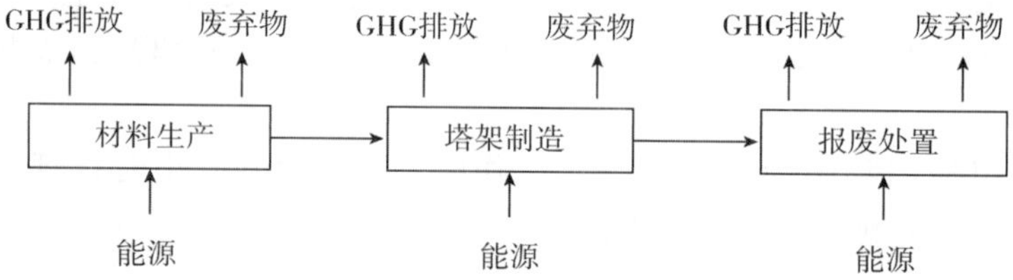

图 5.17　风电塔架温室气体排放系统边界图

4.5.4　塔架温室气体排放清单

塔架温室气体排放清单如表 5.13 所示。

表 5.13　1.5～2.0 MW 塔架温室气体排放清单

序号	阶段	风电机组型别	塔架高度/m	塔架重量/t	排放量/g-$CO_{2,eq}$
1	材料生产	1.5 MW	80	170	782 000 000
			65	115	529 000 000
		2.0 MW	67	143	657 800 000
				加工能耗/kWh	排放量/g-$CO_{2,eq}$
2	塔架制造	1.5 MW	80	17 815.29	14 217 491.2
			65	14 474.92	11 551 709.9
		2.0 MW	67	16 576.73	13 229 059.4

续表

序号	阶段	风电机组型别	塔架高度/m	塔架重量/t	排放量/g-$CO_{2,eq}$
3	报废处置	1.5 MW	80		79 621 749.1
			65		54 055 171
		2.0 MW	67 m		67 102 905.9
	总计	1.5 MW	80		875 839 240.3
			65		594 606 880.9
		2.0 MW	67		738 131 965.3

注:报废处置阶段能耗暂定为前期能耗的10%。

4.5.5 塔架既定生命周期阶段温室气体排放核算

由表5.13可知,1.5 MW风电机组高80 m和高65 m塔架以及2.0 MW风电机组高67 m塔架,在原材料加工与塔架加工制造阶段,每个塔架折算得到排放温室气体量分别为875 839 240.3 g-$CO_{2,eq}$、594 606 880.9 g-$CO_{2,eq}$和738 131 965.3 g-$CO_{2,eq}$。

按照风电机组使用年限为20年,每年工作时间约为2 000小时计算,1.5 MW风电机组高80 m塔架、1.5 MW风电机组高65 m塔架和2.0 MW风电机组高67 m塔架排放量以功能单位表示为14.6 g-$CO_{2,eq}$/kWh、9.9 g-$CO_{2,eq}$/kWh和9.2 g-$CO_{2,eq}$/kWh。

4.6 基础温室气体排放估算

4.6.1 基础选取

选取1.5 MW和2.0 MW风电机组基础进行研究与分析。风电机组基础如图5.18所示。

图5.18 风电机组基础施工

4.6.2 基础基本信息

基础基本信息如表5.14所示。

表5.14 风电机组基础信息

风电机组型别	钢用量/t	混凝土用量/m^3
1.5 MW	40	340
	40	306
2.0 MW	40	270

4.6.3 基础既定生命周期阶段系统边界

由于风电机组基础在报废处置阶段直接填埋，因此，基础部分只考虑原材料生产与基础施工两个阶段的温室气体排放。详细系统边界如图 5.19 所示。

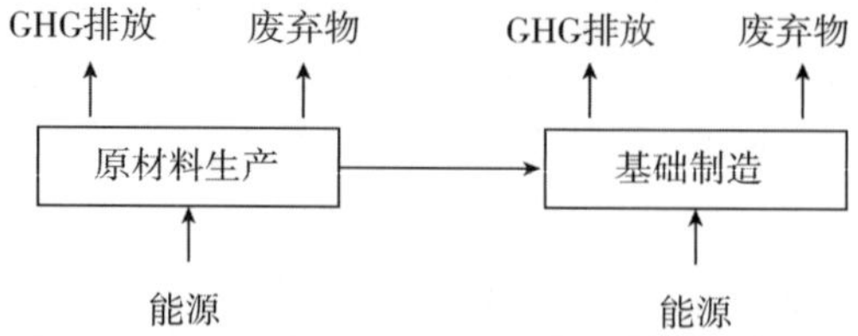

图 5.19 风电机组基础温室气体排放系统边界图

4.6.4 基础既定生命周期阶段温室气体排放清单

不同型号基础的温室气体排放清单如表 5.15 所示。

表 5.15 1.5 MW～2.0 MW 风电机组基础既定各阶段排放清单[166,167]

序号	各阶段	基础类别		材料用量/t	排放量/g-$CO_{2,eq}$
1	材料生产	1.5 MW	80 m	40 钢材、340 m^3 混凝土	190 571 200
			65 m	40 钢材、306 m^3 混凝土	180 314 100
		2.0 MW	67 m	40 钢材、270 m^3 混凝土	169 453 600
				施工能耗/kWh	排放量/g-$CO_{2,eq}$
2	基础施工	1.5 MW	80 m	2 591.14	2 067 862.8
			65 m	2 332.03	1 861 076.5
		2.0 MW	67 m	2 057.67	1 642 126.3
	排放总计	1.5 MW	80 m		192 639 100
			65 m		182 175 200
		2.0 MW	67 m		171 095 700

4.6.5 基础既定生命周期阶段温室气体排放核算结果

由表 5.15 可知，1.5 MW 和 2.0 MW 风电机组基础在原材料加工与基础施工阶段，每类基础折算到排放温室气体量分别为 192 639 100 g-$CO_{2,eq}$、182 175 200 g-$CO_{2,eq}$ 和 171 095 700 g-$CO_{2,eq}$。

按照风电机组使用年限为 20 年，每年工作时间约为 2 000 小时计算，1.5 MW 风电机组高 80 m 塔架、1.5 MW 风电机组高 65 m 塔架和 2.0 MW 风电机组高 67 m 塔架排放量以功能单位表示为 3.21 g-$CO_{2,eq}$/kWh、3.04 g-$CO_{2,eq}$/kWh 和 2.14 g-$CO_{2,eq}$/kWh。

4.7 风电场温室气体排放估算

4.7.1 风电场选取

选取内蒙古国华通辽二期风电场和江苏华电灌云风电场进行研究与分析，如图 5.20、图 5.21 所示。

通辽二期风电场位于内蒙古通辽(科左中旗)代力吉镇西侧，二期总装机容量 49.5 MW，安装 33 台 1.5 MW 风电机组。风电场距离电网 25 公里，设置二次升压站，架空电缆每 500 m 设置一个铁架，共 50 个铁架[167]。

灌云风电场位于江苏省连云港市灌云县六圩港至二湾船闸间，装机容量为 100 MW，安装 50 台 2 MW 风电机组。

图 5.20 内蒙古通辽风电场

图 5.21 江苏灌云风电场

4.7.2 风电场基本信息

风电场基本信息见表 5.16 和表 5.17。

表 5.16 通辽二期风电场基本信息

部件名称	数量	材料名称	材料质量/t
箱式变压器	33 台	铜	85.8
		钢铁	343.2
电缆	150 mm	铜	95.44
架空电缆	14 km	铝材	49

表 5.17 江苏华电灌云风电场基本信息

部件名称	数量	材料名称	材料质量/t
箱式变压器	50 台	铜	130
		钢铁	520
电缆	144.6 吨	铜	144.6
(35 KV)架空电缆	500 吨	铝材	500
(110 KV)架空电缆	200 吨	铝材	200

注：以上数据为随机取样后的平均数据。

4.7.3 风电场系统边界

风电场既定生命周期阶段系统边界如图 5.22 所示。考虑风电场建设用材料生产、材料运输、风场维护和报废处置等四个阶段所产生的温室气体排放[165]。

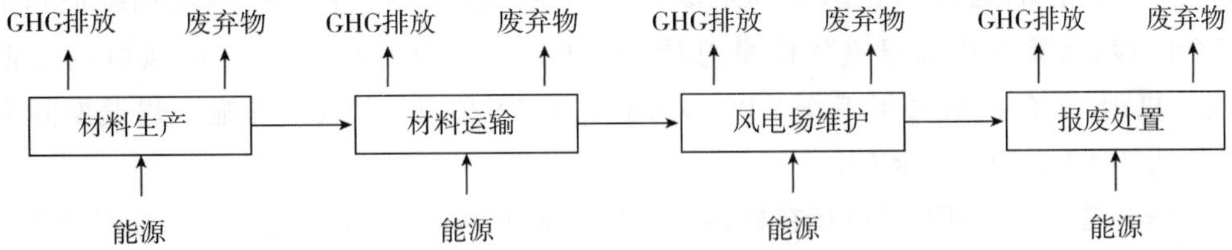

图 5.22 风电场既定生命周期阶段系统边界图

4.7.4 风电场温室气体排放清单

通过二期风电场，江苏华电灌云风电场温室气体排放清单如表 5.18、表 5.19 所示。

表 5.18 通辽二期风电场既定各阶段温室气体排放清单

各环节材料与能耗清单				
		材料名称	材料重量/t	排放量/g-$CO_{2,eq}$
1	生产制造	铜	85.8	300 300 000
		钢铁	343.2	755 040 000
		铜	95.44	334 040 000
		铝材	49	1 078 000 000
		合计		2 467 380 000
		柴油消耗/g	折标煤/g	排放量/g-$CO_{2,eq}$
2	材料运输	149 688 000	235 100 000	536 128 062.2
3	风电场维护			370 107 000
4	报废处置			246 738 000
	总计			3 620 353 062

表 5.19 江苏华电灌云风电场既定各阶段温室气体排放清单

		材料名称	材料重量/t	排放量/g-$CO_{2,eq}$
1	生产制造	铜	130	455 000 000
		钢铁	520	1 144 000 000
		铜	144.6	506 100 000
		铝材	500	11 000 000 000
		铝材	200	4 400 000 000
		合计		17 505 100 000
		柴油消耗/g	折标煤/g	排放量/g-$CO_{2,eq}$
2	材料运输	734 265 000	1 153 530 000	2 630 539 360
3	风电场维护			2 625 765 000
4	报废处置			1 750 510 000
	总计			24 511 914 360

4.7.5 风电场温室气体排放核算

由表 5.16 可知，通辽 1.5 MW 风电场在材料生产制造、材料运输、风电场维护和报废处置等四个阶段，折算到排放温室气体量总计为 3 620 353 062 g-$CO_{2,eq}$。该风电场二期装配 33 台风电机组，每台机组每年工作 2 000 小时，寿命为 20 年，则风电场施工建设期间温室气体排放量为 1.83 g-$CO_{2,eq}$/kWh。

江苏华电灌云 2.0 MW 风电场在材料生产制造、材料运输、风电场维护和报废处置等四个阶段，折算到排放温室气体量总计为 24 511 914 360 g-$CO_{2,eq}$。该风电场装配 50 台风电机组，每台机组每年工作 2 000 小时，寿命为 20 年，则风电场施工建设温室气体排放量为 6.13 g-$CO_{2,eq}$/ kWh。

4.8 风电系统温室气体排放估算

本课题较为系统地研究了 1.5 MW 和 2.0 MW 风力发电机组发电系统温室气体排放问题，涉及风电机组组件/部件类型包括：叶片、轮毂和头锥、齿轮箱、发电机、塔架和基础。另外，对风电场建设和并网中的温室气体排放也专门作了分析。根据研究结果，得到风电系统生命周期中温室气体排放量和分环节排放量，如表 5.20 和表 5.21 所示。

表 5.20 1.5 MW 风电机组温室气体排放清单

部件/组件类别	叶片	轮毂和头锥	齿轮箱	发电机	塔架	基础	风电场	总排放量/g-$CO_{2,eq}$	总单位排放量/(g-CO_2/kW)
排放量/g-$CO_{2,eq}$	17 330	11 370	107 210	66 120	594 610	182 120	3 620 350	4 599 160	
单位排放量/(g-$CO_{2,eq}$/kWh)	0.3	0.2	1.7	1.1	9.9	3.0	1.8		18.0

表 5.21 2.0 MW 风电机组温室气体排放清单

部件/组件类别	叶片	轮毂和头锥	齿轮箱	发电机	塔架	基础	风电场	总排放量/g-$CO_{2,eq}$	总单位排放量/(g-CO_2/kW)
排放量/g-$CO_{2,eq}$	17 690	11 370	122 650	73 300	738 130	171 100	3 620 350	5 858 440	
单位排放量/(g-$CO_{2,eq}$/kWh)	0.2	0.1	1.5	0.9	9.2	2.1	1.8		15.8

由表可知，风电系统生命周期温室气体单位排放量为 15.8～18.0 g-$CO_{2,eq}$/kWh。温室气体排放量主要来自风电机组制造阶段，占 75%左右；其次来自风电场建设阶段，占 25%左右。风电机组制造阶段温室气体排放量主要来自塔架制造时的钢材消耗，占 70%左右。

第5章　数据可靠性分析

5.1　数据来源

风电机组生产制造阶段数据主要来源于风电设备制造企业的实际调研和国内外公开发布的风电生命周期相关文献两个途径。在评价过程中大量采用了我国风电设备制造企业实际检测活动水平数据，占总采纳数据的60%，其他数据除来源于国内外标准、规范和学术期刊等公开文献外，部分数据还来源于专家评估，占总采纳数据的40%。

在核算过程中，根据舍弃原则，排放量小于该部件排放的5%时予以舍弃，且总舍弃量之和小于风电系统总排放量的5%。由于目前我国风电系统还未进入报废处置阶段，因此，除风力发电基础部分按直接填埋，其能耗不纳入分析范畴外，其他部件报废处置阶段能耗均按照前阶段能耗的10%进行估算。

5.2　不确定性分析

根据PAS 2050标准与IPCC指南关于不确定性分析的规定与要求，本研究使用Crystal ball水晶球分析软件，采用蒙特卡洛模拟的方法，结合实际活动水平数据与排放因子获取实际情况，仅对1.5 MW 80 m塔架风力发电系统进行不确定性分析。分析仅对各部件系统边界内总体排放量进行相应概率分布和偏差估算。

5.2.1　叶片

经过调研，叶片生产过程中主要原材料树脂和玻璃纤维供应商相对较为固定，叶片型号一旦确定，该叶片生产厂家在现有生产工艺和用能情况下，因制造所产生的温室气体排放量数据的概率分布近似满足正态分布(如图5.23)。

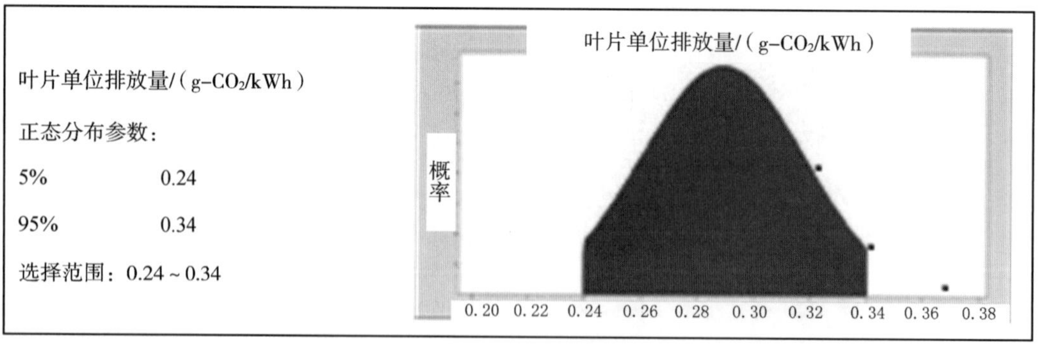

图5.23　叶片排放量估算不确定性分析

5.2.2　轮毂和头锥

经过调研，轮毂和头锥的生产所需主要原材料供应商较为稳定，轮毂和头锥型号一旦确定，轮毂和头锥生产厂家在现有生产工艺和用能情况下，因制造所产生的温室气体排放量数据的概率分布近似满足正态分布(如图 5.24)。

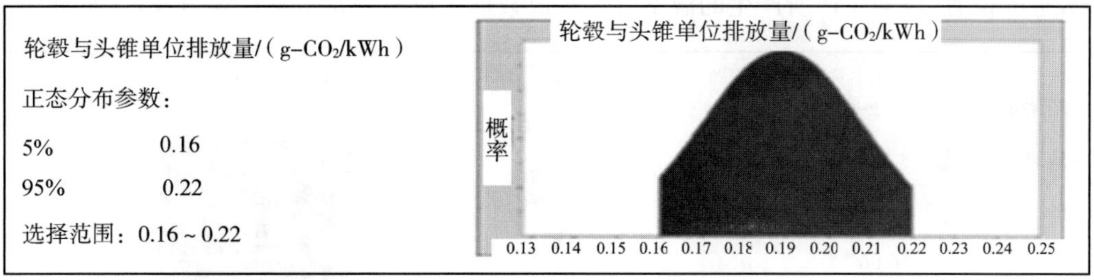

图 5.24　轮毂与头锥排放量估算不确定性分析

5.2.3　齿轮箱

经过调研，齿轮箱生产所需原材料供应商相对较为固定，原材料生产能耗相对稳定，齿轮箱型号一旦固定，在现有齿轮箱装配厂家工艺与用能情况下，因制造装配所产生的温室气体排放量数据的概率分布近似满足正态分布(如图 5.25)。

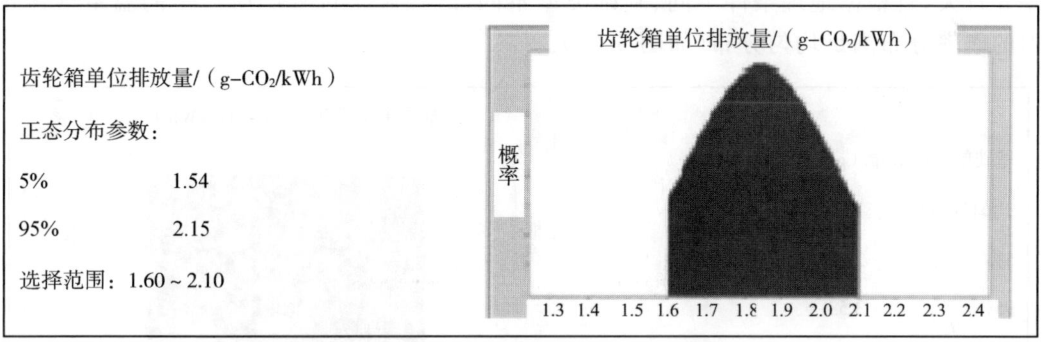

图 5.25　齿轮箱排放量估算不确定性分析

5.2.4　发电机

经过调研，发电机生产所需原材料供应商相对较为固定，原材料生产能耗相对稳定，发电机型号一旦固定，在现有发电机装配厂家工艺与用能情况下，因制造装配产生的温室气体排放量数据的概率分布近似满足正态分布(如图 5.26)。

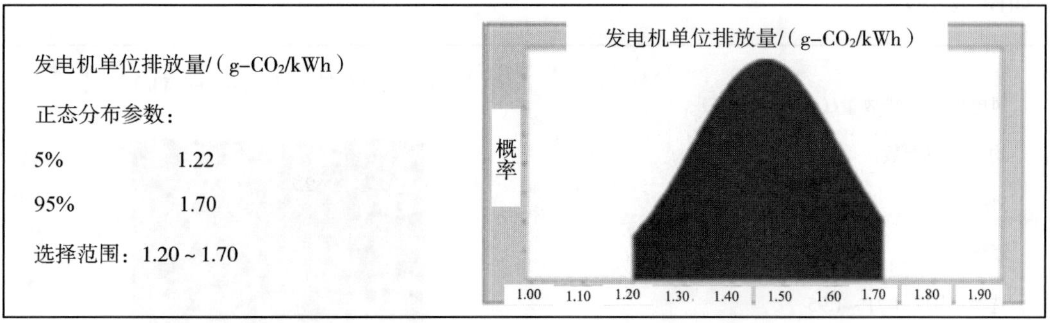

图 5.26　发电机排放量估算不确定性分析

5.2.5 塔架

经过调研和分析，塔架生产主要原材料钢材供应商较为分散，塔架生产企业一般选在距离风电场较近的位置，塔架生产所产生的温室气体排放数据的概率分布拟满足均匀分布(如图 5.27)。

塔架单位排放量/($g-CO_2/kWh$)

均匀分布参数：

5%	13.14
95%	16.06

选择范围：14.10 ~ 15.30

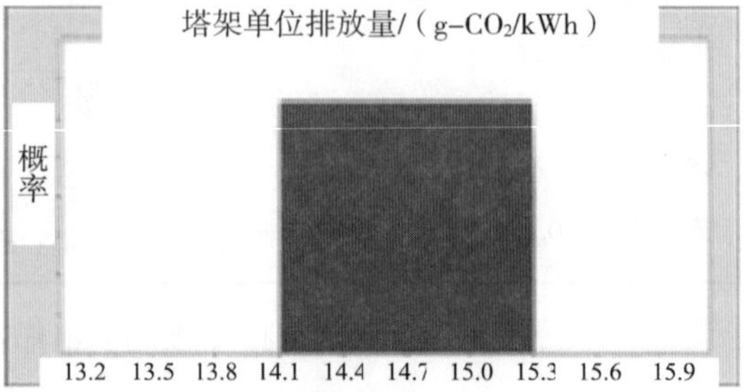

图 5.27 塔架排放量估算不确定性分析

5.2.6 基础

经过对基础部分的生产能耗的调研分析，基础施工建设所需混凝土与钢材生产能耗数据差异较大，且根据地理条件不同、基础类型不同，故在施工过程中所产生的温室气体排放数据的概率分布满足均匀分布(如图 5.28)。

基础单位排放量/($g-CO_2/kWh$)

均匀分布参数：

5%	2.89
95%	3.53

选择范围：3.00 ~ 3.40

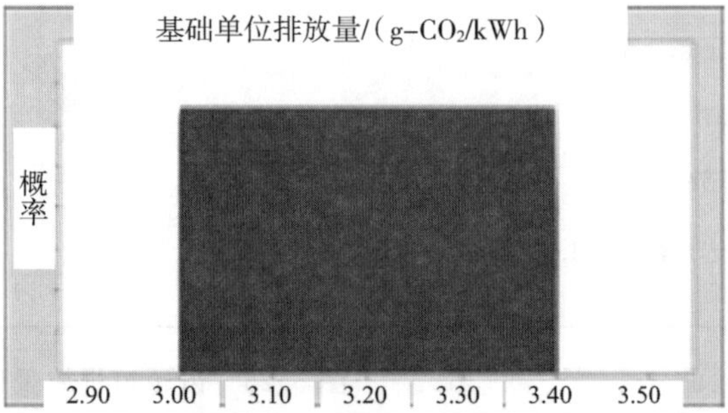

图 5.28 基础排放量估算不确定性分析

5.2.7 风电场

经过对我国目前风电场建设能耗分析，目前我国所建设上百个风场地理分布较为广泛，能耗情况差异较大，风场施工建设过程中产生的温室气体排放数据的概率分布满足均匀分布(如图 5.29)。

风电场单位排放量/($g-CO_2/kWh$)

均匀分布参数：

5%	1.65
95%	2.01

选择范围：1.71 ~ 1.95

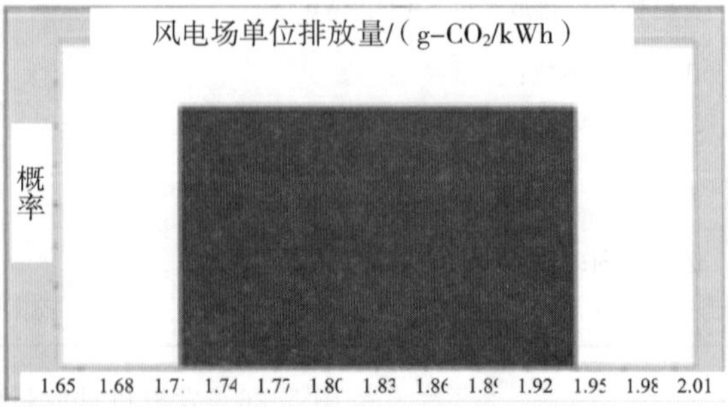

图 5.29 风电场排放量估算不确定性分析

5.2.8 风电系统

根据 PAS 2050 标准附录四中关于不确定性表述的要求，本报告按照排放值的范围表述不确定性。在 95%置信区间内，温室气体排放值范围为 22.39～24.75 g-$CO_{2,eq}$/kWh。经 5 000次模拟后，得到标准误差均值(SEM)为 0.01(如图 5.30)。

结论:

范围：22.39 ~ 24.75

基准值：23.43

经5000次模拟的平均统计误差：0.01

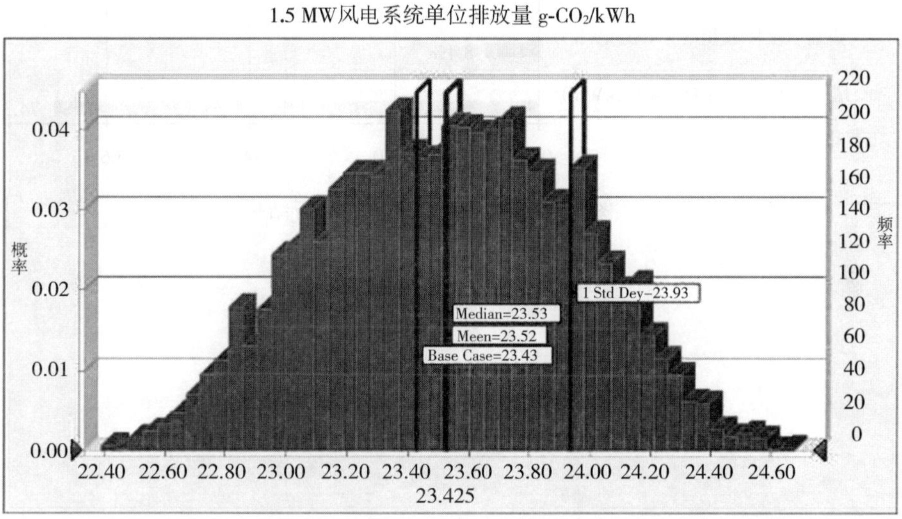

统计	预估值	精确度
模拟次数	5.000	
基准值	23.43	
平均值	23.52	0.05%
中间值	23.53	0.05%
模式	—	
标准偏差	0.41	1.63%
差异	0.17	
偏斜度	–0.0243	
峰度系数	2.39	
变化系数	–0.0176	
最小值	22.39	
最大值	24.75	
范围宽度	2.36	
标准误差均值	0.01	

图 5.30 风电系统排放量估算不确定性分析

5.3 敏感性分析

敏感性分析结果见图 5.31。由敏感性分析可知：在风电系统边界范围内，温室气体排放主要在风电机组制造过程中产生的，风电场建设和运行后，排放量占的比例很小。另外，在风电机组塔架制造阶段，由于使用大量的钢铁，因此，在所有部件中所产生的温室气体排放量相对于其他部件高得多，风电机组的发电机、齿轮箱和基础的排放量大致相当。

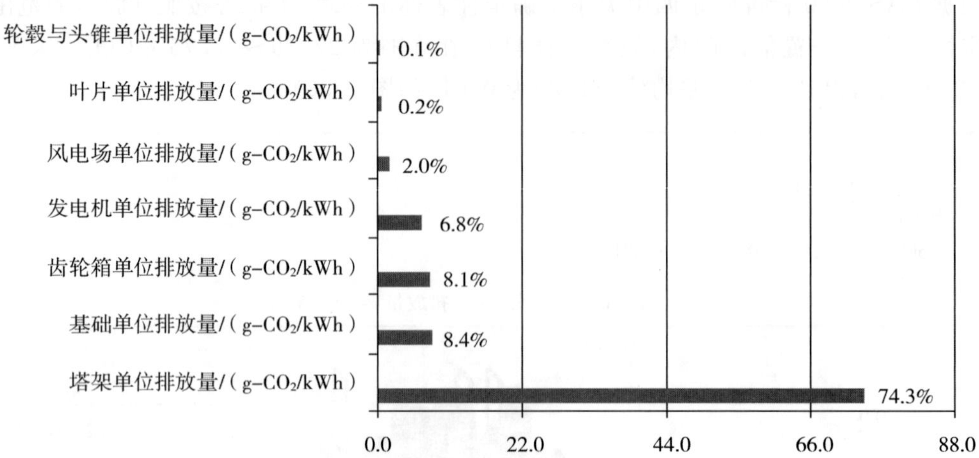

图 5.31　风电系统敏感性分析结果

第6章 结论和建议

6.1 主要结论

（1）风电链生命周期 GHG 排放量主要来自风电机组制造阶段，其次是来自和风电场建设阶段。风电机组制造阶段的总排放占75%左右，风电场建设阶段占25%左右。

（2）风电机组制造阶段 GHG 排放量主要来自塔架制造时的钢材消耗，占70%左右。

（3）风电链生命周期 GHG 单位排放量为15.8～18.0 g-$CO_{2,eq}$/kWh。

（4）风电链生命周期 GHG 排放量与风能容量系数（评估风电场年发电量优劣的指标）相关，风能容量系数高的风电场，其 GHG 单位排放量低。

6.2 几点建议

（1）本次研究所选取风电机组案例是目前单机功率1.5 MW 和2.0 MW 的主流机型，随着我国风电的发展，平均单机功率逐年增加，另外，海上风电机组和陆上风电机组也有差异。因此，需要继续对3.0 MW 以上的风电机组制造阶段 GHG 的排放量做进一步的分析。

（2）本次研究所选取的风电场案例在中国虽然有一定的代表性，但也有一定的局限性。在地形相对复杂的地区建设风电场时，会较平坦地区消耗更多能源，进而导致更多温室气体排放；另外，随着我国分散式风电场建设的逐步推进，风电场总装机容量也将随即发生变化，需要以此课题为基础，做进一步的深入研究和分析。

（3）制订风电生命周期温室气体排放基础数据统计和评价方法指南。

（4）本次研究确定的系统边界为风电场与公共电网的接入点处，关于公共电网建设时的温室气体量为如何合理分配到各类能源中，需要进一步讨论。

第六部分

太阳能光伏发电的温室气体排放

摘 要

光伏发电产业作为一个新兴产业，近年来进展非常迅速。在种类繁多的太阳电池中，晶体硅太阳电池技术目前发展最成熟，在产量和市场应用中都占据主导地位，其中绝大多数为单晶硅和多晶硅太阳电池。此外，光伏发电的应用形式既可以是独立电站形式，也可以采用并网发电形式。从长期来看，并网发电形式为主流发展方向。因此本研究以晶体硅太阳电池光伏并网发电为例，对光伏发电生命周期的各个阶段的温室气体排放进行计算分析，清楚认识我国目前并网光伏发电的温室气体总排放量水平，以及各个不同的工艺环节对排放量的贡献，为进一步降低并网光伏发电的温室气体排放量提供建议。

为了更加科学全面的反映并网光伏发电全过程的温室气体排放量，我们采用了生命周期分析评价方法。根据并网光伏发电的过程，我们首先分析光伏发电的生命周期边界，并将其分为光伏电站的生产制造、发电运行、退役处置和电力输配等四个阶段。太阳电池将太阳光能直接转化为电能，光伏发电是光电转换过程，转换过程以电子为介质，不涉及碳元素的化学反应，没有任何污染物的产生和排放，是完全清洁的过程。因此，光伏发电的温室气体排放主要来源于光伏电站的生产制造、退役处置和电力输配等阶段。

在实际分析计算过程中，主要参考国内相关的行业年鉴、文献报道等数据，并咨询国内行业内有关专家和公司人员得到最新数据，基本反映了我国当前的平均水平。经过分析计算，得到并网光伏发电生命周期各个环节的温室气体排放以及总排放，主要结果和结论包括：

(1)我国目前晶体硅(包括多晶硅和单晶硅)太阳电池并网发电在其生命周期内的温室气体排放量在 56.54～81.54 g-$CO_{2,eq}$/kWh 范围内。与常规的煤电相比，光伏发电属于一种非常清洁的能源。

(2)对于多晶硅太阳电池光伏发电，西部地区大型并网电站生命周期内的温室气体排放量为 56.54 g-$CO_{2,eq}$/kWh，而东部地区分布式并网电站的排放量为 75.42 g-$CO_{2,eq}$/kWh。

(3)对于单晶硅太阳电池光伏发电，西部地区大型并网电站生命周期内的温室气体排放量为 61.05 g-$CO_{2,eq}$/kWh，而东部地区分布式并网电站的排放量为 81.54 g-$CO_{2,eq}$/kWh。

(4)无论是单晶硅太阳电池还是多晶硅太阳电池光伏发电，以及无论采用大型并网电站还是分布式并网电站，生产制造阶段的排放量占总排放量的比例均超过 84%。多晶硅提纯过程的温室气体排放量占总排放量的比例接近甚至超过 30%；其次，单晶硅棒拉制过程、电池片生产、组件组装以及光伏系统集过程的排放量也较大。控制上述过程的排放是减少光伏发电总温室气体排放的关键。

(5)硅矿石开采、各种原材料和产品运输、光伏电站运行阶段和冶金硅还原的直接排放等过程的温室气体排放量比例在 1%左右或者更低，上述环节对总温室气体排放的影响很小。

在上述计算结果基础上，我们给出了降低并网光伏发电温室气体排放的几点建议：(1)加大科研力度，降低光伏产品生产过程能耗，提高光伏产品性能；(2)加强智能电网建设，为大型并网光伏电站的发展创造条件；(3)积极发展光伏发电，扩大国内应用市场。

第1章 概 述

1.1 研究背景和意义

1.1.1 快速发展的中国光伏产业

随着国民经济的发展，中国的能源消耗和环境问题已经日趋严重。我国以煤为主要能源的能源结构导致环境问题矛盾突出，影响到以下几个问题：

首先是环境污染问题。我国的能源结构中将近80%依靠煤，在燃烧过程中产生二氧化硫、氧化氮、汞和其他重金属等污染物，我国的炼油工业处于一个相对低端的水平，炼制的汽油和柴油的含硫量比较高。PM2.5近年来受到社会的广泛关注，其主要来源之一就是煤和石油等化石能源的大量应用[168,169]。

其次是气候变化问题，2008年到2010年我国每年二氧化碳(CO_2)的排放量分别为70.3亿吨、74.6亿吨和82.4亿吨，是世界碳排放量最大的国家，占当年世界总排放量的23%以上，在国际社会受到很大的压力。CO_2在全球处于不断的动态循环当中，但现在除了地球本身的循环之外，额外排放了很多由于燃烧化石燃料而产生的人为CO_2排放。经过全球科学家的预测，到2050年，地球的平稳运行要求CO_2的排放为1990年的一半，即104亿吨。按照人口比例计算，中国须将CO_2的排放量减小到25亿吨，这对我国来说是很艰巨的挑战[168,169]。

为了减少CO_2的减排量，国家加大了节能减排的力度。其中，发展可再生的光伏发电也是行之有效的途径之一。太阳能是地球上最丰富的能源，一年内到达地球表面的太阳能总量是目前探明能源总储量的一万倍，同时太阳能是取之不尽，用之不竭的，是可以持续利用的能源。而化石能源如煤、石油、天然气等，储量日益减少，且带来了严重的环境污染问题，近几年无论是国际还是国内的光伏发电行业都得到快速发展，如图6.1和图6.2所示[170]。2004年以来，中国的光伏产业得到了迅猛发展，2007年中国已经成为世界最大的太阳电池生产国，并连续五年世界第一。光伏电池产量由2004年的50 MW增加到2010年的9.0 GW，增长了179倍，年平均增速高达237%，远远超过工业的发展速度，是近年来增长最为迅速的新兴产业。表6.1列出了2004—2010年中国光伏产业的发展状况[171]。

表6.1 2004—2010年中国光伏产业发展状况[4]

类别 Items	单位 Unit	2004	2005	2006	2007	2008	2009	2010
多晶硅进口	t		1 572[a]	4 396[a]	9 467[a]	18 461[a]	22 727[e]	47 549[e]
多晶硅国内产量	t	70[a]	80[a]	290[a]	1 130[a]	4 729[a]	20 357[b]	45 000[c]
光伏电池产量	MWp	50[d]	200[d]	400[d]	1 088[d]	2 635[d]	4 011[d]	9 000[e]

续表

类别 Items	单位 Unit	2004	2005	2006	2007	2008	2009	2010
晶硅电池产量	MWp		192	388	1 060	2 589	3 861[b]	8 500[e]
薄膜电池产量	MWp		8[e]	12[e]	28[b]	46[b]	150[b]	500[e]
光伏电池出口量	MWp	40[d]	195[d]	390[d]	1 068[d]	2 560[d]	3 851[d]	8 470[f]
晶硅电池出口量 g	MWp		190	380	1 048	2 487	3 697	7 999
光伏电池出口比例	%	80.0	97.5	97.5	98.2	97.2	96.0	94.1

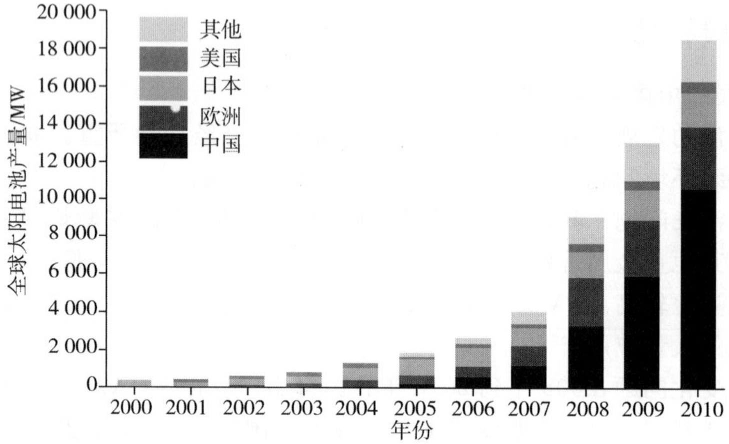

图 6.1 中国、日本、美国及世界其他国家不同年份太阳电池产量[3]

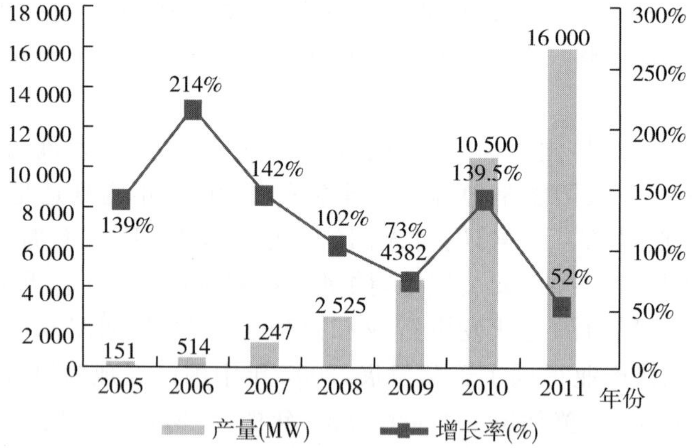

图 6.2 2005～2011 年中国太阳电池组件产量[3]

与此同时，中国的光伏发电市场也在逐渐起步，2010 年安装光伏发电 500 MW，累计达到 900 MW，居世界前十。2011 年中国的光伏电池和组件的产量分别达到 20 GW 和 16 GW，仍居世界第一，发电装机容量可以达到 3.6 GW，仅次于德国、意大利，居世界第三位[170]。2012 年，中国光伏电池组件产量约 23 GW，光伏累计装机容量约 6.5 GW。光伏发电国内应用市场逐步扩大，发电成本显著降低，市场竞争力明显提高。

与此同时，我国有关部门也陆续出台了鼓励光伏产业的相关政策。2011 年 8 月，国家发改委出台的《关于完善太阳能光伏发电上网电价政策的通知》确定了全国统一的上网标杆电价，这为国内光伏市场的扩大奠定了坚实基础。2013 年 7 月 15 日，《国务院关于促进光伏产业健康发展的若干意见》出台，这份文件进一步细化了国务院提出的刺激国内光伏需求的“国六条”，将 2015 年国内光伏发电装机目标在 2 000 万千瓦基础上再上调 75%，今后 3 年将新增装机容量 3 000 万千瓦，并首次明确电价和补贴机制以及光伏准入门槛。这是首次在国家层面上对光伏产业进行定位和把握，国内市场的大幅扩容无疑为当前处于困境中的光伏产业注入了一针强心剂。

1.1.2 光伏产业的清洁生产问题

光伏发电行业得到快速发展的同时，也有人对光伏发电的清洁程度表示忧虑，主要疑虑表现在高能耗、高污染和高成本的“三高”方面[172-176]。实际上这三个方面也是相互关联的，生产过程的高能耗必然会增加最终的成本并带来大量的污染排放，而高污染也必然造成后续环境污染治理方面的成本。目前来看，光伏发电尚处在行业发展的初期，前些年国内的光伏企业的一拥而上，企业技术良莠不齐，特别是一些中小规模企业想通过将环境和健康成本外部化来降低自身生产成本，获得更多“竞争力”。而这种做法无异于饮鸩止渴，将对整个行业的发展带来消极的影响。当然对于光伏发电清洁度和减排能力也有很多积极的评价，如石定寰[177]，李俊峰[178]，胡润青[179]，严大洲[180]，崔容强[181]等人通过光伏电池制造过程能耗的计算数据，对光伏发电持积极发展态度。

目前，所谓的高能耗和高污染均发生在太阳电池的制造阶段；光伏发电过程以电子为介质，不涉及碳元素的化学反应，没有任何污染物的产生和排放，是完全清洁的过程；而后续的光伏电站建设阶段需要的能耗也较低。因此，仅仅由于某个阶段的能耗高低就判断整个行业属于高能耗行业有失偏颇，因此有必要从光伏发电生命周期的角度对其进行科学而全面的分析研究。

1.2 研究目标和内容

太阳电池是通过光电效应或光化学效应直接把光能转化成电能的装置。按材料不同，太阳电池又可划分为硅系电池、多元化合物薄膜太阳电池、聚合物多层修饰电极型太阳电池、纳米晶太阳电池等，其中硅太阳电池技术目前发展最成熟，在应用中占主导地位。从 2007 年至 2011 年我国历年的太阳电池产量中，晶体硅太阳电池（包括多晶硅电池和单晶硅电池）所占有的比例超过 95%，而薄膜太阳电池（包括非晶硅电池、CdTe 电池和 CIGS 电池等）的产量不足 5%[170]。此外，光伏发电的应用形式既可以是独立电站形式，也可以采用并网发电形式。目前，并网光伏发电是主要应用形式，且从长期来看并网发电也是主流发展方向。因此，本研究中将以晶体硅太阳电池并网光伏发电为例，进行温室气体排放量的分析计算，这符合我国目前光伏发电行业的总体情况。

本报告的目标是：应用生命周期评价分析方法对我国目前晶体硅太阳电池并网光伏发电的全过程现状进行梳理，分析国内光伏产业链各个环节的环境影响，特别关注温室气体排放量的计算与分析，探讨光伏发电技术的清洁程度及降低温室气体排放的有效途径。

本报告的主要研究内容包括：(1)针对光伏发电全过程和其他发电方式的不同，确定我国晶体硅太阳电池并网光伏发电的全产业链边界；(2)采用生命周期评价分析方法，对晶体硅太阳电池并网光伏发电全过程中不同工艺环节的温室气体排放量进行计算与分析，得到我国目前光伏发电温室气体排放的基础数据；(3)结合以上调研、分析和计算的结果，总结和提炼光伏发电减排温室气体的关键环节和关键技术，并提出整体的技术发展目标、障碍和必要的策略。

第 2 章 研究现状分析

2.1 国际研究现状

太阳电池首先在美国、欧洲和日本等得到了广泛的研究，所以关于光伏发电过程温室气体排放的研究也首先在这些地区得到关注。

1991 年，欧洲委员会和美国能源部联合启动 Extern E 研究计划，有 15 个国家参加，开展了 12 种能源链系统的环境影响外部成本评价研究，以及全球气候变暖等重要问题的研究。其中，光伏发电的温室气体排放因电池板制造技术的差异而有所不同，基于单晶硅太阳电池与多晶硅太阳电池的温室气体排放系数分别为 73 g-$CO_{2,eq}$/kWh 和 59 g-$CO_{2,eq}$/kWh[182]。

1992 年国际原子能机构联合其他国际组织一起进行了各种发电能源温室气体排放的比较研究，其中光伏发电 CO_2的当量排放在 30～279 g-$CO_{2,eq}$/kWh 范围内[1]。

1995 年德国的 Huber 等开始对硅系太阳电池进行生命周期评价；日本产业技术综合研究所的 ITO 等则从 1997 年开始关注光伏产品的环境影响，主要针对实际应用的大型光伏电站进行实证分析；荷兰乌特勒支大学的 Alsema 等从 2000 年左右开始对光伏产品进行生命周期评价，分析了其生命周期排放、能量回收期、温室气体排放等，并对近 10 年光伏技术发展对这些指标的影响进行了分析，其研究主要依赖欧洲地区的生产数据；意大利罗马大学的 Battisti 等也在近年来开始研究光伏发电系统与太阳能热力发电系统的环境影响[183]。

2007 年 Pacca 等人的研究指出，在光伏电池的生命周期研究中，对结果具有较大影响的参数包括电池片或太阳电池面板的转换效率、生产技术、生产过程中能量消耗和能源利用比例等。由于研究开展的年限不同，所选取的参数不同，结果差异也较大。总体来说，随着时间的推移、光电转换效率的提高，太阳电池的能量回收期逐渐缩短；另外，在同等情况下，由于在单晶硅生产时多了提拉单晶棒的高能耗过程，因此单晶硅电池的能量回收期又要比多晶硅电池的能量回收期长一些，但仍远远小于太阳电池本身的寿命[184]。

2006 年，E. A. Alsema 等人研究了并网情况下光伏发电对环境的影响，晶体硅太阳电池发电的温室气体排放量在 25～32 g-$CO_{2,eq}$/kWh 之间，且随着技术的进步，预测以后光伏发电的温室气体排放量能够降低到 15 g-$CO_{2,eq}$/kWh[185]。

2006 年，V. M. Fthenakis 和 H. C. Kim 以安装在欧洲 11 个地点和美国 8 个地点的 1 200 MW不同类型晶体硅太阳电池的屋顶式光伏系统为例，计算了相应的温室气体排放情况。其中带状硅太阳电池发电系统的温室气体排放量分别为 30 g-$CO_{2,eq}$/kWh，多晶硅太阳电池发电系统为 35 g-$CO_{2,eq}$/kWh，单晶硅太阳电池发电系统为 43 g-$CO_{2,eq}$/kWh[186]。2008 年他们进行了进一步的数据统计，晶体硅太阳电池发电系统的温室气体排放量在 29～55 g-$CO_{2,eq}$/kWh 之间[187]。

2008 年 Benjamin 比较了不同发电方式的温室气体排放量，其中多晶硅太阳电池光伏发电的数值为 32 g-$CO_{2,eq}$/kWh[188]。

2011 年世界核能协会的报告中给出了不同能源发电方式的温室气体排放数据，数据来源包括大学、政府机构和工业界等不同渠道。对于光伏发电而言，大学、政府机构和工业界给出的温室气体排放量分别为 42 g-$CO_{2,eq}$/kWh、115 g-$CO_{2,eq}$/kWh 和 31 g-$CO_{2,eq}$/kWh[189]。

2012 年 David D. Hsu 等人研究了地面安装和屋顶安装的光伏发电系统的温室气体排放量的差异，其中地面安装的光伏发电系统的温室气体排放量中值约为 69 g-$CO_{2,eq}$/kWh，屋顶安装的光伏发电系统的温室气体排放量中值约为 55 g-$CO_{2,eq}$/kWh[190]。

2010 年 A. F. Sherwani 等人总结了不同安装年代、不同组价效率、不同安装位置（国家）和不同系统寿命的单晶硅太阳电池光伏系统和多晶硅太阳电池光伏系统的生命周期评价结果[191]。因效率、太阳辐照度和系统寿命的不同，温室气体的排放量也有很大的差别，如表 6.2 和表 6.3 所示。

表 6.2　单晶硅太阳电池光伏系统的生命周期评价[191]

序号	年份	安装国家	效率/%	装机容量	寿命/年	能量回收期/年	温室气体排放量/(g-CO_2/kWh)
1	1990	美国	8.5	300 kW	30	—	280
2	1997	日本	—	3 kW	20	15.5	91
3	2000	荷兰	14	—	30	3.2	60
4	2002	印度	13	35 W	20	—	64.8
5	2006	英国	11.5	14.4 kW	30	8	44
6	2006	新加坡	7.3～8.9	2.7 kW	25	5.87	217
7	2006	新加坡	10.6	2.7 kW	25	4.47	165

表 6.3　多晶硅太阳电池光伏系统的生命周期评价[25]

序号	年份	安装国家	效率/%	装机容量	寿命/年	能量回收期/年	温室气体排放量/(g-CO_2/kWh)
1	2003	中国	12.8	100 MW	30	1.7	12
2	2005	日本	10	3 kW	30	—	53.4
3	2005	意大利	10.7	1 kW	20	3.3	26.4
4	2005	希腊	—	3 kW	20	2.9	104
5	2007	美国	12.92	33 kW	20	5.7	72.4
6	2008	中国	12.8	100 MW	30	1.9	12.1
7	2008	中国	15.8	100 MW	30	1.5	9.4

对于薄膜太阳电池组成的光伏发电系统而言，多数研究认为其温室气体的排放量小于晶体硅电池组成的光伏发电系统[186,187,192,193]。与晶体硅太阳电池相比较，薄膜太阳电池（包括 CdTe 太阳电池和 a-Si/nc-Si 叠层太阳电池）的温室气体排放量更低。Rob Meulen 和 Erik Alsema 在 2011 年的计算结果表明 a-Si/nc-Si 叠层太阳电池发电的温室气体排放量仅为 15 g-$CO_{2,eq}$/kWh[192]；H. C. Kim 等人 2012 年的计算结果表明，a-Si、CdTe 和 CIGS 三种薄膜太阳电池生命周期内的温室气体排放量分别为 20 g-$CO_{2,eq}$/kWh、14 g-$CO_{2,eq}$/kWh 和

26 g-$CO_{2,eq}$/kWh，均明显低于晶体硅太阳电池发电的温室气体排放量[193]。

2.2 我国研究现状

相对来说，我国光伏产品的生产工艺与世界先进水平相比有一定的差距，特别是在多晶硅材料的提纯过程中能耗比国际先进水平明显偏高。在我国光伏产业迅猛发展的情况下，近年来，随着国内光伏产业的迅速发展，人们不仅关注太阳电池的光电转换效率、制造成本等问题，也开始关注光伏发电的能源消耗、能量回收期、环境污染以及温室气体排放问题的研究。

石定寰[177]，李俊峰[178]，胡润青[179]，严大洲[180]，郑天航[194]等人都对光伏电池的制造能耗、能量回收期和经济效益等进行了分析研究；李惠民等分析晶体硅光伏组件生命周期内的能源消耗和 CO_2 排放强度[171]；杨金焕等分析光伏系统减排 CO_2 潜力[195]；刁周玮等给出中国光伏电池组件的生命周期评价结果[183]。上述研究间接讨论了光伏发电温室气体排放的问题。

2012 年郭素琴等对晶体硅光伏组件的温室气体排放量进行了计算，范围在 33～50 g-$CO_{2,eq}$/kWh，但是并没有给出生命周期内温室气体排放量的结果[196]；2012 年彭晋卿等以安装在香港地区的建筑一体化光伏系统生命周期内的温室气体排放量进行了研究，多晶硅太阳电池发电系统的温室气体排放量为 53 g-$CO_{2,eq}$/kWh，而单晶硅太阳电池发电系统的温室气体排放量为 61 g-$CO_{2,eq}$/kWh[197]；2012 年刘胜强等给出了光伏发电的温室气体排放量在 20～40 g-$CO_{2,eq}$/kWh 范围，但是并没有详细的过程[198]；侯明山等研究认为光伏发电系统生命周期内的温室气体排放量为 56 g-$CO_{2,eq}$/kWh[199]。

从上述分析可以看出，目前国外对光伏发电生命周期的分析评价较多，数据也较详细，但是我国这方面的工作虽然已经开始，但是不够全面和详细。本研究采用生命周期评价方法，对光伏发电"从摇篮到坟墓"的全过程进行分析，不但计算总的温室气体排放量，而且给出各个不同阶段的具体数据，可以更全面的评价我国当前情况下的并网光伏发电温室气体排放量的情况，为后续进一步的降低能耗和温室气体排放提供依据。

第3章 研究方法

3.1 生命周期评价的涵义[35,200,201]

3.1.1 生命周期评价的概念

生命周期评价(Life Cycle Assessment,LCA),是评价某种产品、工艺或有组织的活动,从原材料采集到产品的生产、运输、销售、使用、回收、维护和最终处置的整个生命周期诸阶段的有关的环境负荷的过程。它首先需要解决的是,识别和量化整个生命周期各阶段中的能量和物质的消耗以及环境排放,然后评价这些消耗和排放对环境的影响,最后识别和评价减少这些影响的机会和举措。生命周期评价,注重研究系统在生态健康、人类健康和资源消耗领域内的环境影响。

在生命周期评价的发展历程中,产生了多种定义,其中国际标准化组织和国际环境毒理学与化学学会的定义最具有权威性。国际标准化组织定义生命周期评价是汇总和评估一个产品体系在其整个生命周期内的所有投入及产出对环境造成的潜在影响的方法。环境毒理学会与化学学会的定义为:生命周期评价是一种对产品生产工艺以及活动对环境的压力进行评价的客观过程,它通过对能量和物质的利用以及废弃物排放对环境的影响,寻求改善环境影响的机会以及如何利用这种机会;这种评价贯穿于产品工艺和活动的整个生命周期,包括原材料提取与加工、产品制造、运输以及销售、产品的使用、再利用和维护,废弃物的再生循环和最终废物的处置。

3.1.2 生命周期评价的主要特征[200]

生命周期评价的主要特征有以下几点:

(1)生命周期评价能够系统地、全面地考察产品(系统)从原材料获取直至最终处置过程中的全部环境因素;

(2)生命周期评价的时间跨度和研究深度,在很大程度上取决于所确定的目的和范围;

(3)生命周期评价的研究范围、假定、数据质量描述、方法和结果应具有透明性;

(4)应保证生命周期评价方法学的包容性,以便容纳新的科学发现与最新技术发展;

(5)用于对外公布的、对比论断的生命周期评价研究,要考虑一些具体要求,而不应僵化;

(6)由于被分析系统生命周期的各个阶段存在着折中因素及其他复杂性,因此,将生命周期评价的结果简化为一个单一的、综合的得分或数字尚缺乏科学依据;

(7)生命周期评价研究不存在一种统一的模式,研究应保持灵活性,应根据具体的应用意图和用户要求,实际地予以实施。

全生命周期评价方法的优越性,使其在各个学科领域得到广泛应用[35,202-204],也包括了新兴的光伏产品及其应用领域[183,197,205-208]。

3.2 生命周期评价方法框架体系[200,201]

3.2.1 目的范围确定

目的范围确定是生命周期分析应用研究的起点，生命周期分析的所有阶段都以目的范围确定为指导。在目的范围确定中要阐明研究目的、系统边界、研究的深度和广度，以及进行比较研究定量化的基础—功能单元。其前期工作有深入研究掌握有关产品的各方面信息，包括产品的生产工艺、与产品生产相关的政策法规、技术革新、环境保护等内容深刻了解有关产品生产、使用及相关的环境污染和排放等各个环节中的各种复杂问题。

3.2.2 清单分析

清单分析是生命周期分析中承上启下的一个重要组成部分，是进行生命周期分析的数据收集和初步处理阶段，是生命周期分析数据的来源和基础。在清单分析中，主要确定所要收集的数据类型，按照目的范围定义中的要求收集产品在生命周期过程中的每个阶段的各种输入输出数据，定量描述输入输出系统边界的物流和能流，并对所收集的数据进行计算处理，使之成为评价分析以及数据解释的基础。通常采用模型和数据库来辅助分析。清单分析主要由体系的生命周期阶段划分，数据类型确定，数据收集，数据的初步处理等阶段组成。

3.2.3 影响评价

对不同服务对象、应用目的，生命周期分析影响评价的研究方法也有所不同。影响评价由以下部分组成评价因子选择、分类、描述和权重确定。每一部分都代表一个不同程序，但并非所有生命周期分析都需要这些组成部分。在影响评价中要明确指出所选用的方法及假定。选择和定义评价因子，要根据生产过程，以及环境排放和污染的机理为基础，使影响评价过程合理有效。分类过程是将清单分析中的输入输出数据，分配到各类评价因子中，恰当的分配是评价正确性和有效性的保证。描述过程是将分配到各类评价因子中的清单数据进行模型化，用以表达出环境负荷及资源消耗的状况。权重确定的结果是对不同评价因子加以比较，确定不同因子之间相互的重要性。

3.2.4 数据解释

数据解释是生命周期分析在清单分析和评价分析的基础上，对清单分析的数据质量和分析结果以及评价分析的结论进行全面的解释。数据解释部分，以结论和建议的方式，对决策人员和政策制定者提供技术支持和参考依据并且符合目的范围确定中提出的要求。数据解释的部分，包括根据研究的要求，重新确定研究的确定中的数据，要求重复收集某些数据对研究的结果进行敏感性分析。其重要作用是根据清单分析和评价分析的结果，找出在产品相关的整个生命周期阶段中，对环境污染和影响最主要的阶段和影响因素，为研究人员和政策部门提供有效的技术支持。

第4章　光伏发电生命周期内温室气体排放的计算分析

4.1　光伏发电全产业链的分析[209-212]

本研究主要对晶体硅太阳电池光伏并网发电进行分析。为准确计算光伏发电生命周期内的温室气体排放量，首先需要确定其产业链的边界。

(1)冶金硅还原[209]

冶金硅是用大自然界蕴藏极为丰富的硅矿石(成分是二氧化硅)冶炼得来的。从硅矿石到冶金硅，本质上是一个还原过程，其化学反应方程式为：

$$SiO_2+C=CO_2\uparrow+Si$$

现代工业规模生产硅的碳热还原法是二十世纪初发明的，是现今唯一生产工业硅的方法。以硅石和碳质还原剂等为原料经碳热还原法生产的含硅97 %以上的产品，在我国通称为工业硅，也称为冶金硅。

(2)太阳能级硅的提纯

制造太阳电池的多晶硅一般至少需要纯度达到99.9999%以上，所以冶金硅还需要进一步提纯。从冶金硅到多晶硅的提纯，目前主要应用的西门子法，它是将冶金硅转变为三氯氢硅，然后再进行分馏和精馏提纯，得到高纯度的三氯氢硅后，最终还原而成；此外，冶金法(UMG方法)目前也得到广泛关注，它由冶金硅直接将杂质取出而得名，硅在整个提纯过程中未发生化学反应。化学法生产的多晶硅材料纯度较高，但能耗和成本也较高，污染处理成本较大；冶金法电耗低、成本低、无污染，但目前纯度比西门子略低，基本能够满足光伏电池的生产需求。

(3)晶体硅锭/硅片生产

以高纯多晶硅为原料，可以通过直拉单晶等得到单晶棒，或者直接铸造成多晶硅锭，然后对硅锭切割加工成具有一定直径、厚度等的单晶硅或者多晶硅片。晶体硅锭和硅片的生产流程及其工艺复杂度较多晶硅提纯低，且初始投资量及生产规模并无过高要求。硅片切割是硅片生产的关键技术，切割的质量与规模直接影响到整个产业链后续的生产。多丝切割作为一种先进的切割技术，目前已取代传统的内圆切割成为桂片加工的主要切割方式。采用多丝切割技术，目前硅片的厚度可以达到160微米。

(4)太阳电池片制造

多晶硅和单晶硅太阳电池的工艺过程相似，其工艺流程主要包括：

①清洗及损伤层去除：用常规的硅片清洗方法清洗，然后用酸(或碱)溶液将硅片表面切

割损伤层除去 30～50 微米。

②制备绒面：用碱溶液对硅片进行各向异性腐蚀在硅片表面制备绒面。

③磷扩散：采用涂布源（或液态源，或固态氮化磷片状源）进行扩散，制成 PN 结，结深一般为 0.3～0.5 微米。

④周边刻蚀：扩散时在硅片周边表面形成的扩散层，会使电池上下电极短路，用掩蔽湿法腐蚀或等离子干法腐蚀去除周边扩散层。

⑤去除背面 PN 结。常用湿法腐蚀或磨片法除去背面 PN 结。

⑥制作上下电极：用真空蒸镀、化学镀镍或铝浆印刷烧结等工艺。先制作下电极，然后制作上电极。铝浆印刷是大量采用的工艺方法。

⑦制作减反射膜：为了减少入反射损失，要在硅片表面上覆盖一层减反射膜。常用减反射膜有 MgF_2，SiO_2，Al_2O_3，Si_3N_4，TiO_2 等。工艺方法可用真空镀膜法、离子镀膜法，溅射法、印刷法、PECVD 法或喷涂法等。

⑧烧结：将电池芯片烧结于镍或铜的底板上。

⑨测试分档：按规定参数规范，测试分类。

(5)光伏组件封装

晶体硅光伏组件是通过将晶体硅太阳能电池单片进行互连、封装而成的，以保护电极接触稳定，防止互连线受到腐蚀，避免电池碎裂。组件封装过程中需要用到许多其他材料，如白玻璃、EVA 和铝合金框等辅料。

光伏组件封装工艺较光伏产业链其余环节简单，但组件封装的质量将直接影响到晶体硅光伏组件的使用寿命。由于其投资少、建设周期短，技术和资金门槛低，再加上劳动力成本低廉，目前我国光伏组件封装行业是整个光伏产业链中生产工艺最成熟、设备国产化率最高、扩展最快、产量最大的环节。

(6)光伏电站系统集成

电池组件生产出来需要根据不同的要求集成为光伏发电系统，需要安装支架、汇流盒、电缆、逆变系统等，地面电站还要加上追日（跟踪）系统。电池组件发出的直流电要经过逆变器、控制器才能变成交流电。电池组件如果要进行并网，还要有同期装置，对电网进行相位和频率跟踪。

(7)光伏发电并网运行

光伏电站建成后就进入运行发电阶段，理论上在此后的时间内都不再需要增加投入。对于并网光伏发电，电力需要经过公共电网到达用户端。

(8)光伏电站的退役处置

光伏电站达到设计寿命后，需要进行拆除。铝框、支架、电缆和逆变器等回收处理再利用，而混凝土、玻璃等进行掩埋处理。至此，整个光伏发电的生命周期才全部结束。

4.2 光伏发电生命周期评价的边界

通过上述分析，可以确定晶体硅太阳电池光伏并网发电生命周期的系统边界如图 6.3 所示。

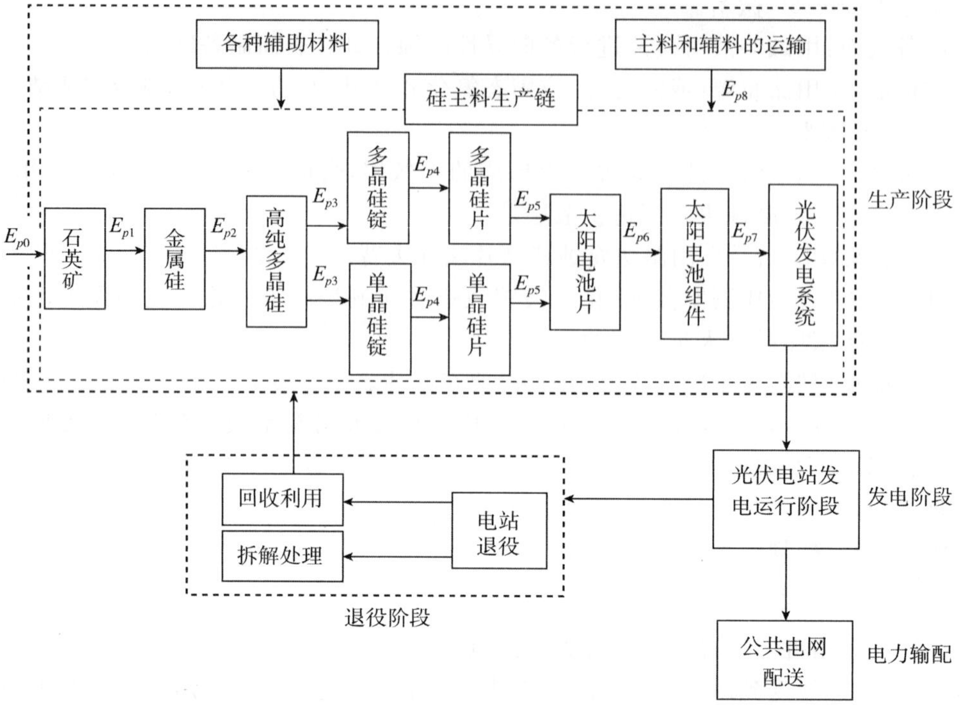

图 6.3　光伏发电生命周期的系统边界及各阶段的能耗

根据各个环节的技术特点和相关性，可以分为以下四个阶段：

(1)生产制造阶段

生产阶段主要包括石英矿的开采、冶金硅的冶炼、高纯多晶硅的提纯、铸锭、硅片切割、太阳电池片制造、光伏组件组装和光伏发电系统集成等过程。上述过程的能耗是温室气体排放的主要来源。此外，生产过程中各种辅助材料温室气体需要考虑，主材料和各种辅助材料的运输过程产生的温室气体也一起计算。

(2)发电运行阶段

太阳电池将太阳光能直接转化为电能，光伏发电是光电转换过程，转换过程以电子为介质，不涉及碳元素的化学反应，没有任何污染物的产生和排放，是完全清洁的过程。但是在近 25 年的期间内，难免会有极少数的太阳电池板损毁，需要更换，而且各种电器盒逆变器的配件可能也需要少量更换。

(3)电力输配阶段

电力输配电过程中的电能损失导致温室气体排放，输电过程中 SF_6 气体的泄漏带来的温室气体排放等。

(4)退役处置阶段

退役阶段有些材料是可以回收利用的(如铝合金框、钢支撑架等)，可以抵消部分温室气体排放；而有些不能再回收利用的材料(混凝土)填埋处理等过程也导致温室气体的排放。

因此，光伏发电的温室气体排放主要来源于光伏电站的生产制造阶段、电力输配和退役处置阶段。

4.3 光伏发电生命周期内的能耗分析

4.3.1 数据来源和处理

太阳电池生产阶段的温室气体排放，主要参考国内相关的行业年鉴、文献报道等数据，此外有关最新进展通过咨询行业内有关专家和公司实地考察得到，基本反映了全国当前的平均水平。

生产阶段需要的主材料和辅助材料的实际运输应该包括铁路和公路两种运输方式，公路运输的能耗及相应的温室气态排放应该高于铁路。为方便计算，我们仅仅考虑公路运输的情况，统计各个阶段各种原材料的运输距离，参考单位距离耗能情况，从而得到运输阶段的温室气体排放情况。

电力的输配阶段，假设电网和输变电等设备是已经存在的基础设施，没有考虑基础设施建设消耗材料带来的温室气体间接排放，仅仅考虑将光伏系统产生的电通过公共电网输送到用户端时的损耗。

不同阶段的能耗在图 6.3 中相应位置标示出来。

4.3.2 生产阶段的能耗 Epm

(1)开采过程的能耗 E_{p0}

石英矿的开采一般采用 TNT 炸药，TNT 爆破过程伴随有 CO_2 的直接排放。每吨 TNT 炸药可爆破石英矿石约 2 800 立方米，石英的密度为 2.65 吨/立方米，则每吨 TNT 炸药可爆破石英矿石重量为 2 800×2 650＝7 420 吨。虽然为了放置炸药需要钻孔作业而消耗一定能量，但是相对如此大量的矿石来说还是非常小，所以开采过程的能耗忽略不计。

(2)运输过程的能耗 E_{p8}

冶金硅、多晶硅、硅锭、硅片、太阳电池片、电池组件、逆变器等的各种原材料和成品的运输过程已经假设全部采用公路运输形式，主要消耗汽油直接产生 CO_2 排放，此外没有其他的能耗。

(3)组件生产和系统集成过程的能耗 E_p

E_p 可以表示为：$E_p = E_{p1} + E_{p2} + E_{p3} + E_{p4} + E_{p5} + E_{p6} + E_{p7}$

E_{p1} 为硅矿石还原加工得到冶金硅所需要的生产能耗，根据节能产品单位能耗限额管理的规定，冶金硅单位冶炼电耗不得高于 13 kWh/kg，而目前国内最高水平可达到 10 kWh/kg。本文取值 $E_{p_1} = 12$ kWh/kg。

E_{p2} 为冶金硅提纯加工为高纯颗粒多晶硅所需要的生产能耗。在该过程中，每生产 1 kg 的高纯多晶硅，需要消耗 1.35 kg 的冶金硅。2009 年胡润青的研究中取还原电耗 80 kWh/kg，蒸汽消耗 200 MJ/kg，则该过程的综合能耗为 175 kWh/kg[179]；2010 年石定寰的报告中该过程的能耗取值为 180 kWh/kg[177]；而郭素琴 2012 年的报道中该过程的能耗在 80～150 kWh/kg[196]；2013 年 4 月我们对徐州中能等国内企业调研了解到目前国内最高水平约 90～100 kWh/kg。综合上述研究，考虑到行业平均水平，本文取值 $E_{p2} = 120$ kWh/kg。

E_{p3} 为高纯颗粒铸造成多晶硅锭所需要的生产能耗，一般取值 7～9 kWh/kg[177-180]，本文取值 $E_{p3} = 8$ kWh/kg。

E_{p4} 为将多晶硅锭切割加工为多晶硅片所需要的生产能耗。多晶硅锭切割成硅片过程中硅材料的利用率约为50%。该过程取值 $E_{p4}=21$ kWh/kg。

E_{p5}为多晶硅片加工制造成多晶硅太阳电池片所需要的生产能耗，多数报道均在0.15～0.2 kWh/W[177-180]，本文取值 $E_{p5}=0.2$ kWh/W。

E_{p6}为太阳电池片封装加工成光伏组件所需要的生产能耗。该过程需要铝合金边框、EVA、封装玻璃和包装纸板等材料消耗[177-180]。含玻璃、EVA等封装辅助材料的能耗，该过程的总能耗取值 $E_{p6}=0.2$ kWh/W。

E_{p7}为光伏组件集成为光伏系统所需要的生产能耗。该过程需要控制器、逆变器、蓄电池和电缆等原材料。2012年李惠民研究中取值0.23 kWh/W[171]，2010年石定寰的报告中该过程的能耗取值0.15 kWh/W[177]，2009年胡润青研究中取值0.15 kWh/W[179]，2010年严大洲报告中取值0.31 kWh/W[180]，上述取值均为包含并网控制逆变器、电缆等的生产能耗。综合上述研究和本次调研企业提供的数据，该过程本文取值 $E_{p7}=0.25$ kWh/W。

目前我国企业的平均生产水平是每生产1公斤冶金硅需要2公斤石英矿石；每生产1公斤高纯多晶硅需要1.35公斤冶金硅；每生产1公斤硅锭/硅棒需要1.1公斤高纯多晶硅；对于多晶硅，目前行业平均水平1公斤多晶硅锭可以切割成156 mm×156 mm的硅片约46片，多晶硅太阳电池的转换效率按17.5%计算，每片发电功率约4.26 W，合计功率46×4.26≈196 W。由此逆推，则制造196 W太阳电池需要高纯多晶硅为1.1公斤，对应冶金硅为1.1×1.35=1.485公斤，则制造每瓦太阳电池需要的高纯多晶硅为1 100 g/196 W≈5.61 g/W，需要的冶金硅为1 485g/196 W=7.58 g/W。

根据将上述参数可换算得到相应环节的电能消耗如下：

$E_{p1}=0.091$ kWh/W；$E_{p2}=0.673$ kWh/W；$E_{p3}=0.041$ kWh/W；$E_{p4}=0.107$ kWh/W。

则组件生产和系统集成过程的总能量消耗：

$$E_p=E_{p1}+E_{p2}+E_{p3}+E_{p4}+E_{p5}+E_{p6}+E_{p7}=1.562\ \text{kWh/W}$$

太阳电池组件产率为98%（即封装成品率）[171,177,178]，则组件生产和系统集成过程修正后的总能量消耗为 $E_p=1.594$ kWh/W。

由于开采和运输阶段的能耗均直接排放二氧化碳，没有其他的额外能耗，所以生产制造阶段 $E_p^m=1.594$ kWh/W。

（4）发电运行阶段的能耗 E_p^r

光伏发电是光电转换过程，发电过程本身理论上不需要消耗能量，但是实际的光伏电站寿命长达25年，其中光伏组件更换率一般小于0.1%，本文按生产阶段总能耗的0.1%考虑，则有 $E_p^r=E_p^m\times0.1\%=0.0016$ kWh/W。

（5）电力配送过程的能耗 E_p^g

2010年公布的全国电网综合线损率约6.53%，本文采用这一数值进行计算，即电力配送过程的能耗约为开采阶段、运输阶段和生产制造阶段总能耗的6.53%。即有 $E_p^g=E_p^m\times6.53\%=0.104$ kWh/W。

（6）电站退役阶段的能耗 E_p^b

彭晋卿的报道中给出的回收处理阶段能耗为250 MJ/m^2[197]，考虑到1 MJ=0.277 8 kWh，而每平方米多晶硅硅太阳电池功率约为160 W，则换算得到回收处理阶段能耗为0.434 kWh/W。本文根据专家咨询的结果，退役回收阶段能耗取值为 $E_p^b=0.200$ kWh/W。

(7)全生命周期内总能耗 E_p^{total}。

上述各阶段能耗相加,即可得到多晶硅太阳电池光伏发电全生命周期内的总能耗 $E_p^{total}=E_p^m+E_p^r+E_p^g+E_p^b=1.90$ kWh/W。

综合上述研究结果,我们可以列表得到多晶硅太阳电池大型并网光伏发电全生命周期各阶段能耗及其相应比例,如表 6.4 所示。表 6.4 同时给出了分布式并网电站的情况,且分布式电站多数属于自发自用,这样电力输配电过程的线损很小,本文这部分取值为零,其他过程的能耗与大型并网发电的情况一样。

表 6.4 多晶硅太阳电池光伏发电全生命周期各阶段能耗

不同阶段和工艺环节		大型并网发电		分布式并网发电	
		能耗/kWh	所占比例/%	能耗/kWh	所占比例/%
生产制造阶段	冶金硅还原	0.093	4.90	0.093	5.18
	多晶硅提纯	0.687	36.17	0.687	38.26
	多晶硅铸锭	0.042	2.21	0.042	2.34
	多晶硅片切割	0.109	5.74	0.109	6.07
	太阳电池片生产	0.204	10.74	0.204	11.36
	电池组件组装	0.204	10.74	0.204	11.36
	光伏系统集成	0.255	13.42	0.255	14.20
发电运行阶段		0.001 6	0.08	0.001 6	0.09
电力输配环节		0.104	5.47	0	0
电站退役处置		0.20	10.53	0.20	11.14
合计		1.990	100	1.796	100

4.4 光伏发电生命周期的发电量分析

光伏系统(电站)全生命周期内总发电量可用如下计算公式表示:

$$Q_e=h\times C_{in}\times PR\times T_L$$

其中,Q_e为寿命期内总发电量,h 为年均日照总小时数,C_{in}为电站的装机容量,T_L为光伏电站寿命,PR 为考虑电气系统和各类损失后的系统综合效率。

我国疆域辽阔,太阳能资源差别显著。根据差别的大小,大体上可划分为四类区域,一类地区年均等效利用小时数不小于 1 600 小时,二类区域年均等效利用小时数在 1 400 小时至1 600小时之间,三类区域年均等效利用小时数在 1 200 小时至 1 400 小时之间,四类区域年均等效利用小时数小于 1 200 小时[213]。

另一个对发电量影响较大的是发电系统综合效率,包括控制器、逆变器、变压器等电气设备的效率;各类损失包括光伏组件串并联损失、电池板效率衰降、温升损失、灰尘、遮挡、线路损失及其他损失。地面安装的大型光伏电站阵列一般不受安装倾角和朝向的限制,也不容易受到遮挡,城市中的分布式光伏发电则会受到一些限制,因此系统效率也会偏低。一般情况下,大型并网光伏电站系统综合效率在 75%~85%之间,分布式并网光伏系统综合效率在 73%~78%之间。

大型并网光伏电站多数安装在我国西部太阳光照丰富的地区，本文计算中年均等效利用小时数取 1 600 小时，系统综合效率 80%，光伏电站寿命取 25 年，可得每瓦晶硅太阳电池在寿命期内的总发电量为：

$$Q_e = h \times C_{in} \times PR \times T_L = 1\ 600 \times 0.01 \times 80\% \times 25 = 32\ \text{kWh}$$

分布式光伏电站多数安装在用电量大但太阳光照不太丰富的东部地区，本文计算中年均等效利用小时数取 1 200 小时，系统综合效率 75%，光伏电站寿命 25 年，可得每瓦晶硅太阳电池在寿命期内的总发电量为：

$$Q_e = h \times C_{in} \times PR \times T_L = 1\ 200 \times 0.01 \times 75\% \times 25 = 22.5\ \text{kWh}$$

4.5 光伏发电生命周期的温室气体排放当量分析

根据前面对光伏发电生命周期的产业链和边界分析，并结合图 6.3，我们可以得到晶体硅太阳电池光伏发电全生命周期边界及各阶段的温室气体排放，如图 6.4 所示。温室气体的排放主要来源于两个方面：一个是各个阶段的能耗导致的间接排放，另一个是其中某些过程的直接 CO_2 排放。在整个生命周期内，直接温室气体排放来源有三个：硅矿石开采过程、硅矿石还原得到冶金硅过程以及各种原材料和产品的运输过程。此外，其他过程的温室气体排放都是能耗导致的间接排放。

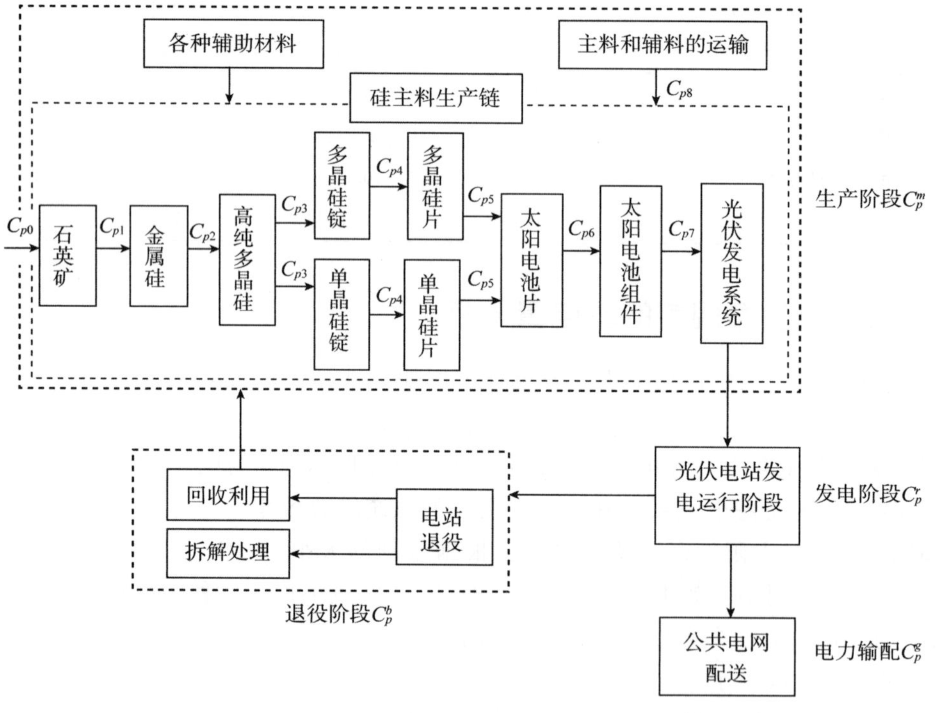

图 6.4　晶体硅太阳电池光伏发电全生命周期边界及各阶段的温室气体排放

4.5.1 开采过程温室气体排放 C_{P0}

石英矿的开采一般采用 TNT 炸药，每公斤 TNT 爆破产生的能量为 4.18×10^6 J。炸药爆破可开采产生的矿石量与矿石性质、炮孔直径和深度以及炸药性质有关。根据参考文献[214]，露天铁矿爆破开采的炸药单耗在 $0.39 \sim 0.78\ \text{kg/m}^3$ 之间，而石英矿一般也是露天开采，且石英矿比条矿石的开采相对容易，为保守起见本文中石英矿的开采炸药单耗按铁矿石开采的最大值 0.78 kg/m^3 计算，每公斤炸药可爆破石英矿石约 1.28 m^3。石英的密度为 2 650 kg/m^3，则每公斤炸药可爆破石英矿石重量为 1.28×2 650≈3.4×10^3 kg。

石英矿的开采一般采用 TNT 炸药，TNT 爆破过程伴随有 CO_2 的直接排放，根据其反应方程式可以计算出单位 TNT 爆破产生的 CO_2 排放量：

$$4TNT + 21O_2 = 28CO_2 \uparrow + 10H_2O + 6N_2 \uparrow$$
$$4 \times 227 \qquad 44 \times 28$$
$$908 \qquad 1\,232$$

则 1 吨 TNT 爆破过程产生的 CO_2 排放量＝1 232/908＝1.356 吨。

每公斤 TNT 爆破可开采产生的矿石量与矿石性质、炮孔直径和深度以及炸药性质有关。一般浅孔爆破炸药单耗在 0.3～2.6(kg/m^3)之间，深孔在 0.3～1.5(kg/m^3)。石英矿一般是露天开采，按工程上中深孔台阶爆破用得最多的单耗 0.35(kg/m^3)计算，1 吨 TNT 炸药可爆破石英矿石约 2 800 m^3。石英的密度为 2 650 kg/m^3，则 1 吨 TNT 炸药可爆破石英矿石重量为 2 800×2 650＝7.42×10^6 kg，又因为 1 吨 TNT 爆破过程产生的 CO_2 排放量为 1.356 吨，则每公斤石英矿产生的 CO_2 排放量＝1 356/7.42×10^6＝0.183 kg＝183 g。

目前我国企业的平均生产水平是每生产 1 公斤冶金硅需要 2 公斤石英矿石；每生产 1 公斤高纯多晶硅需要 1.35 公斤冶金硅；每生产 1 公斤硅锭/硅棒需要 1.1 公斤高纯多晶硅；对于多晶硅，目前行业平均水平 1 公斤多晶硅锭可以切割成 156 mm×156 mm 的硅片约 46 片，电池的转换效率按 17.5%计算，每片发电功率约 4.26 W，合计功率 46×4.26≈196 W。由此逆推，则制造 196 W 太阳电池需要高纯多晶硅为 1.1 公斤，对应冶金硅为 1.1×1.35＝1.485 公斤，石英矿为 2×1.1×1.35＝2.97 公斤。因此，每公斤石英砂最终可做成太阳电池的功率为 196/2.97≈66 W，在其 25 年的生命周期内累积发电量为 66×32＝2 112 kWh。

最终可以计算出开采过程 CO_2 排放量 C_{P0}＝183/2 112＝0.087 g-$CO_{2,eq}$/kWh。

4.5.2 运输过程的温室气体排放 C_{p8}

假设所有的运输过程均采用载重 50 吨的卡车，百公里柴油油耗为 50 L。1 kg 柴油燃烧产生 CO_2 为 4.32 kg，柴油密度 0.85 kg/L，则每升柴油释放 CO_2 为 3.672 kg。仅考虑硅主料的运输过程，其他辅料的用量较少。在光伏电站建设过程中需要的水泥和钢材基本上就近购买，运输产生的 CO_2 排放也忽略不计。

①假设从硅矿山到冶金硅加工厂的运输距离为 200 km，每卡车硅矿石货物约最后可以生产出高纯多晶硅为 50 000÷1.5÷1.2÷2＝13 889 kg，可以生产出的太阳电池为 13 889×196＝2 722 244 W。

则该运输过程的 CO_2 排放量为 50×2×3 672/2 722 244＝0.135 g-$CO_{2,eq}$/W。

②假设从冶金硅加工厂到高纯多晶硅提炼厂的运输距离为 500 km，每卡车冶金硅货物约最后可以生产出高纯多晶硅为 50 000÷1.5÷1.2＝27 778 kg，可以生产出的太阳电池为 27 778×196＝5 444 488 W。

则该运输过程的 CO_2 排放量为 50×5×3 672/5 444 488＝0.169 g-$CO_{2,eq}$/W。

③假设从多晶硅片厂到太阳电池生产厂的运输距离为 500 km，每卡车多晶硅片货物约最后可以生产出的太阳电池为 50 000×196＝9 800 000 W。

则该运输过程的 CO_2 排放量为 50×5×3 672/9 800 000=0.094 g-$CO_{2,eq}$/W。

④太阳电池组件运送到光伏电站的距离最长，我国光伏系统的产地和安装地均比较多，运输线路多样复杂，但是大致分为西部地区的大型并网光伏电站和东部地区的分布式并网电站两种情况。为了研究方便本文将运输情况进行了简化，以我国光伏第一大省江苏省生产的光伏组件运输到新疆、西藏和青海和从江苏运输到北京等地为例。通过查阅地图，大致确定从江苏到新疆、西藏和青海的平均距离约 3 300 km，从江苏到北京约 1 100 km。由于组件的重量包括了太阳电池片的重量、封装玻璃的重量和边框支架的重量，所以每卡车实际运输的太阳电池功率减小。两块封装玻璃的厚度共计 8 mm，而太阳电池片的厚度不超过 0.2 mm，粗略估计每卡车实际运输的太阳电池功率约为 50 000×(0.2/8)×196=245 000 W。

对于大型并网电站，组件运输过程的排放量为 50×33×3 672/245 000=24.73 g-$CO_{2,eq}$/W；而分布式并网电站该过程的排放量为 50×11×3 672/245 000=8.24 g-$CO_{2,eq}$/W。

⑤有上述过程可得到大型并网电站运输过程的总排放量为 25.128 g-$CO_{2,eq}$/W；分布式并网电站运输过程的总排放量为 8.638 g-$CO_{2,eq}$/W。

考虑到大型并网电站好分布式并网电站每瓦电站在生命周期内发电量分别为 32 kWh 和 22.5 kWh，则进一步得到：

对于大型并网电站，运输过程的总排放量 C_{P8}=0.785 g-$CO_{2,eq}$/kWh。

对于分布式并网电站，运输过程的总排放量 C_{P8}=0.384 g-$CO_{2,eq}$/kWh。

2009 年胡润青以常州天合生产的多晶硅太阳电池板运输到北京的能耗为 29 kWh/kW_p[179]，根据本文中采用度电电力 CO_2 排放量 930 g-$CO_{2,eq}$/kWh，并以在北京地区 25 年寿命计算得到 CO_2 排放量为 0.781 g-$CO_{2,eq}$/kWh。2012 年彭晋卿计算中运输阶段能耗取值 90 MJ/m^2[197]，考虑每平方米组件重量 15 kg/m^2，1 MJ=0.277 8 kWh，则可折算出运输阶段能量消耗为 1.667 kWh/kg。对于多晶硅太阳电池发电站运输阶段温室气体排放量为 0.267 g-$CO_{2,eq}$/kWh，而单晶硅太阳电池发电站运输阶段温室气体排放量为 0.301 g-$CO_{2,eq}$/kWh。本文计算的运输阶段温室气体排放量 0.645 g-$CO_{2,eq}$/kWh，与上述研究取值相近。

4.5.3　冶金硅还原过程的直接温室气体排放 C'_{p1}

从硅矿石到冶金硅的过程会产生直接温室气体排放，记为 C'_{p1}，则：

$$\underset{}{SiO_2} + C \rightarrow \underset{44}{CO_2\uparrow} + \underset{28}{Si}$$

可计算出，生产 1 kg 冶金硅产生 CO_2 排放 44/28=1.57 kg。考虑到每公斤冶金硅最终生产出的太阳电池功率为 1/1.35/1.1×196=132 W，其在 25 年全生命周期内的发电量为 132×25×1.28=4 224 kWh。

则从硅矿石到冶金硅的过程直接产生 CO_2 排放量为：

$$C'_{p1} = 1\ 570/4\ 224 = 0.372\ \text{g-}CO_{2,eq}/\text{kWh}$$

4.5.4　生产阶段能耗导致的间接温室气体排放

目前我国目前公共电网平均度电排放因子 C_p^a=930 g-$CO_{2,eq}$/kWh。根据图 6.3 中各阶段的能耗，则相应的温室气体排放可以通过下列公式计算得到：

$$C_p^a = (C_p^a \times E_{px})/Q_e$$

根据表 6.4 中各阶段的能耗，可以计算出生产制造阶段各环节能耗导致的温室气体排放如表 6.5 所示。

表 6.5　生产制造阶段各环节能耗导致的温室气体排放如

不同阶段和工艺环节		大型并网发电温室气体排放/($g\text{-}CO_{2,eq}$/kWh)	分布式并网发电温室气体排放/($g\text{-}CO_{2,eq}$/kWh)
生产制造阶段	冶金硅还原	2.703	3.844
	多晶硅提纯	19.966	28.396
	多晶硅铸锭	1.221	1.736
	多晶硅片切割	3.168	4.505
	太阳电池片生产	5.929	8.432
	电池组件组装	5.929	8.432
	光伏系统集成	7.411	10.54

通过上述生产制造阶段温室气体直接排放和能耗导致的间接排放的计算，我们可以综合得到生产制造阶段总的温室气体排放量，如表 6.6 所示。

表 6.6　生产制造阶段总的温室气体排放量

不同阶段和工艺环节		大型并网发电温室气体排放/($g\text{-}CO_{2,eq}$/kWh)	分布式并网发电温室气体排放/($g\text{-}CO_{2,eq}$/kWh)
生产制造阶段	硅矿石开采	0.087	0.087
	运输过程	0.785	0.384
	冶金硅还原直接排放	0.372	0.372
	冶金硅还原能耗排放	2.703	3.844
	多晶硅提纯	19.966	28.396
	多晶硅铸锭	1.221	1.736
	多晶硅片切割	3.168	4.505
	太阳电池片生产	5.929	8.432
	电池组件组装	5.929	8.432
	光伏系统集成	7.411	10.54
	合计	47.571	66.728

4.5.5　发电运行阶段的温室气体排放

光伏发电是光电转换过程，理论上既不需要消耗能量，也不会带来温室气体排放。但是实际的光伏电站寿命长达 25 年，其中光伏组件更换率一般小于 0.1%。发电运行阶段的温室气体排放本文按生产阶段总排放量的 0.1%考虑。

对于大型并网电站，发电运行阶段的排放 C_p^r＝0.048 $g\text{-}CO_{2,eq}$/kWh。

对于分布式并网电站，发电运行阶段的排放量 C_p^r＝0.067 $g\text{-}CO_{2,eq}$/kWh。

4.5.6　电力输配阶段的温室气体排放

2010 年公布的全国电网综合线损率约 6.53%，本文采用这一数值进行计算，即电力配送过程的温室气体排放为生产制造阶段总排放量的 6.53%。

对于大型并网电站，发电运行阶段的排放 C_p^g＝3.106 $g\text{-}CO_{2,eq}$/kWh。

分布式并网电站多数安装在用户端附近，只有少量的电力输送到公共电网，所以这部分的温室气体排放量忽略不计。

4.5.7 电站退役阶段温室气体排放

根据专家咨询的结果，光伏退役回收阶段能耗取值 0.2 kWh/W，可以折算出相应能耗导致的温室气体排放。

对于大型并网电站，电站退役阶段的排放 $C_p^b = 5.813$ g-$CO_{2,eq}$/kWh。

对于分布式并网电站，电站退役阶段的排放量 $C_p^b = 8.267$ g-$CO_{2,eq}$/kWh。

4.5.8 全生命周期内总温室气体排放

上述各阶段温室气体排放相加，即可得到多晶硅太阳电池光伏发电全生命周期内的温室气体排放总量，而且可以得到各阶段和各工艺环节的温室气体排放量及其占总排放量的比例，结果如表 6.7 所示。

表 6.7 多晶硅太阳电池光伏发电全生命周期温室气体排放

不同阶段和工艺环节		大型并网发电		分布式并网发电	
		温室气体排放/(g-$CO_{2,eq}$/kWh)	所占比例/%	温室气体排放/(g-$CO_{2,eq}$/kWh)	所占比例/%
生产制造阶段	硅矿石开采	0.087	0.15	0.087	0.12
	运输过程	0.785	1.39	0.384	0.51
	冶金硅还原直接排放	0.372	0.66	0.372	0.49
	冶金硅还原能耗排放	2.703	4.78	3.844	5.10
	多晶硅提纯	19.966	35.31	28.396	37.65
	多晶硅铸锭	1.221	2.16	1.736	2.30
	多晶硅片切割	3.168	5.60	4.505	5.97
	太阳电池片生产	5.929	10.49	8.432	11.18
	电池组件组装	5.929	10.49	8.432	11.18
	光伏系统集成	7.411	13.11	10.54	13.97
	生产阶段合计	47.571	84.14	66.728	88.47
	发电运行阶段	0.048	0.08	0.067	0.09
	电力输配环节	3.106	5.49	0	0.00
	电站退役处置	5.813	10.28	8.627	11.44
	生命周期合计	56.538	100	75.422	100

4.6 单晶硅太阳电池并网光伏发电系统生产阶段的温室气体排放

对于单晶硅太阳电池光伏发电系统，由于单晶硅太阳电池的转换效率要比多晶硅太阳电池高，本文取值 19.5%，目前行业平均水平 1 公斤单晶硅棒可以切割成 156 mm×156 mm 的硅片约 46 片，每片发电功率约 4.75 W，则 1 公斤单晶硅做成的太阳电池合计功率 $46 \times 4.75 \approx 218$ W。

在组件生产和系统集成过程中还需要增加从高纯多晶硅材料到拉单晶硅棒的过程。该过程能耗较高，综合现有文献和企业数据，本文取值 60 kWh/kg。其他工艺过程的能耗与多晶硅太阳电池基本一致。可以同样计算得到单晶硅太阳电池并网光伏发电生命周期各阶段能耗及温室气体排放结果如表 6.8 和表 6.9 所示。

表 6.8 单晶硅太阳电池光伏发电生命周期各阶段能耗

不同阶段和工艺环节		大型并网发电		分布式并网发电	
		能耗/kWh	所占比例/%	能耗/kWh	所占比例/%
生产制造阶段	冶金硅还原	0.084	3.23	0.084	4.32
	多晶硅提纯	0.618	23.80	0.618	31.76
	单晶硅拉棒	0.281	10.82	0.281	14.44
	单晶硅片切割	0.098	3.77	0.098	5.04
	太阳电池片生产	0.204	7.86	0.204	10.48
	电池组件组装	0.204	7.86	0.204	10.48
	光伏系统集成	0.255	9.82	0.255	13.11
	发电运行阶段	0.001 7	0.07	0.001 7	0.09
	电力输配环节	0.114	4.39	0	0.00
	电站退役处置	0.2	7.70	0.2	10.28
	合计	2.060	100	1.946	100

表 6.9 单晶硅太阳电池光伏发电生命周期温室气体排放

不同阶段和工艺环节		大型并网发电		分布式并网发电	
		温室气体排放/($g\text{-}CO_{2,eq}/kWh$)	所占比例/%	温室气体排放/($g\text{-}CO_{2,eq}/kWh$)	所占比例/%
生产制造阶段	硅矿石开采	0.078	0.12	0.078	0.12
	运输过程	0.706	1.16	0.345	0.42
	冶金硅还原直接排放	0.334	0.55	0.334	0.41
	冶金硅还原能耗排放	2.441	4.00	3.472	4.26
	多晶硅提纯	17.961	29.432	25.544	37.65
	单晶硅拉棒	8.167	13.38	11.615	14.24
	单晶硅片切割	2.848	4.66	4.051	4.97
	太阳电池片生产	5.929	9.71	8.432	10.34
	电池组件组装	5.929	9.71	8.432	10.34
	光伏系统集成	7.411	12.14	10.54	12.93
	生产阶段合计	51.804	84.14	72.843	89.33
	发电运行阶段	0.052	0.09	0.073	0.09
	电力输配环节	3.383	5.54	0	0
	电站退役处置	5.813	9.52	8.627	10.58
	生命周期合计	61.052	100	81.543	100

4.7 计算结果及分析

4.7.1 主要结果

(1)对于多晶硅太阳电池光伏发电,西部地区大型并网电站生命周期内的温室气体排放量为 56.54 g-$CO_{2,eq}$/kWh,而东部地区分布式并网电站的排放量为 75.42 g-$CO_{2,eq}$/kWh。

(2)对于单晶硅太阳电池光伏发电,西部地区大型并网电站生命周期内的温室气体排放量为 61.05 g-$CO_{2,eq}$/kWh,而东部地区分布式并网电站的排放量为 81.54 g-$CO_{2,eq}$/kWh。

4.7.2 与其他报道结果的比较分析

我们选取国内外晶体硅光伏发电生命周期内温室气体排放量的结果列于表 6.10 之中,并与我们的结果进行比较。可以看出,我国目前晶体硅光伏并网发电的生命周期内温室气体排放量与国际处于相同量级。

表 6.10 本研究及国内外晶体硅光伏发电生命周期内温室气体排放量比较

来源	温室气体排放量/(g-$CO_{2,eq}$/kWh)
Fthenakis(2006)[186]	35～48
Alsema(2006)[185]	25～32
Benjamin(2008)[188]	32
Fthenakis(2008)[187]	35～44
WNA(2011)[189]	85
David(2012)[190]	40～100
本研究(2014)	56.54～81.54

4.7.3 计算结果的敏感性分析

(1)技术进步对于降低温室气体排放的影响

降低光伏产品生产过程能耗的关键是降低从冶金硅到颗粒多晶硅的提纯过程的能耗以及从多晶硅片到多晶硅太阳电池片的过程能耗。比如采用全闭路循环的改良西门子法生产高纯多晶硅,或者物理提纯法生产高纯多晶硅等。多晶提纯过程的能耗如果从目前的 120 kWh/kg 降低到 80 kWh/kg,则温室气体排放量降低到 49.88～73.03 g-$CO_{2,eq}$/kWh;如果降低到 60 kWh/kg,则温室气体排放量降低到 46.56～68.77 g-$CO_{2,eq}$/kWh;

采用 HIT、PERL 等新型太阳电池结构可提高电池效率。如果电池效率从目前的 17%～19%提高到 21%～23%,则同样电池组件的发电量将提高 20%左右,相应地温室气体排放量降低到 47.12～67.95 g-$CO_{2,eq}$/kWh。

此外,提高太阳电池的使用寿命也非常重要,比如上述计算过程中太阳电池寿命为 25 年,如果寿命达到 35 年,则温室气体排放量可大幅度降低到 40.38～58.24 g-$CO_{2,eq}$/kWh。

(2)公共电网平均度电排放因子对温室气体排放量的影响

本文计算中我国目前公共电网平均度电排放因子为 930 g-$CO_{2,eq}$/kWh,计算得到的晶体硅并网光伏发电的温室气体排放量为 56.54～81.54 g-$CO_{2,eq}$/kWh。而文献[171]根据《中国能源统计年鉴 2009》和《中国能源统计年鉴 2010》中关于电力部门的 CO_2 排放量及发电量，估算了2004－2009年中国公共电网平均度电排放因子最高结果为772 g-$CO_{2,eq}$/kWh。如果采用上述数值，则本文计算得到的光伏发电系统温室气体排放量为47.16～63.0 g-$CO_{2,eq}$/kWh。实际上，随着可再生能源和核能等清洁能源的大力发展，我国电力结构将逐渐变化，公共电网平均度电排放因子必然会逐渐降低。

第 5 章　研究中存在的不足及需要进一步研究的问题

5.1　调峰电站对温室气体排放的影响[215-217]

光伏发电具有随机性、间歇性和周期性的特点，在白天发电，夜间辐照度为零，出力也为零；日出后太阳辐射逐渐增强，到中午时分达到高峰，光伏电站也随着辐射增强而出力增加，中午时分出力达到最大。在光伏电站有出力时，电网中其他电源需要调整出力，让出负荷由光伏发电供电；当云层飘过时，光伏电站出力迅速下降，其他电源的出力必须相应增加，补充光伏发电减少造成的电力缺额。这一天然特点决定了光伏发电并网运行时，往往需要由其他常规电源为其有功出力提供补偿调节，以保证对用电负荷持续、可靠、安全地供电。这种对光伏发电有功出力的补偿调节，可以看成对负的负荷波动的跟踪，也就是对光伏发电的调峰。

光伏发电功率的波动，完全依据天气状况随机变化，比电网正常的负荷变化快很多，据实测结果，云层的飘过可以使光伏电站出力迅速减少 70%。因此，为光伏发电准备的可调容量，不能靠临时性的起停机完成，而是处于旋转备用状态。光伏发电装机容量越大，为此准备的旋转备用也就越大。可用于光伏电站发电调峰的可以是抽水蓄能电站，也可以是燃煤的火力发电等，这些调峰电站主要为光伏电站而配备，所以这部分的电站建设和运行等整个生命周期内温室气体排放量也需要至少是部分的计算到光伏发电的温室气体排放量中。

5.2　其他污染物排放对环境的影响[218,219]

在光伏发电生命周期过程中，不仅仅存在温室气体的排放，还有其他废气、废水、废渣以及重金属的排放，这些对环境的影响也非常重要。而且为了减小这些污染物的排放及其对环境的影响，需要采取一定的处理措施，将会进一步带来温室气体的排放问题，这些在本文中并没有涉及。

第 6 章　结论和建议

6.1　主要研究结论

(1)我国目前晶体硅(包括多晶硅和单晶硅)太阳电池并网发电在其生命周期内的温室气体排放量在 56.54～81.54 g-$CO_{2,eq}$/kWh 范围内。与常规的煤电相比,光伏发电属于一种非常清洁的能源。

(2)对于多晶硅太阳电池光伏发电,西部地区大型并网电站生命周期内的温室气体排放量为 56.54 g-$CO_{2,eq}$/kWh,而东部地区分布式并网电站的排放量为 75.42 g-$CO_{2,eq}$/kWh。

(3)对于单晶硅太阳电池光伏发电,西部地区大型并网电站生命周期内的温室气体排放量为 61.05 g-$CO_{2,eq}$/kWh,而东部地区分布式并网电站的排放量为 81.54 g-$CO_{2,eq}$/kWh。

(4)无论是单晶硅太阳电池还是多晶硅太阳电池光伏发电,以及无论采用大型并网电站还是分布式并网电站,生产制造阶段的排放量占总排放量的比例均超过 84%。多晶硅提纯过程的温室气体排放量占总排放量的比例接近甚至超过 30%;其次,单晶硅棒拉制过程、电池片生产、组件组装以及光伏系统集过程的排放量也较大。控制上述过程的排放是减少光伏发电总温室气体排放的关键。

(5)硅矿石开采、各种原材料和产品运输、光伏电站运行阶段和冶金硅还原的直接排放等过程的温室气体排放量比例在 1%左右或者更低,上述环节对总温室气体排放的影响很小。

6.2　光伏发电减排温室气体关键问题、减排途径建议

(1)加大科研力度,降低光伏产品生产过程能耗,提高光伏产品性能。

降低光伏产品生产过程能耗的关键是降低从冶金硅到颗粒多晶硅的提纯过程的能耗以及从多晶硅片到多晶硅太阳电池片的过程能耗。比如采用全闭路循环的改良西门子法生产高纯多晶硅,或者物理提纯法生产高纯多晶硅等;采用 HIT、PERL 等新型太阳电池结构提高电池效率;提高太阳电池的使用寿命也非常重要。

(2)加强智能电网建设,为并网光伏电站的发展创造条件

加强跨区联网,扩大消纳范围,实现风电、光伏发电间歇性能源的跨区消纳;加强与光伏发电相适应的电网建设和改造,保障配套电网与光伏发电项目同步建成投产;积极发展融合先进储能技术、信息技术的微电网和智能电网技术,提高电网系统接纳光伏发电的能力;各电网企业要为光伏发电提供并网服务,优化系统调度运行。

(3)积极发展光伏发电,扩大国内应用市场

从上述计算可以看出,光伏发电还是一种非常清洁的能源,所以发展光伏发电有利于减

少温室气体的排放。目前,国内光伏产业的现状是:太阳电池的生产过程在国内完成,温室气体排放在国内;但是绝大多数(约90%)的产品卖到国外,几乎不产生温室气体排放的清洁发电由国外享用。所以,扩大国内光伏应用市场非常重要。一方面要根据当地电力市场发展和能源结构调整需要,在落实市场消纳条件的前提下,有序推进各种类型的光伏电站建设;另一方面,在光伏电站还不能大规模并网的情况下,各分散用电单位根据自身特点积极大力开拓分布式光伏发电市场。

在美欧对华光伏"双反"的现实下,光伏产业翘首企盼国内市场的扩大。2013年7月15日,《国务院关于促进光伏产业健康发展的若干意见》出台。这份文件进一步细化了国务院提出的刺激国内光伏需求的"国六条",将2015年国内光伏发电装机目标在2 000万千瓦基础上再上调75%,今后3年将新增装机容量3 000万千瓦,并首次明确电价和补贴机制以及光伏准入门槛。这是首次在国家层面上对光伏产业进行定位和把握,国内市场的大幅扩容无疑为当前处于困境中的光伏业注入了一针强心剂。

附录 1

温室气体全球增暖潜势(GWP)

直接受人类活动的影响，在导致全球变暖方面起重大作用的温室气体主要有：二氧化碳(CO_2)、甲烷(CH_4)、氧化亚氮(N_2O)、氢氟碳化物(HFCs)、全氟烃(PFCs)和六氟化硫(SF_6)等，后三种通常被总称为氟烃化合物(CFCs)。发电能源系统的温室气体排放，主要为化石燃料燃烧过程中的CO_2，其余为CH_4、N_2O。另外，有少量的温室气体排放来自电力输配过程中SF_6气体的泄漏。

不同温室气体的全球增暖潜势(GWP)引用了IPCC(政府间气候变化专门委员会)的推荐值。IPCC推荐的温室气体GWP值不断更新，本研究中采用了《IPCC第四次气候变化评价报告》(2007年)中的值，如附表1.1所示。100年时间周期的CO_2、CH_4、N_2O、SF_6的GWP分别为1、25、298、22 800。

附表1.1　温室气体的全球增暖潜势(GWP)

名称	化学式	给定时间周期的全球增暖潜势/GWP		
		20年	100年	500年
二氧化碳	CO_2	1	1	1
甲烷	CH_4	72	25	7.6
氧化亚氮	N_2O	289	298	153
六氟化硫	SF_6	16 300	22 800	32 600

附录 2

温室气体排放因子

第 1 章　选取排放因子的原则

不同发电能源的温室气体排放主要来自于能源链系统的相关燃料、材料消耗，因此，选取适当的燃料、材料的温室气体排放因子至为重要，本研究中选取排放的基本原则为：优先选取符合我国实际情况的相关燃料、材料的温室气体排放因子的研究结果；在缺乏我国的排放因子数据时，其次参考国外同类研究中采用的排放因子。

第2章 排放因子清单

本研究使用的温室气体排放因子，见附表2.1所示。

附表2.1 燃料、材料的温室气体排放因子清单

燃料	排放因子/($g\text{-}CO_{2,eq}/g$)	材料	排放因子/($g\text{-}CO_{2,eq}/g$)
原煤	1.96	钢铁	2.2
原始天然气	2.57	不锈钢/合金钢	4.6
原油	3.37	水泥	0.64
洗精煤	2.64	铜	3.5
精制天然气	2.63	铝	22
柴油	4.32	石灰	0.785
汽油	3.95	硝酸	1.4
燃料油	3.88	塑料	2.4
电力	930	硅	181

第3章　排放因子取值的说明

3.1　燃料

3.1.1　计算原理及方法

基于2009年的统计数据[220]，本研究选取了九种主要的终端能源进行计算：原煤、原始天然气、原油、洗精煤、精制天然气、柴油、汽油、燃料油以及电力。如果按照电热当量法核算，这九种终端能源占2009年全国总的终端能源消费量的68.6%，如果不考虑终端能源中来自于回收能的部分的话，这九种终端能源占总终端消费量的70.6%。如果按照发电煤耗法计算的话，这一比重还会达到78.2%。与此同时，这九种终端能源也都作为工艺燃料投入到彼此全生命周期中的各个开采、转化、加工以及运输等环节。正因为九种终端能源相互引用，在本研究中必须引入迭代计算。

除这九种终端能源以外，还有其他几种能源在全国终端能源消耗量中也占了一定的比例，如：焦炭、煤气、热力、炼厂干气等。这些终端能源没有列入本研究的研究范围的主要原因有二：(1)在不同地区和不同部门间，这些能源的基本参数有较大的不同，缺乏统一的标准，比如煤气的热值；(2)对其他终端能源的全生命周期分析结果影响比较小，比如焦炭主要是用于钢铁冶炼部门，与其他终端能源的生产使用关联度很小。

本研究将九种终端能源的全生命周期按从一次化石能源的开采一直到终端能源的运输后终端利用前，分为四个阶段：(1)原料开采加工；(2)原料运输；(3)燃料加工和(4)燃料运输。计算模型的结构示意如附图2.1所示，对九种终端能源的研究界定如附表2.2所示。多种终端能源的生产使用过程中主要涉及CO_2、CH_4和N_2O三种温室气体。

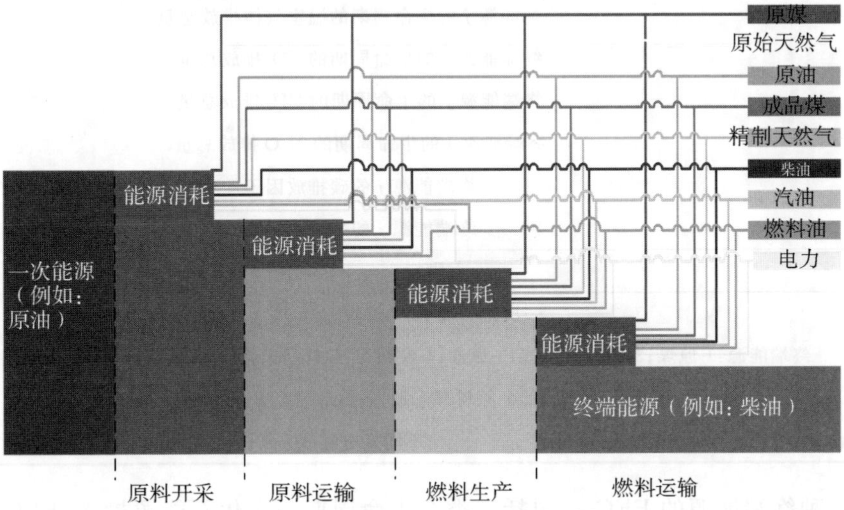

附图2.1　终端能源系统的结构示意图

附表 2.2　终端能源的研究边界

终端能源	研究边界
原煤	煤炭开采并加工(不考虑运输,未洗选)
原始天然气	天然气开采并加工(不考虑运输)
原油	石油开采(不考虑处理和运输)
洗精煤	原煤洗选并且运输
精制天然气	天然气开采加工并且运输
柴油	原油开采及运输,原油炼制并成品油运输
汽油	原油开采及运输,原油炼制并成品油运输
燃料油	原油开采及运输,原油炼制并成品油运输
电力	不同原料发电并经电网输配

3.1.2　能耗计算方法

将化石能源消耗分为煤炭、石油和天然气三类,分别进行迭代计算,最后加和得到总的化石能源消耗。计算过程中所涉及的字母及符号代表的含义说明如附表 2.3 所示。

附表 2.3　多种终端能源能耗和碳排放分析模型的符号表

符号	意义及说明
$FEC_{LC,j,i}$	终端能源 j 的生命周期所需投入的一次化石能源 i 的能源量,以低位热值为基准
$FEC_{LC,j}$	终端能源 j 的生命周期所需投入的一次化石能源总量,以低位热值为基准
$EI_{m,j}$	1 MJ 终端能源 j 在第 m 阶段消耗的工艺燃料总量
$SH_{m,j,z}$	工艺燃料 z 在 $EI_{m,j}$ 中所占比例
γ_j	终端能源 j 的特征参数,表征终端能源 j 是否内嵌一次化石能源
$\eta_{m,j}$	终端能源 j 在第 m 阶段的能源转换效率(侧重能量损失)
ξ_j	终端能源 j 在从原料到燃料的转化系数(侧重物质损耗)
R_n	第 n 中发电形式占总电力供应量的比例
$GHG_{LC,j}$	终端能源 j 的生命周期的温室气体排放总量
$CO_{2,LC,j}$	终端能源 j 的生命周期的 CO_2 排放总量
$CH_{4,LC,j}$	终端能源 j 的生命周期的 CH_4 排放总量
$N_2O_{LC,j}$	终端能源 j 的生命周期的 N_2O 排放总量
CEF_j	终端能源 j 的碳排放因子
FCO_j	终端能源 j 的燃料氧化率
	脚标
i	一次化石能源:1-煤炭;2-天然气;3-石油
j	终端能源:1-原煤;2-原始天然气;3-原油;4-洗精煤;5-精制天然气;6-柴油;7-汽油;8-燃料油;9-电力
m	生命周期不同阶段:1-原料开采加工;2-原料运输;3-燃料加工;4-燃料运输
n	不同发电路线

(1)第 j 种终端能源的 $FEC_{LC,j}$ 包括三类全生命周期一次化石能源投入($FEC_{LC,j,i}$):

$$\mathrm{FEC}_{LC,j} = \sum_{i=1}^{3} \mathrm{FEC}_{LC,j,i} (j = 1,2,\cdots,9) \tag{1}$$

因为所有的终端能源都可能作为工艺燃料在各个环节使用，因此 $FEC_{LC,j}$ 的具体计算公式为：

$$\begin{cases} \mathrm{FEC}_{LC,j} = \sum_{i=1}^{3}\sum_{m=1}^{4}(\mathrm{EI}_{m,j}\sum_{z=1}^{9}(\mathrm{SH}_{m,j,z}\mathrm{FEC}_{LC,z,i})) + \gamma_j \\ \gamma_j = \begin{cases} 0 & j = 9 \\ 1 & j \neq 9 \end{cases} \end{cases} \tag{2}$$

上式中 $\mathrm{EI}_{m,j}$ 即相当于图 1 中每个环节的灰色的能源损失部分，$\mathrm{SH}_{m,j,z}$ 代表图 2.1 中能源损失部分引出的九条能流分别占能源损失的比重。公式(2)中通过 γ_j 的引入区分该终端能源 j 是否有直接的化石能源投入和直接温室气体排放。工艺燃料消耗 $\mathrm{EI}_{m,j}$ 也根据终端能源是否有直接的化石能源投入而计算方法有所区别。

(2)非电路线的终端能源 $j(j=1,2\cdots,8)$ 在每个阶段的全部工艺燃料消耗($\mathrm{EI}_{m,j}$)可以基于 $\eta_{m,j}$(第 m 阶段的能源转化效率)和 ξ_j(原料-燃料转化系数)计算得到，如公式(3)～(6)所示：

$$\mathrm{EI}_{1,j} = (1/\eta_{1,j} - 1)/\xi_j, (j=1,2,\cdots,8) \tag{3}$$

$$\mathrm{EI}_{2,j} = (1/\eta_{2,j} - 1)/\xi_j, (j=1,2,\cdots,8) \tag{4}$$

$$\mathrm{EI}_{3,j} = 1/\eta_{3,j} - 1, (j=1,2,\cdots,8) \tag{5}$$

$$\mathrm{EI}_{4,j} = 1/\eta_{4,j} - 1, (j=1,2,\cdots,8) \tag{6}$$

(3)对于本身没有内嵌有化石能源且不会产生直接温室气体排放的电力，$EI_{m,j}$ 计算如下：

$$\mathrm{EI}_{m,9} = \begin{cases} \sum_{n=1}^{4}(R_n/\eta_{3,9,n}/\eta_{4,9,n}) & m = 3 \\ 0 & m \neq 3 \end{cases} \tag{7}$$

3.1.3 温室气体计算方法

通过相关性比较，各种温室气体的 GWP 结果可以叠加。因此，终端能源 j 的全生命周期温室气体排放值($\mathrm{GHG}_{LC,j}$)计算式为：

$$\mathrm{GHG}_{LC,j} = \mathrm{CO}_{2,LC,j} + 25\mathrm{CH}_{4,LC,j} + 298\mathrm{N_2O}_{LC,j} \tag{8}$$

分别计算 CO_2、CH_4 和 N_2O 三种排放量后即可算得终端能源 j 的温室气体排放值。对于每种温室气体的排放均分为直接排放和上游排放，其中直接排放是由燃料本身的性质决定，可以通过排放因子计算得到；而上游排放因为涉及各个环节因利用其他终端能源从而导致间接的温室气体排放，因此与能耗计算类似，利用迭代计算的方法解决。

终端能源 j 的全生命周期 CO_2 排放可以由公式(9)～(11)计算得到，其中(11)是迭代计算的公式，原理与能耗分析类似。

$$\mathrm{CO}_{2,LC,j} = \mathrm{CO}_{2,up,j} + \mathrm{CO}_{2,direct,j} \tag{9}$$

$$\mathrm{CO}_{2,direct,j} = \frac{44}{12} \cdot \mathrm{CEF}_j \cdot \mathrm{FCO}_j \tag{10}$$

$$\mathrm{CO}_{2,up,j} = \sum_{m=1}^{4}\sum_{x=1}^{9}(\mathrm{EI}_{m,j}\mathrm{SH}_{m,j,x}(\mathrm{CO}_{2,direct,x} + \mathrm{CO}_{2,up,x})) \tag{11}$$

与CO_2排放量计算相类似的，CH_4排放量的计算可以通过上述几个计算式稍作变化即可。但需要说明的是，与CO_2不同的是，CH_4的排放有一定比例是在开采加工或运输过程中直接逸散，没有经历燃烧过程。因此在CH_4的计算中考虑了CH_4的非燃烧排放($CH_{4,noncomb,j}$)。

$$CH_{4,LC,j}=CH_{4,up,j}+CH_{4,direct,j} \tag{12}$$

$$CH_{4,up,j}=\sum_{m=1}^{4}\sum_{x=1}^{9}(EI_{m,j}SH_{m,j,x}(CH_{4,direct,m,x}+CH_{4,up,x}))+CH_{4,j,noncomb} \tag{13}$$

同理，N_2O排放量可以通过下列公式计算得到：

$$N_2O_{LC,j}=N_2O_{up,j}+N_2O_{direct,j} \tag{14}$$

$$N_2O_{up,j}=\sum_{m=1}^{4}\sum_{x=1}^{9}(EI_{m,j}SH_{m,j,x}(N_2O_{direct,m,x}+N_2O_{up,x})) \tag{15}$$

3.1.4 基本数据

数据主要来源于中国能源、煤炭工业、交通运输、电力工业、石油化工等行业的统计年鉴、报告以及期刊文献。考虑到数据的可获得性，基于2009年的数据。

1. 终端能源的基本数据。在分别对各个环节进行分析计算之前，为了统一计算基准，有必要对于本研究中涉及的能源的基本数据进行界定，如附表2.4所示。

附表2.4 终端能源折算系数

	平均低位发热量/(kJ/t)	标准煤折算系数/(tce/t)
原煤	20.908	0.7143
洗精煤	26.344	0.9
原油	41.816	1.4286
柴油	42.652	1.4571
汽油	43.070	1.4714
燃料油	41.816	1.4286
天然气[a]	38.931	1.33

注：a. 平均低位发热量的单位为：kJ/m^3；标准煤折算系数为：tce/m^3。

2. 开采、加工转化环节数据。本环节需要考虑原煤、原气和原油的开采和处理。此环节的各种工艺燃料消耗量以及比例如附表2.5所示。各种终端能源在原料开采加工和燃料加工两个环节的效率如附表2.6所示。

附表2.5 煤炭、石油和天然气开采和初加工环节能耗

燃料类型	煤炭开采和洗选业		石油和天然气开采业	
	能耗量/万 tce	比例/%	能耗量/万 tce	比例/%
原煤	4592.67	74.7	110.96	3.7
原始天然气	0	0.0	0	0
原油	0	0.0	695.6	23.4
洗精煤[a]	394.37	6.4	0	0.0
精制天然气	24.72	0.4	1184.59	39.8

燃料类型	煤炭开采和洗选业		石油和天然气开采业	
	能耗量/万 tce	比例/%	能耗量/万 tce	比例/%
柴油	157.95	2.6	335.43	11.3
汽油	31.18	0.5	36.84	1.2
燃料油	6.89	0.1	38.6	1.3
电力	849.41	13.8	409.67	13.8
其他	77.15[b]	1.2	163.68[c]	5.5
总量(电热当量法)	6148.93	99.7	2975.46	100

注:a. 包括洗洗精煤 210.01 万 tce 和其他洗煤 184.36 万 tce;

b. 包括焦炭、焦炉煤气、其他煤气、其他焦化产品、液化石油气、其他石油制品和热力消耗。见中国能源统计年鉴2010,表 4.3 工业分行业终端能源消费量(标准量)-2009;

c. 包括其他煤气、液化石油气、炼厂干气、其他石油制品和热力消耗。见中国能源统计年鉴 2010,表 4.3 工业分行业终端能源消费量(标准量)-2009。

附表 2.6 非电力终端能源的开采加工效率

燃料类型	能源转换效率/η	原料/燃料转化系数/ξ
原煤[a]	97.0%	100%
原始天然气[b]	90.2%	100%
原油[c]	91.3%	100%
洗精煤[a]	94.1%	99%
精制天然气[b]	90.2%	99.6%
柴油[c]	83.5%	95%
汽油[c]	82.9%	95%
燃料油[c]	85.8%	97%

注:a. 煤炭开采效率为 97%,洗选效率为 97%;根据本研究的基本设定,原煤原料/燃料转化系数可近似为 100%[44];

b. 天然气开采效率为 96%,处理效率为 94%;根据本研究的基本设定,原始天然气的原料/燃料转化系数可近似为 100%[44];

c. 原油开采效率为 91.28%;汽油生产能效 90.79%;柴油生产能效 91.46%。根据本研究的基本设定,原油的原料/燃料转化系数可近似为 100%[44]。

与化石能源路线的终端能源相比,电力路线的情况稍微有所不同。2009 年,中国的电源结构中以化石能源为原料的火力发电只占 80.6%,其余部分主要来源于水电和核电,还有极少数来源于其他可再生能源发电。根据文献,水电和核电的全生命周期的温室气体排放几乎全部低于 30 g-$CO_{2,eq}$/kWh,远远低于火电的全生命周期温室气体排放量。因此,为简化模型,在本研究中电力路线只考虑火电的温室气体排放。电力路线的基本参数如附表 2.7 所示。

附表 2.7　电力路线基本参数

项目	占总发电量比重/R_n	发电效率/$\eta_{3,9,n}$	输电效率/$\eta_{4,9,n}$
煤电	78.80%	36.50%	93.30%
气电	1.40%	45%	93.30%
油电	0.40%	36.50%	93.30%

3. 运输环节数据。所指的运输环节实际上包括原料运输和燃料运输两个环节，因数据来源相似，合并讨论。综合交通年鉴和文献的数据，本研究综合考虑了五种交通方式：铁路、远洋水运、国内水运、管道和公路。通过交通年鉴的核算，五种运输方式的燃料结构和单位距离耗能如附表 2.8 所示。需要说明的是，远洋水运和国内水运所采用的船只实际上有一部分是以柴油为燃料的，但是由于近年来油价攀升，因此以传统柴油为燃料的水运企业也开始转用低热燃料油。为了便于计算，本文将水运的燃料统一假定为 100%的燃料油。

附表 2.8　运输方式的燃料结构

运输类型	铁路	远洋水运	国内水运	管道	公路
燃料结构/%	柴油 55 电力 45	燃料油 100	燃料油 100	燃料油 50 电力 50	柴油 68 汽油 32
单位距离耗能/(kJ/ton km)	240	23	148	300	1200

根据《中国交通年鉴 2009》、《中国能源统计年鉴 2010》和相关文献数据可以整理得到除电力外各种终端能源通过不同运输方式的运输量，以及各种不同运输方式的分担比。附表 2.9 显示了通过折算后各种终端能源的运输方式分担比重、运输距离和耗能百分比以及工艺燃料比重。其中铁路、国内水运和公路三种运输方式的运输距离是采用的全国货运里程的平均数。远洋水运和管道的运输距离则考虑了中国煤炭、原油等进口来源以及国内地区间的转移，以及参考张阿玲和欧训民等学者的研究进行估计。由于存在运输的接力，所以一种终端能源的各种运输方式的占比加和可能大于 100%。天然气因为运输方式比较单一，只有极少数通过水运，可以近似为 100%由管道运输，因此没有列入表格中。上述运输环节基础数据可以算得各种终端能源的运输环节的能耗，从而可算得运输环节的能源转换效率，如附表 2.10 所示。

附表 2.9　各种终端能源的运输环节基础参数

	运输方式	运输方式比重/%	运输距离/km	耗能比重/%
煤炭	铁路	62	757	58
	远洋水运	4	4 000	2
	国内水运	16	1 804	21
	管道	0	0	0
	公路	18	175	19
原油	铁路	3	757	3
	远洋水运	48	11 000	53
	国内水运	15	1 804	18
	管道	42	453	25
	公路	1	175	1

续表

	运输方式	运输方式比重/%	运输距离/km	耗能比重/%
汽油	铁路	65	757	54
	远洋水运	0	0	0
	国内水运	25	1 804	30
	管道	1	453	1
	公路	9	310	15
柴油	铁路	65	757	54
	远洋水运	2	4 000	1
	国内水运	24	1 804	29
	管道	1	453	1
	公路	9	310	15
燃料油	铁路	65	757	66
	远洋水运	24	4 000	12
	国内水运	1	1 804	2
	管道	1	453	1
	公路	9	310	19

附表 2.10　多种终端能源的运输环节效率

运输类型	煤炭	原油	天然气	柴油	汽油	燃料油
运输环节效率/η	99.30%	99.50%	99.2%	99.5%	99.5%	99.6%

4. 温室气体排放计算相关数据，见附表 2.11。

附表 2.11　温室气体排放计算相关系数

	国内数据[a]		国际数据[b]		$CH_{4,direct}$/(g/MJ)	$CH_{4,noncomb}$/(g/MJ)	N_2O_{direct}/(g/MJ)
	CEF_j/(g/MJ)	FCO_j	CEF_j/(g/MJ)	FCO_j			
原煤	24.08	0.9	24.08	0.98	0.001	0.406	0.001
原始天然气	15.3	0.99	15.3	0.995	0.001	0.072	0.001
原油	20	0.98	20	0.99	0.002	0.009	0
洗精煤	25.8	0.9	25.8	0.98	0.001	0.406	0.001
精制天然气	15.7	0.99	15.32	0.995	0.001	0.072	0.001
柴油	20.2	0.98	20.2	0.99	0.004	0.009	0.028
汽油	18.9	0.98	18.9	0.99	0.08	0.009	0.002
燃料油	21.1	0.98	21.1	0.99	0.002	0.009	0
电力	—	—	—	—	—	0.98	—

注：a. 国内数据采用中国气候变化国家研究组提供的数据；

b. 国际数据采用 IPCC 提供的缺省值，原煤的排放值按各个煤种排放值加权平均。

3.1.5 计算结果

通过以上计算，得到终端能源的化石能源消耗和温室气体排放计算的结果清单，如附表 2.12 所示。

附表 2.12 终端能源的能耗和温室气体排放结果清单

	化石能源消耗量/(MJ/MJ)	温室气体排放量/($g\text{-}CO_{2,eq}$/MJ)	
		国内数据	国际数据
原煤	1.039	93.56	100.88
原始天然气	1.107	66.06	66.64
原油	1.107	80.54	81.57
洗精煤	1.049	100.16	108.03
精制天然气	1.122	67.59	68.25
柴油	1.245	101.28	102.8
汽油	1.256	91.65	93.16
燃料油	1.205	92.73	94.14
电力	2.478	258.67	276.69

3.2 钢铁

钢铁的 CO_2 排放因子，采用了中国工程院“化工、冶金与材料工业领域中 CO_2 的排放、评估及其对策研究”的研究结果，该研究“以现有的 IPCC 和 WSA 的主要计算、研究方法为基础，根据钢铁工业(企业)CO_2 排放源，提出相应的计算基本原理和方法”，如附图 2.2 所示。

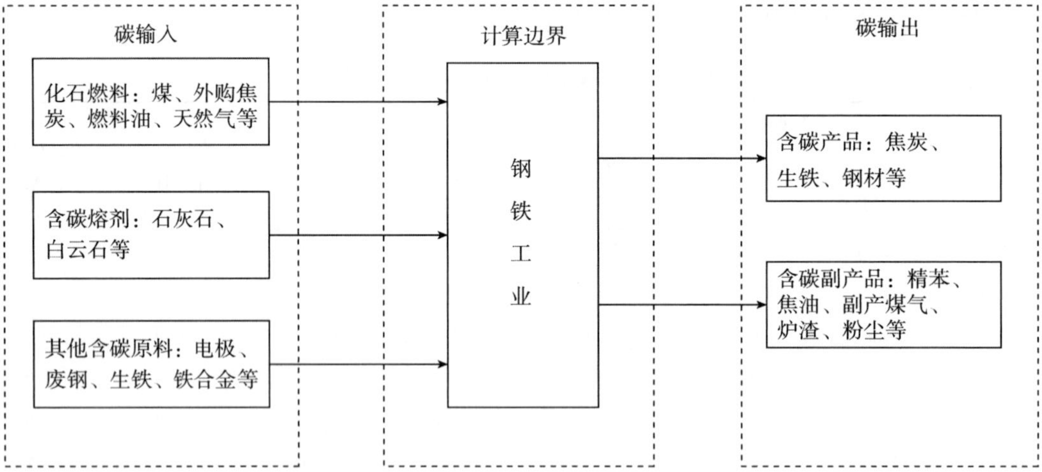

附图 2.2 我国钢铁工业 CO_2 排放计算边界示意图[221]

钢铁生产主要有两类：以天然资源、煤炭等为源头的高炉-转炉“长流程”(BF-BOF 流程)和以废钢、电力为源头的电炉-精炼-连铸-热轧“短流程”(EAF 流程)。生产同样钢种，用高炉-转炉流程的 CO_2 排放比用电炉流程的 CO_2 排放高 3 倍左右。对同样流程而言，产品的深加工程度越高或钢种附加值越高，其能耗和 CO_2 排放越高。我国一直以高炉-转炉-轧钢长流程为主，转炉钢比例大约在80%～85%左右变化[221]。由于我国废钢资源短缺，电炉钢生产中大多需加入20%～30%的高炉铁水。我国钢铁工业一次能源以煤炭为主，占能源总量的70%以上[221]。我国钢铁行业的吨钢 CO_2 排放结果，如附表2.13所示。本研究中钢铁的 CO_2 排放因子取历年平均值2.2 t-CO_2/t 钢。

附表 2.13 我国钢铁工业吨钢 CO_2 排放结果[221]

年份	吨钢 CO_2 排放量/(t-CO_2/t)	
	直接排放结果	扣除冶金渣做水泥的排放抵扣后的结果
2000	2.66	2.44
2001	2.32	2.11
2002	2.08	1.88
2003	2.12	1.93
2004	2.05	1.87
2005	2.18	1.99

3.3 水泥

水泥的 CO_2 排放因子，采用了中国工程院"化工、冶金与材料工业领域中 CO_2 的排放、评估及其对策研究"的研究结果[221]，该研究采用LCA方法，计算边界为：从以水泥生产的原料开采起，到生产出合格水泥包装出厂结束，计算生产过程中的 CO_2 直接排放。

水泥生产的能耗包括热耗和电耗两部分。其中电耗主要用于原料的破碎、均化和粉磨、熟料的煅烧与冷却、水泥的粉磨、包装和发送。热耗主要用于原燃料的烘干与脱水、碳酸盐原料分解和熟料的烧结。水泥生产过程的 CO_2 直接排放由水泥生产过程中碳酸盐分解排放和化石能源消耗两方面组成。我国水泥产品主要以普通硅酸盐水泥和矿渣硅酸盐水泥为主，其次是硅酸盐水泥，三种水泥产量占总水泥产量的92%～95%[221]。我国水泥工业单位熟料的 CO_2 排放量、各种水泥产品的熟料系数[221]，如附表2.14、附表2.15所示。按平均熟料系数得出的我国水泥工业单位水泥产品的 CO_2 排放因子[28]，如附表2.16所示。本研究中水泥的 CO_2 排放因子取历年平均值0.64 t-CO_2/t 水泥。

附表 2.14 我国水泥工业单位熟料的 CO_2 排放量

年份	2000	2001	2002	2003	2004	2005	2006
t-CO_2/t	0.929 4	0.926 5	0.919 9	0.912 2	0.900 9	0.893 4	0.868 2

表 2.15 各种水泥产品的熟料系数

硅酸盐水泥	普通硅酸盐水泥	矿渣硅酸盐水泥	火山灰硅酸盐水泥	粉煤灰硅酸盐水泥	复合硅酸盐水泥	其他
0.95	0.80	0.53	0.45	0.55	0.45	0.85

表 2.16 我国水泥工业单位水泥产品的 CO_2 排放量(平均熟料系数)

年份	2000	2001	2002	2003	2004	2005	2006
t-CO_2/t	0.660 0	0.655 5	0.647 8	0.639 1	0.630 4	0.615 5	0.606 8

3.4 不锈钢/合金钢

目前，我国各类铁合金、不锈钢尚没有相关的对外公布的能耗和 CO_2 排放的统计资料。一些研究根据能耗限额等方法（硅铁、高炉锰铁、电炉锰铁、锰硅和高碳烙铁）或者根据掺混元素能耗的加权调整方法进行估算。例如：在核电中使用的不锈钢 $1Cr_{18}Ni_9Ti$，按掺混元素能耗调整方法计算的结果：理论值为 4.586 tce/t 不锈钢，实际生产值 4.262 tce/t 不锈钢，相应的 CO_2 排放因子为 10.17 t-CO_2/t 不锈钢[35]。不锈钢中的主要合金元素是铬，不锈钢基本合金元素还有镍、钼、钛、铌、铜、氮等，以满足各种用途对不锈钢组织和性能的要求。不锈钢按成分可分为：铬不锈钢、铬镍不锈钢和铬锰氮不锈钢等。因此，可根据掺混元素的制造水平能耗来估计不锈钢/合金钢的能耗及其 CO_2 排放因子。本研究参考国际上不锈钢/合金钢的温室气体排放因子，结合我国有色冶金工业能耗与国际先进值的比较，对国际上不锈钢排放因子乘以一个调整系数进行我国不锈钢排放因子的估计。

3.4.1 国际上的不锈钢/合金钢的温室气体排放因子

国际不锈钢论坛（International Stainless Steel Forum，ISSF）的研究数据表明[222]，每一 t 不锈钢的 CO_2 排放量为 3.81 t，其中主要是来源于上游原材料阶段（2.8 t-CO_2/t 不锈钢），其余的有 0.65 t-CO_2/t 不锈钢为电力消耗，0.36 t-CO_2/t 不锈钢为生产过程中的直接排放。在计算中，ISSF 从以下三个方面定义 CO_2 的排放量：

1. 矿石的开采、加工以及铁合金的生产，包括生产过程中所需的电量。不锈钢生产过程中的这部分 CO_2 排放包括生产铬镍金属以及碳钢废钢时原材料的提取和处理所产生的。采矿及铁合金生产过程中所需的电在生产过程中所产生的 CO_2 也包括在内。生产不锈钢的所需的主要材料的排放因子：碳钢废钢（1.4 t-CO_2/t）和铁合金，如镍铁（8.7 t-CO_2/t），铬铁（6.0 t-CO_2/t）和钼铁（8.5 t-CO_2/t）。

2. 不锈钢工业所消耗的电量。该研究中采用的生产 1 MJ 的电量的平均排放为 177.6 g-CO_2，数据来源为国际能源机构（IEA）和法国电力公司（EDF）。此外，根据 ISSF 的估计，生产每吨不锈钢需要 3 700 MJ 的电量。因此，可以得到不锈钢厂生产不锈钢所需电量的关联 CO_2 排放量总量计算值为 0.65 t-CO_2/t 不锈钢。

3. 不锈钢工厂的生产过程。此部分包括不锈钢生产现场使用燃料的 CO_2 排放量，平均值为 0.36 t-CO_2/t 不锈钢。

3.4.2 我国不锈钢/合金钢的 CO2 排放因子估算

“十一五”期间我国有色金属工业能源技术水平大幅提高，部分产品单产能耗已经达到国际先进水平，但整体而言，有色金属综合能耗与国际先进水平相比，仍有一定差距。2008 年，我国发布实施了 10 项有色金属能耗标准。这些能耗标准强调了单位产品综合能耗，提出了三级能耗指标，即：能耗限额先进值、能耗限额准入值和能耗限额限定值。其中：“能耗限额先进值”为国际先进水平，是冶炼及加工企业的发展目标，代表企业产品能耗的最优水平。“能耗限额准入值”是指新建企业或企业改扩建生产线必须达到的标准，其能耗水平相当于国内先进水平，高于现有企业产品能耗平均水平，但劣于“能耗限额先进值”能耗水平。“能耗限额限定值”是对现有企业提出的最低要求，未达此值要求的生产线将被强行整改或停产。按照淘汰现有 20%～30%落后工艺和设备的目标，此值稍低于企业产品能耗平均水平。

镍冶炼企业单位产品能源消耗限额(GB 21251－2007)、铜及铜合金管材单位产品能源消耗限额(GB 21350－2008)、铁合金单位产品能源消耗限额(GB 21341－2008)分别列于附表2.17～附表2.19。可以看出，镍冶炼企业单位产品能源消耗的限定值与先进值，有49.5％的差距，准入值与先进值有24％的差距。铜及铜合金管材单位产品能源消耗的限定值与先进值有14％的差距，准入值与先进值有4.3％的差距。铁合金单位产品能源消耗限额标准的限额值主要是按照淘汰现有产能中20％～30％左右的落后产能考虑的。相对而言，限额值更能反映铁合金工业的平均能耗水平。硅铁、电炉锰铁、锰硅合金、高碳铬铁、高炉锰铁的限定值与先进值有3.6％、18.3％、10.6％、22％、5.5％的差距，准入值与先进值有2.7％、10.2％、4.9％、11.2％、3.1％、3.6％～22％的差距。综上分析，我国不锈钢的主要合金元素生产的综合能耗，估计大约比国际先进值高5％～50％。因此，偏保守取1.2作为我国不锈钢的CO_2排放因子与国际数据(3.81 t-CO_2/t不锈钢)的调整系数，可得我国的不锈钢的CO_2排放因子为4.6 t-CO_2/t不锈钢。

附表2.17　镍冶炼企业单位产品能源消耗限额(GB 21251－2007)

限定值		
工序、工艺	能耗限额限定值/(kgce/t)	
	工艺能耗	综合能耗
高镍硫工艺(镍精矿-高镍硫)	≤1 050	≤1 100
电解工序(阳极镍-电解镍)	≤1 350	—
镍精炼工艺(高镍硫-电解镍)	≤1 950	≤2 050
镍冶炼工艺(镍精矿-电解镍)	≤5 280	≤5 530
准入值		
工序、工艺	能耗限额准入值/(kgce/t)	
	工艺能耗	综合能耗
高镍硫工艺(镍精矿-高镍硫)	≤800	≤850
电解工序(阳极镍-电解镍)	≤1 200	—
镍精炼工艺(高镍硫-电解镍)	≤1 820	≤1 910
镍冶炼工艺(镍精矿-电解镍)	≤43 500	≤4 600
先进值		
工序、工艺	能耗限额先进值/(kgce/t)	
	工艺能耗	综合能耗
高镍硫工艺(镍精矿-高镍硫)	≤650	≤680
电解工序(阳极镍-电解镍)	≤1 100	—
镍精炼工艺(高镍硫-电解镍)	≤1 480	≤1 550
镍冶炼工艺(镍精矿-电解镍)	≤3 540	≤3 700

附表 2.18　铜及铜合金管材单位产品能源消耗限额(GB 21350—2008)

工序	能耗限额限定值/(kgce/t)				
限定值					
	紫铜管	简单黄铜管	复杂黄铜管	青铜管	白铜管
熔铸工序能耗	≤95	≤90	≤100	≤150	≤150
加工工序能耗	≤280	≤310	≤500	≤450	≤450
各种类管材综合能耗	≤375	≤400	≤600	≤600	≤600
全部管材综合能耗	≤530				
准入值					
工序	能耗限额准入值/(kgce/t)				
	紫铜管	简单黄铜管	复杂黄铜管	青铜管	白铜管
熔铸工序能耗	≤90	≤85	≤95	≤140	≤140
加工工序能耗	≤265	≤285	≤475	≤350	≤380
各种类管材综合能耗	≤355	≤370	≤570	≤490	≤520
全部管材综合能耗	≤485				
先进值					
工序	能耗限额先进值/(kgce/t)				
	紫铜管	简单黄铜管	复杂黄铜管	青铜管	白铜管
熔铸工序能耗	≤85	≤80	≤90	≤140	≤140
加工工序能耗	≤255	≤275	≤460	≤340	≤370
各种类管材综合能耗	≤345	≤355	≤550	≤480	≤510
全部管材综合能耗	≤465				

附表 2.19　铁合金单位产品能源消耗限额(GB 21341—2008)

合金品种	硅铁	电路锰铁	锰硅合金	高碳铬铁	高炉锰铁
限定值					
产品规格	FeSi75-A	FeMn68c7.0	FeMn64Si18	FeCr67C6.0	FeMn68C7.0
执行国家标准	GB/T 2272	GB/T 3795	GB/T 4008	GB/T 5683	GB/T 3795
标准成分	Si75	Mn65	Mn+Si82	Cr50	Mn65
单位产品冶炼电耗限额限定值/(kWh/t)	≤8 800	≤2 700	≤4 400	≤3 500	焦炭 1 350 kg/t
单位产品综合能耗限额限定值[以电当量值 0.122 9 kgce/(kWh/t)计](kgce/t)	≤1 980	≤790	≤1 030	≤900	≤1 250
单位产品综合能耗限额限定值[以电等价值 0.404 kgce/(kWh/t)计](kgce/t)	≤4 600	≤1 610	≤2 380	≤1 950	
准入值					
合金品种	硅铁	电路锰铁	锰硅合金	高碳铬铁	高炉锰铁
产品规格	FeSi75-A	FeMn68c7.0	FeMn64Si18	FeCr67C6.0	FeMn68C7.0

续表

准入值					
执行国家标准	GB/T 2272	GB/T 3795	GB/T 4008	GB/T 5683	GB/T 3795
标准成分	Si75	Mn65	Mn+ Si82	Cr50	Mn65
单位产品冶炼电耗限额限定值/(kWh/t)	≤8 800	≤2 700	≤4 400	≤3 500	焦炭 1 350 kg/t
单位产品综合能耗限额限定值[以电当量值 0.122 9 kgce/(kWh/t)计](kgce/t)	≤1 980	≤790	≤1 030	≤900	≤1 250
单位产品综合能耗限额限定值[以电等价值 0.404 kgce/(kWh/t)计](kgce/t)	≤4 600	≤1 610	≤2 380	≤1 950	
先进值					
合金品种	硅铁	电路锰铁	锰硅合金	高碳铬铁	高炉锰铁
产品规格	FeSi75-A	FeMn68c7.0	FeMn64Si18	FeCr67C6.0	FeMn68C7.0
执行国家标准	GB/T 2272	GB/T 3795	GB/T 4008	GB/T 5683	GB/T 3795
标准成分	Si75	Mn65	Mn+ Si82	Cr50	Mn65
单位产品冶炼电耗限额先进值/(kWh/t)	≤8 300	≤2 300	≤4 000	≤2 800	焦炭 1 280 kg/t
单位产品综合能耗限额先进值[以电当量值 0.122 9 kgce/(kWh/t)计](kgce/t)	≤1 850	≤670	≤950	≤740	≤1 180
单位产品综合能耗限额先进值[以电等价值 0.404 kgce/(kWh/t)计](kgce/t)	≤4 320	≤1 360	≤2 150	≤1 600	

3.5 其他材料

附表 2.20 列出了国内外同类研究中主要材料(铜、铝、石灰、硝酸、硅)的温室气体排放因子,"尽管各自的特定值很重要,表中所列出不同来源的每种材料的排放系数仍有广泛的一致。在某些情况下(考虑特定值时),这些数据可作为缺省值"。本研究中铜、铝、石灰、硝酸、硅的 CO_2 排放因子分别取 3.5 g-$CO_{2,eq}$/kWh、22 g-$CO_{2,eq}$/kWh、0.785 g-$CO_{2,eq}$/kWh、1.4 g-$CO_{2,eq}$/kWh、181 g-$CO_{2,eq}$/g。铝的 CO_2 排放因子较大,主要是由"铝生产过程排放 CF_4 和 C_2F_6 造成的。每生产 1 kg 铝排放约 1.6 gCF_4 和 0.2 gC_2F_6,而 CF_4 全球可变暖潜能因子(GWP)高达 10^4～10^3之间"[35]。

附表 2.20 全能源链中主要材料的温室气体排放系数/(g-$CO_{2,eq}$/g)

材料	Van de Vate(1995)	Frischkne 等(1994)	欧洲委员会(1995)	Fritsche 等(1995)	马忠海等(2001)
铜	3.5～4.9	5.4	2.7	8.8	3.5
铝	13～34	23		2.5	22
石灰	—	—	—	—	0.785
硝酸	1.4	0.61	—	—	1.4
硅	181	—	—	—	—

参考文献

[1]Hans H R,Arshad K. Comparing energy options-progress report on the inter-agency decades project[J]. IAEA Bulletin,1998,40(1):2-7.

[2]R. Dones,T. Heck,S. Hirschberg. Greenhouse Gas Emissions from Energy Systems Comparison and Overview[R],PSI Annual Report 2003 Annex IV,Switzerland,(2003).

[3]马忠海,潘自强,贺惠民．中国煤电链温室气体排放系数及其与核电链的比较[J],核科学与工程,1999,19(3):268-274.

[4]马忠海,潘自强,谢建伦,等．我国核电链温室气体排放系数研究[J],辐射防护,2001,21(1):19-24.

[5]夏德建,任玉珑,史乐峰．中国煤电能源链的生命周期碳排放系数计量[J],统计研究,2010,27(8):82-89.

[6]叶斌,陆强,李继,等．煤电 GHG 排放强度模型及其应用[J],哈尔滨理工大学学报,2011,16(5):125-130.

[7]Zhang Q. ,Karney B. ,MacLean H. L. ,Feng J. . (2007). Life-Cycle inventory of energy use and greenhouse gas emissions for two hydropower projects in China.

[8]Yuxuan Wang,Tianye Sun. Life cycle assessment of CO2 emissions from wind power plants:Methodology and case studies. Renewable Energy; 43(2012):30-36.

[9]郭素琴,傅冬华．光伏组件生产过程中温室气体排放量的计算,第 12 届中国光伏大会暨国际光伏展览,北京,2012. 9 .

[10]彭晋卿,吕琳,杨洪兴．建筑一体化光伏系统生命周期内能源及温室气体排放回收期的研究,建设科技,2012(17):54-57.

[11]刘胜强,毛显强,邢有凯．中国新能源发电生命周期温室气体减排潜力比较和分析,气候变化研究进展,2012,Vol. 8(1):48-53.

[12]侯明山,李士琦,刘超,董洪波．光伏发电技术清洁度分析,2011 年第 23 期,18-22.

[13]Michael Whitaker,Garvin A. Heath,Patrick O'Donoughue,and Martin Vorum. Life Cycle Greenhouse Gas Emissions ofCoal-Fired Electricity Generation:Systematic Review and Harmonization. Journal of Industrial Ecology. 2012,16(S1):S53-S72.

[14]牛克洪,李宏军．中国煤炭工业低碳经济发展之路,煤炭工业出版社,2010.

[15]李宏军,胡予红．中国煤矿甲烷对温室气体贡献量的初步评估．中国煤层气,2008,5(2):15-17.

[16]国家发展和改革委员会,国家能源局,煤层气(煤矿瓦斯)开发利用"十二五"规划．2011. 12.

[17]王志轩,张建宇,潘荔．中国电力减排研究,中国市场出版社．2011.

[18]V. M. Fthenakis and Hyung Chul Kim,Quantifying the life-cycle environmental profile of photovoltaics and comparisons with other electricity-generating technologies,IEEE 4th World Conference on Photovoltaic Conversion,Hawaii,May 8-12,2006.

[19] V. M. Fthenakis, Hyung Chul Kim, and Erik Alsema, Emissions from Photovoltaic Life Cycles, Environ. Sci. Technol. ,2008,42(6),2168-2174.

[20]Rob van der Meulen and Erik Alsema, Life-cycle greenhouse gas effects of introducing nanocrystalline materials in thin-film silicon solar cells, Prog. Photovolt: Res. Appl. Vol. 19:453-463(2011).

[21]Hyung Chul Kim, Vasilis Fthenakis, Jun-Ki Choi, and Damon E. Turne, Life Cycle Greenhouse Gas Emissions of Thin-film Photovoltaic Electricity Generation, Vol. 16(S1), S110-S121, Journal of Industrial Ecology(2012).

[22]中国能源中长期发展战略研究项目组,中国能源中长期(2030、2050)发展战略研究:电力·油气·核能·环境卷,北京:科学出版社,2011.

[23]Manfred Lenzen, Life cycle energy and greenhouse gas emissions of nuclear energy: A review, Energy Conversion and Management, 49(2008):2178-2199.

[24]Jef Beerten, Erik Laes, Gaston Meskens, William D'haeseleer, Greenhouse gas emissions in the nuclear life cycle: A balanced appraisal, Energy Policy, Vol. 37(12):4997-5830.

[25]IEA. CO2 Emissions from Fuel Combustion-Highlights(2011 editions) International Energy Agency, 2011.

[26]邓南胜,王小兵. 生命周期评价. 北京:化学工业出版社,2003.

[27]Spath P L, Mann M K, Kerr D R. Life Cycle Assessment of Coal-fired Power ProductionNational Renewable Energy Laboratory, 1999.

[28]Gagnon L, Bélanger C, Uchiyama Y. Life-cycle assessment of electricity generation options: The status of research in year 2001. Energy Policy, 2002, 30(14):1267～1278.

[29]Hondo H. Life cycle GHG emission analysis of power generationsystems: Japanese case. Energy 2005; 30:2042-56.

[30]Weisser D. A guide to life-cycle greenhouse gas(GHG) emissions from electric supply technologies. Energy, 2007,(32):1543-1559.

[31]Naser A. Odeh, Timothy T. Cockerill. Life cycle analysis of UK coal fired power plants. Energy Conversion and Management 2008; 49:212-220.

[32]NETL. Life Cycle Analysis: Existing Pulverized Coal(EXPC) Power Plant:2010.

[33]NETL. Life Cycle Analysis: Integrated Gasification Combined Cycle(IGCC) Power Plant:2010.

[34]NETL. Life Cycle Analysis: Supercritical Pulverized Coal(SCPC) Power Plant:2010.

[35]马忠海. 中国几种主要能源温室气体排放系数的比较评价研究:[博士学位论文]. 中国原子能科学研究院,2002.

[36]聂会建,李政,张斌. 整体煤气化联合循环(IGCC)全生命周期 CO2 排放计算及分析. 动力工程,2004,(1):132-137.

[37]晓斌,张阿玲,陈贵锋. 中国洁净煤发电的生命周期清单分析. 洁净煤技术,2005,(2):1-4.

[38]Di X, Nie Z, Yuan B, et al. Life cycle inventory for electricity generation in China. The international journal of life cycle assessment, 2007, 12(4):217-224.

[39]姜子英. 我国核电与煤电环境影响的外部成本比较. 环境科学研究,2010,(8):1086-1090.

[40]姜子英,程建平,刘森林,等. 我国煤电的外部成本初步研究. 煤炭学报,2008,(11):1325-1328.

[41]刘敬尧,钱宇,李秀喜,等. 燃煤及其替代发电方案的生命周期评价. 煤炭学报,2009,(1):133-138.

[42]夏德建. 基于情景分析的发电侧碳排放生命周期计量研究:[硕士学位论文]. 重庆大学,2010.

[43]夏德建,任玉珑,史乐峰. 中国煤电能源链的生命周期碳排放系数计量. 统计研究,2010,(8):82-89.

[44]Ou X, Xiaoyu Y, Zhang X. Life-cycle energy consumption and greenhouse gas emissions for electricity generation and supply in China. Applied Energy, 2011, 88(1):289-297.

[45]欧训民,张希良,覃一宁,等. 未来煤电驱动电动汽车的全生命周期分析. 煤炭学报,2010,(1):169-172.

[46]周亮亮,刘朝. 洁净燃煤发电技术全生命周期评价. 中国电机工程学报,2011,(2):7-14.

[47]叶斌,陆强,李继,等. 煤电 GHG 排放强度模型及其应用. 哈尔滨理工大学学报,2011,(5):125-130.

[48]国家统计局能源统计司．中国能源统计年鉴 2011 中国统计出版社，2012.

[49]中国电力企业联合会．全国电力工业统计快报：2011.

[50]Creogory A. Kedian. Dun Menercy. Mary Ann Current. A life cycle approach to product system design, Pollution Prevention Review[C]. U. S. A:NPPC Research Publication, summer, 1993:293-306.

[51]中国电力企业联合会．中国电力行业年度发展报告 2011. 中国市场出版社，2012.

[52]濮洪九．中国煤炭可持续开发利用及环境对策研究[G]. 北京：中国矿业大学出版社，2010.

[53]《中国电力年鉴》编辑委员会．中国电力年鉴 2011. 中国电力出版社，2012.

[54]陈鹏．中国煤炭性质、分类和利用[M]. 2 版．北京：化学工业出版社，2007:36- 39.

[55]王庆一编著．2010 能源数据。2010.

[56]宋然平，杨抒．能源消耗引起的温室气体排放计算工具指南．2011，9.

[57]IPCC2006，《2006 年 IPCC 国家温室气体清单指南》，国家温室气体清单计划编写，编辑：Eggleston H. S. , Buendia L. , Miwa K. , Ngara T. 和 Tanabe K.．出版者：日本全球环境战略研究所。

[58]Bian Z, Inyang H I, Daniels J L, et al. Environmental issues from coal mining and their solutions. Mining Science and Technology, 2010(20):215-223.

[59]才庆祥．我国亿吨露天煤矿群及露天煤矿绿色开采技术：第七次煤炭科学技术大会，中国北京，2011[C]. 中国煤炭工业协会．

[60]陈能诵．8 年增 5 倍露天煤矿持续高速增长．建设机械技术与管理，2011(8):71-73.

[61]王晓琳．盘江集团煤炭矿区低碳经济模式研究：[博士学位论文]. 中国矿业大学，2012.

[62]马剑．我国煤炭洗选加工现状及十二五发展构想．煤炭加工与综合利用．2011(4):1-4.

[63]国家发展与改革委员会替代能源研究项目组．中国替代能源研究报告．2006.

[64]中华人民共和国环境保护标准．清洁生产标准-煤炭采选行业．HJ446-2008. 环境保护部发布．

[65]郑爽．2002. 我国煤层甲烷类温室气体排放及清单编制．中国煤炭，28(5):37-40.

[66]黄盛初，刘文革，赵国泉．中国煤层气开发利用现状及发展趋势．中国煤炭．2009，35(1):5-10.

[67]崔民选主编．中国能源发展报告 2011. 社会科学文献出版社，2012.

[68]晓斌，陈贵峰，张阿玲．洁净煤发电生命周期评价报告．北京：清华大学，中国煤炭工业洁净煤技术研究中心．2005.

[69]中国地质学会，2000. 保护和恢复矿山环境．

[70]廖程浩，刘雪华，张永富．煤矸石山修复的碳减排效益-以阳泉矿区为例．环境科学与技术，2010，33(3):195-199.

[71]曲剑午．中国煤炭市场发展报告[M]. 社会科学文献出版社，2011.

[72]中华人民共和国交通运输部．2010 中国交通运输统计年鉴．人民交通出版社，2011.

[73]扎西．我国研发煤扬尘新型制覆盖剂可降煤运输损耗[EB/OL]. 2008-07-04. http://www. ce. cn/cysc/ny/meitan/200807/04/t20080704_16054739. shtml.

[74] Pacca, S. Horvath, A. Greenhouse Gas Emissions from Building and Operating Electric Power Plants. Environmental Science and Technology. 2002, 36(15):3194-3200.

[75]高广生．中国温室气体清单研究．中国环境科学出版社，2007.

[76]田犀，潘成武. 硫铵法与循环流化床法烧结烟气脱硫技术的比较[J]. 烧结球团，2009(4):33-34.

[77]中国电力企业联合会．电力行业 2010 年发展情况综述[EB/OL]. http://www. cec. org. cn/tongjixinxibu/niandufazhanbaogao/2011-06-27/58873. html.

[78]EPA(Environmental Protection Agency, USA). SF6 Emission Reduction Partnership for Electric Power Systems:2010 Annual Report. [R]. US Environmental Protection Agency, 2011.

[79]李宏军，胡予红．中国煤矿甲烷对温室气体贡献量的初步评估．中国煤层气．2008，5(2):15-17.

[80]Voorspools, K. R. , Brouwers, E. A. , D'haeseleer, W. D. , Energy content and indirect greenhouse gas e-

missions in ' emission-free ' power plants: results for the Low Countries [J]. Applied Energy 67: 307-330. 2000.

[81]Tahara, Kojma, K. T., Inaba, A. Evaluation of CO2 payback time of power plantsby LCA[J]. Energy Conversion and Management 38:615-620. 1997.

[82]Tokimatsu, K., Hondo, H., Ogawa, Y., Okano, K., Yamaji, K., Katsurai, M. Energy analysis and carbon dioxide emission of tokomak fusion powerreactors[J]. Fusion Engineering and Design 48:483-493, 2000.

[83]Ruether, John Al., Ramezan, Massood, Balash, Peter C. Greenhouse gasemissions from coal gasification power generation systems[J]. Journal ofInfrastructure Systems 10(3):111-119. 2004.

[84]Meier, Paul J., Wilson, Paul, Kulcinski, Gerald, Denholm, Paul. US electricindustry response to carbon constraint: a lifecycle assessment of supply sidealternatives[J]. Energy Policy 33:1099-1108, 2005.

[85]Van De Vate, Joop F. Full-energy-chain greenhouse gas emissions: acomparison between nuclear power, hydropower, solar power, and windpower[J]. International Journal of Risk Assessment and Management 3(1):59-74, 2003.

[86]Weisser, Daniel. A guide to life-cycle greenhouse gas emissions from electricsupply technologies[J]. Energy 32: 1543-1559, 2007.

[87]叶奇蓁. 中国核电发展战略研究[J], 电网与清洁能源, 2010, 26(1):3-8.

[88]马栩泉. 核能开发与应用. 化学工业出版社, 2005.

[89]潘英杰, 徐乐昌, 刘晓超. 铀矿冶放射性废物最小化[M]. 北京:中国原子能出版社, 2014. 5.

[90]中国原子能研究院. 扩散厂退役环境影响评价报告[R]. 2007.

[91]刘锡才. 广东大亚湾核电站生产运行年鉴(1994-1999)[M], 北京:原子能出版社, 1994-1999.

[92]卢长申. 广东大亚湾核电站岭澳核电站生产运行年鉴:2008[M], 北京:原子能出版社, 2009.

[93]Manfred Lenzen. Life cycle energy and greenhouse gas emissions of nuclear energy: A review[J], Energy Conversion and Management, 2008(49):2178-2199.

[94]Bullard CW, Penner PS, Pilati DA. Net energy analysis: handbook for combining process andinput-output analysis. Resources Energy 1978, 1(Novermber(3)):267-313.

[95]Rudd, J. W. M., Harris R., Kelly, C. A. 1993. Are hydroelectric reservoirs significant sources of greenhouse gases? Ambio, 22:246-248.

[96]Kelly, C. A., Stallard, R. F. 1994. Methane emissions by bubbling from Gatun Lake, Panama. Journal of Geophysics Research, 99:8307-8319.

[97]Kelly C. A., et al. 1997. Increases in fluxes of greenhouse gases and methyl mercrury following flooding of an experimental reservoir. Environmental Science and Technology, 31:1334-1344.

[98]Duchemin, E., Lucotte, M., Canuel, R., Chamberland, A. 1995. Production of the greenhouse gases CH4 and CO2 by hydroelectric reservoirs of the boreal region. Global Biogeochemical Cycles, 9:529-540.

[99]Duchemin E., Lucotte, M., Canuel, R. 1999. Comparison of static chamber and thin boundary layer equation methods for measuring greenhouse gas emissions from larger\water bodies. Environmental Science and Technology, 33:305-357.

[100]Duchemin E., Lucotte M., St Louis, V., Canuel, R. Hydroelectric reservoirs as an anthropogenic source of greenhouse gases. World Resource Rev. 2003, 14:334-352.

[101]Fearnside, P. M. 1997. Greenhouse gas emissions from Amazonian hydroelectric reservoirs: The example of Brazil's Tucurui Dam as compared to fossil fuel alternatives. Environmental Conservation 24:64-75.

[102]Fearnside, P. M. 2002. Greenhouse gas emissions from a hydroelectric reservoir(Brazil's Tucurui Dam) and the energy policy implications. Water, air and Soil Pollution, 133:69-96.

[103]Fearnside PM. Greenhouse gas emissions from hydroelectric dams:Controversies provide a springboard for rethinking a supposedly'clean'energy source. Climatic Change,2004,66:122-128.

[104]Galy-Lacaux,C. ,Delmas,R. ,Jambert,C. ,Dumestre J. F. ,Richard,S. ,Gosse,P. 1997. Gaseous emissions and oxygen consumption in hydroelectric dams:a case study in French Guyana. Global Biogeochemical Cycles,11:471-483.

[105]Galy-Lacaux,C. ,Delmas,R. ,Kouadio,J. ,Richard,S. ,and Gosse,P. 1999. Long term greenhouse gas emissions from hydroelectric reservoirs in Tropical forest regions. Global Biogeochemical Cycles, 13(2):503-517.

[106]Louis V L S,Kelly C A,Duchemin é,et al. 2000. Reservoir surfaces as sources of greenhouse gases to atmosphere:a global estimate. BioScience,50(9):766-775.

[107]姜克隽,胡秀莲．中国与全球温室气体排放情景分析模型．北京:环境科学出版社,2003.

[108]中国能源和碳排放研究课题组．2050年中国能源和碳排放报告．北京:科学出版社,2008.

[109]IFIAS(International Federation of Institutes for Advanced Studies). workshop report, energyanalysis and economics. Resources Energy 1978,1(October(2)):151-204.

[110]ISO. Environmental management life-cycle assessment-Principals and framework-ISO 14040. Geneva:2006.

[111]ISO. Environmental management—Life cycle assessment—Requirements and guidelines. ISO 14044. 2006.

[112]Hendrickson C,Horvath A,Joshi S. Economic input-output models for environmental life-cycle assessment. Environmental Science and Technology,1998,32(7):184-191.

[113]Hendrickson C,Lave LB,Matthews HS. Environmental Life Cycle Assessment of Goods and Services. Washington,DC:Resources for the Future,2006.

[114]Lave L,Cobas-Flores E,Hendrickson C. Using input-output analysis to estimate economy wide discharges. Environmental Science and Technology,1995,29(9):420-426.

[115]CMU G D I. Economic Input-Output Life Cycle Assessment(EIO-LCA)US 2002(428)model[EB/OL]. (2012-03-28)Acailable from:<http://www. eiolca. net/>.

[116]Joshi S. Product environmental life-cycle assessment using input-output techniques. Journal of Industrial Ecology,2000,3(2&3):95-120.

[117]Finnveden,G. ,M. Z. Hauschild,et al. (2009). "Recent developments in life cycle assessment. "Journal ofEnvironmental Management 91(1):1-21.

[118]Reap,J. ,F. Roman,et al. (2008). "A survey of unresolved problems in life cycle assessment. " TheInternational Journal of Life Cycle Assessment 13(5):374-388.

[119]Pehnt,M. (2006). "Dynamic life cycle assessment(LCA)of renewable energy technologies. "Renewable Energy,31(1):55-71.

[120]Levasseur,A. ,P. Lesage,et al. (2010). "Considering time in LCA:Dynamic LCA and itsapplication to global warming impact assessments. " Environmental science & technology 44(8):3169-3174.

[121]Gagnon,L. ,Belanger,C. ,Uchiyama,Y. (2002). "Life-cycle assessment of electricity generation options:The status of research in year 2001". Energy Policy,30(2002),1267-1278.

[122] Goralczyk, M. (2002). "Life-cycle assessment in the renewable energy sector". Appl. Energy, 75(2003),205-211.

[123]World Energy Council(WEC). (2004). "Comparison of energy systems using life cycle assessment". ISBN 0 946121 16 8.

[124]Coltro,L. ,Garcia,E. ,Queiroz,G. (2003). "Life cycle inventory for electric energy system in Brazil". Nurs. News,8(5),290-296.

[125]Kim,S. ,Dale,B. E. (2004). "Life cycle inventory information of the United States electricity system. "

Nurs. News,1-17.
[126]Pacca,S. ,Horvath,A. (2002). "Greenhouse gas emissions from building and operating electric power plants in the Upper Colorado River Basin." Environ. Sci. Technol. ,36(14),3194-3200.
[127]Zhang Q. ,Karney B. ,MacLean H. L. ,Feng J.. (2007). Life-Cycle inventory of energy use and greenhouse gas emissions for two hydropower projects in China.
[128]Ribeiro F. de M. ,Silva G. A. da. (2010). Life-cycle inventory for hydropower generation:a Brazilian case study. Journal of Cleaner Production,18,44-54.
[129]Intergovernment Panel on Climate Change(IPCC). Special Report on Renewable Energy Sources and Climate Change Mitigation(SRREN). Edited by O. Edenhofer, R. Pichs-Madruga, Y. Sokona, K, Seyboth, P. Matschoss, S. Kadner, T. Zwickel, P. Eickemeier, G. Hansen, S. Schloemer, C. von Stechow. Cambridge:Cambridge University Press. 2011.
[130]Vold M,Askham C,Borchsenius C. Inventory of life cycle data for hydroelectricity produced anddistributed in Norway. Ostfold Research,OR 58. 98:1998.
[131] PRéConsultants, Ecoinvent , 2.0 Database. Available online: http://www. pre. nl/ecoinvent/default. htm? gclid=CO322re7qp1CFQSU1AodYRRKQQ.
[132]Raadal H. L. ,Gagnon L. ,Modahl I. S. ,Hanssen O. J.. Life cycle greenhouse gas(GHG)emissions from the generation of wind and hydro power. Renewable and Sustainable EnergyReviews,2011,15: 3417-3422.
[133]Varun,Ravi Prakash,I. K. Bhat. Life Cycle Energy and GHG Analysis of Hydroelectric Power Development in India. International Journal of Green Energy. 2010,7:361-375.
[134] Matavienko B, Sikar E, Pinguelli Rosa L, dos Santos MA, De Filippo R, Cimbleris ACP. 2000. In press. Gas release from a reservoir in the filling stage. Veranlundgen der Internationalen Vereinigung für Theoretische und Angewandte Limnologie.
[135]Tavares de Lima IB,Novo EMLM,Ballester MVR,Ometto JP. 2000. Methane production,transport and emissions in Amazon hydroelectric plants. Veranlundgen der Internationalen Vereinigung für Theoretische und Angewandte Limnologie.
[136]Keller M,Stallard RF. 1994. Methane emissions by bubbling from Gatun Lake,Panama. Journal of Geophysical Research 99 8307-8319.
[137]Soumis,N. ,Duchemin,E. ,Canuel,R. ,Lucotte,M. 2004. Greenhouse gas emissions fromreservoirs of the western United States. Global Biogeochemical Cycles,18,GB002197.
[138]李香华,胡维平,杨龙元,等. 2005. 太湖梅梁湾冬季水-气界面二氧化碳通量日变化观测研究. 生态学杂志,24(12):1425-1429.
[139]张发兵,胡维平,杨龙元. 2004. 太湖春季水-气界面碳通量日变化观测研究. 生态环境,13(2): 186-190.
[140]王仕禄,万国江,刘丛强,等. 2003. 云贵高原湖泊 CO_2 的地球化学变化及其与大气 CO_2 的源汇效应. 第四纪研究,23(5):24-30.
[141]赵静,张桂玲,吴莹,杨晶. 2011. 长江中溶存甲烷的分布与释放. 环境科学,32(1):18-25.
[142]梅航远,汪福顺,姚臣谌,王宝利. 2011. 万安水库春季二氧化碳分压的分布规律研究. 环境科学,32 (1):58-63.
[143]Yao G,Gao Q,Wang Z,et al. Dynamics of CO2 partical pressure and CO2 outgassing in the lowerreaches of the Xijiang River,a subtropical monsoon river in China. Science of the TotalEnvironment, 2007,376(1/3):255-266.
[144]蒋滔,郭劲松,李哲,方芳,白镭,刘静. 2012. 三峡水库不同运行状态下支流澎溪河水-气界面温室气

体通量特征初探．环境科学，33(5)：1463-1470.
[145]喻元秀，刘丛强，汪福顺等．2008. 洪家渡水库溶解二氧化碳分压的时空分布特征及其扩散通量．生态学杂志，27(7)：1193-1199.
[146]喻元秀．水电梯级开发对河流碳循环的影响．中国科学院地球化学研究所：博士学位论文，2008.
[147]汪朝辉，杜清运，赵登忠．2012. 水布垭水库 CO_2 排放通量时空特征及其与环境因子的响应研究．水力发电学报，31(2)：146-151.
[148]赵小杰，赵同谦，郑华，等．水库温室气体排放及其影响因素．环境科学，2008，29(8)：2377-2384.
[149]赵小杰．雅砻江梯级水电开发过程中二滩水库甲烷气体排放特征研究．河南理工大学，硕士学位论文．2009.
[150]吕东珂．2009. 泥河水库水-气界面 CO_2 通量研究．东北林业大学，硕士学位论文．
[151]贾金生，袁玉兰，李铁洁．2003 年中国及世界大坝统计情况[J]. 水力发电，2004，30(A01)：329-348.
[152]彭程．2006. 21 世纪中国水电工程．北京：中国水利水电出版社．
[153]Guérin，F.，Abril，G.，Richard，S.，Burban，B.，Reynouard，C.，Seyler，P. & Delmas，R. Methane and carbon dioxide emissions from tropical reservoirs：Significance of downstream rivers. Geophysical Research Letters[J]，2006，33(21)：94-8276.
[154]Lambert M，Fréchette JL. Analytical techniques for measuring fluxes of CO2 and from hydroelectric reservoirs and natural water bodies[J]. Greenhouse Gas Emissions-Fluxes and Processes，2005：37-60.
[155]杨洪年．2007. 我国交通运输能源消耗及节约潜力分析．能源政策研究，5：51-55，60.
[156]IPCC. 2007. Climate Change 2007-The Physical Science Basis. Cambridge University Press，Cambridge.
[157]UNESO/IHA. GHG Measurement Guidelines for Freshwater Reservoirs. London：International Hydropower Association，2010. http：//hydropower. org/iha/development/ghg/guidelines. html.
[158]Barros N，Cole JJ，Tranvik LJ，Prairie YT，at al. Carbon emission from hydroelectric reservoirslinked to reservoir age and latitude. Nature Geoscience，2011.
[159]WWEA. World Wind Energy International 2011/2012. www. wwindea. org.
[160]GWEC. Global Wind Report 2013. www. gwec. net.
[161]中国可再生能源学会风能专业委员会．中国风电产业地图 2012. 2012：4.
[162]E. Martinez，F. Sanz，S. Pellegrini. Life cycle assessment of a multi-megawatt wind turbine. Renewable Energy. 2009，34：667-673.
[163]Yuxuan Wang，Tianye Sun. Life cycle assessment of CO2 emissions from wind power plants：Methodology and case studies. Renewable Energy. 2012，43：30-36.
[164]Carmen Lago，Ana Prades，Yolanda Lechon. Environmental Issues. Wind Energy - The Facts. PART V. 2010.
[165]国家发改委宏观经济研究院．国华通辽二期风电场全生命周期环境评价．2012. 8.
[166]沈卫国，蔡智．浅谈水泥混凝土工业低二氧化碳排放技术．新世纪水泥导报，2008，4.
[167]M. Etxeberria，E. Vazquez. Influence of amount of recycled coarse aggregates and production process on properties of recycled aggregate concrete. Cement and Concrete Research 2007，37：742-753.
[168]齐晔．低碳发展蓝皮书——中国低碳发展报告(2011～2012)，社会科学文献出版社，2011 年 11 月第一版．
[169]倪维斗．从能源角度看生态文明，中国科学报，2013 年 7 月 22 日．
[170]赵玉文．中国光伏产业发展现状与前景，第 12 届中国光伏会议及国际光伏展，2012 年 9 月 5 日至 7 日，北京．
[171]李惠民，董文娟，朱岩，齐晔．晶硅光伏组件出口对中国碳排放的影响，中国人口·资源与环境，2012，22(3)：70-76.
[172]郭力方，简水生，崔容强，李俊峰．多晶硅：高污染、高耗能 Yes or No？中国能源报，2009.

[173]光伏产业背后的环境污染问题,http://bbs. jxnews. com. cn/thread-241954-1-1. html.
[174]光伏产业快速发展"大污染"问题堪忧,中国新闻网,2013 年 08 月 09 日,http://finance. chinanews. com/cj/2013/08-09/5143810. shtml.
[175]冯晓伟．让多晶硅走出"双高"的原罪,中国电子报,2010,1:
[176]诸玲珍,冯晓伟．多晶硅——加强合作实现副产物综合利用,中国电子报,2010,15:.
[177]石定寰,赵玉文,吴达成．大力发展太阳能光伏发电关键材料,力促我国实现节能减排目标,新材料产业 No. 3,2010,3-10.
[178]李俊峰,常瑜．中国光伏产业清洁生产报告,绿色和平组织,2012 年 3 月．
[179]胡润青．我国多晶硅并网光伏系统能量回收期的研究,太阳能,2009(1):9-14.
[180]严大洲,宗绍兴,汤传斌,肖荣晖．多晶硅生产不存在"高能耗、高排放",有色冶金节能,2010 年 12 月第 6 期,19-22.
[181]崔容强,太阳能光伏发电——中国低碳经济的希望,自然杂志,2010,32(3):149-155.
[182]European Commission. ExternE project,methodology 2005 update[R]. Luxembourg:Office for Official Publications of theEuropean Communities,2005:1-32.
[183]刁周玮,石磊．中国光伏电池组件的生命周期评价,环境科学研究,2011,24(5):571-579.
[184]S. Pacca,D. Sivaraman,A. Keoleiang,Parameters affecting the life cycle performance of PV technologies and systems,Energy Policy,2007,Vol. 35(6):3316-3326.
[185]E. A. Alsema,M. J. de Wild-Scholten,V. M. Fthenakis,Environmental impact of PV Electricity Generation-A Critical Comparison of Energy Supply Options,21st European Photovoltaic Solar Energy Conference,Dresden,Germany,4-8 Sept. 2006.
[186]V. M. Fthenakis and Hyung Chul Kim,Quantifying the life-cycle environmental profile of photovoltaics and comparisons with other electricity-generating technologies,IEEE 4th World Conference on Photovoltaic Conversion,Hawaii,May 8-12,2006.
[187] V. M. Fthenakis, Hyung Chul Kim, and Erik Alsema, Emissions from Photovoltaic Life Cycles, Environ. Sci. Technol. ,2008,42(6),2168-2174.
[188]Benjamin K. Sovacool,Valuing the greenhouse gas emissions from nuclear power:A critical survey,Energy Policy 36(2008)2940-2953.
[189]Comparison of Lifecycle Greenhouse Gas Emissions of Various Electricity Generation Sources,World Nuclear Association Report,July 2011.
[190]David D. Hsu,Patrick O'Donoughue,Vasilis Fthenakis,Garvin A. Heath,Hyung Chul Kim,Pamala Sawyer,Jun-Ki Choi,and Damon E. Turney,Life Cycle Greenhouse Gas Emissions of Crystalline Silicon Photovoltaic Electricity Generation-Systematic Review and Harmonization,Journal of Industrial Ecology 2012,Vol. 16(S1),S122-S135.
[191]A. F. Sherwani,J. A. Usmani and Varun,Life cycle assessment of solar PV based electricity generation systems:A review,Renewable and Sustainable Energy Reviews,Vol. 14,2010,540-544.
[192]Rob van der Meulen and Erik Alsema,Life-cycle greenhouse gas effects of introducing nanocrystalline materials in thin-film silicon solar cells,Prog. Photovolt:Res. Appl. Vol. 19:453-463(2011).
[193]Hyung Chul Kim,Vasilis Fthenakis,Jun-Ki Choi,and Damon E. Turne,Life Cycle Greenhouse Gas Emissions of Thin-film Photovoltaic Electricity Generation,Vol. 16(S1),S110-S121,Journal of Industrial Ecology(2012).
[194]郑天航．光伏产业的能耗、投资经济性及其社会效益分析,上海电力,2006,(4):348-354.
[195]杨金焕．光伏系统减排 CO_2 潜力的分析,845-849.
[196]郭素琴,傅冬华．光伏组件生产过程中温室气体排放量的计算,第 12 届中国光伏大会暨国际光伏展

览,2012.9.5－7.北京.
[197]彭晋卿,吕琳,杨洪兴.建筑一体化光伏系统生命周期内能源及温室气体排放回收期的研究,建设科技,2012,(17):54-57.
[198]刘胜强,毛显强,邢有凯.中国新能源发电生命周期温室气体减排潜力比较和分析,气候变化研究进展,2012,Vol.8(1),48-53.
[199]侯明山,李士琦,刘超,董洪波.光伏发电技术清洁度分析,2011,(23):18-22.
[200]樊庆锌,敖红光,孟超.生命周期评价,环境科学与管理,2007,32(6):177-180.
[201]曹华林.产品生命周期评价(LCA)的理论及方法研究,西南民族大学学报·人文社科版,2004,25(2):281-284.
[202]陈莎,杨孝光,任丽娟,张菁菁.生命周期评价应用于温室气体排放的研究进展,环境科学与技术,2011,34(6G):164-168.
[203]冷如波.产品生命周期3E＋S评价与决策分析方法研究,上海交通大学博士学位论文,2007.
[204]郑元,桂萌.生命周期分析在能源技术比较中的应用,上海环境科学,第19卷第8期,2000,19(8):358-360.
[205]傅银银,中国多晶硅光伏系统生命周期评价,南京大学硕士学位论文,2013.
[206]R. Dones,R. Frischknecht,Life-cycle assessment of photovoltaic systems:Resultsof Swiss studies on energy chains,Progress in Photovoltaics,1998,Vol.6(2)117-125.
[207]王若愚,陈来.光伏发电的全生命周期环境优势研究,电源技术应用,2013,33-35.
[208]P. Zhai,E. D. Williams,Dynamic hybrid life cycle assessment of energy andcarbon of multi-crystalline silicon photovoltaic systems,Environmental Science& Technology,2010,Vol.44(20)7950-7955.
[209]叶宏亮,马文会,杨斌,任玖阳,刘大春,戴永年,工业硅生产过程生命周期评价研究,轻金属,2007,(11):46-49.
[210]史珺.光伏产业链全方位扫描,新材料产业,2010,(5):8-11.
[211]光伏产业涟的探索之路,电源世界,2011,(3):1-3.
[212]林伟.光伏产业链究竟有多长,理财视点,2006,(3):22-24.
[213]李柯,何凡能.中国陆地太阳能资源开发潜力区域分析,第29卷第9期,2010年09月,地理科学进展,1049-1054.
[214]李战军,温健强,郑炳旭.露天铁矿爆破开采炸药单耗预测,金属矿山,2009年第7期,33～38.
[215]李碧君,方勇杰,杨卫东,徐泰山.光伏发电并网大电网面临的问题与对策,电网与清洁能源,2010年,第26卷第4期,52-59.
[216]黎永华.结合储能的并网光伏发电对电网的调峰作用分析,华北电力大学硕士学位论文,2012年3月.
[217]黄学政,陶俊杰,吕守维.电网调峰方式探讨,山东电力高等专科学校学报,2004,第7卷第1期,203-206.
[218]吴菲.光伏电站环境影响评价技术规范研究,南京信息工程大学硕士学位论文,2012年5月.
[219]孙艳伟,王润,肖黎姗,刘健,余运俊,庄小四.中国并网光伏发电系统的经济性与环境效益,中国人口资源与环境,2011,第21卷第4期,88-95.
[220]国家统计局能源统计司.中国能源统计年鉴2010.中国统计出版社,2011.
[221]中国工程院,“化工、冶金与材料行业领域中CO_2的排放、评估及其对策研究”咨询项目研究报告,2008.10.
[222]Stainless steel and CO2:Facts and scientific observations,prepared for the International Stainless Steel Forum(ISSF)by theSociété de Calcul Mathématique SA(SCM),3 June 2010.
[223]Joop F. van de Vate,Comparison of energy sources in terms of their full energy chain emission factors of greenhouse gases,Energy Policy,Vol.25,No.1,pp.1-6,1997.